U0424847

欧洲国家创新政策热点问题研究

赵中建　王志强　著

华东师范大学出版社

目录

前　言

自 21 世纪以来，经济全球化日益凸显，伴随而至的是世界各国对创新和竞争力的关注，创新和竞争力已经成为美国政府和社会各界普遍关注的话题。这在 2006 年 2 月美国布什总统签署《美国竞争力计划——在创新中领导世界》* 政府文件以来表现得尤为突出，而这一签署的文件又是以美国竞争力委员会 2003 年的《创新美国——在挑战和变革的世界中达至繁荣》和美国国家科学院 2005 年的《迎击风暴——为了更辉煌的经济未来而激活并调动美国》两份报告为基础的。在欧洲，尤其自 2000 年里斯本峰会提出《里斯本战略》以来，创建一个"创新型欧洲"也已成为一个非常重要的战略目标。同样，到 2020 年把中国建设成创新型国家，也已成为我国的重要战略目标之一。

《欧洲国家创新政策热点问题研究》集中研究了 21 世纪以来欧盟作为一个整体的创新政策及其相关专题，对欧盟创新政策的历史发展以及服务创新、创新集群、创新生态系统、创新项目评估等专题进行了较为全面和深入的介绍、分析和研究，并将瑞典和英国作为两个代表性个案对他们的创新政策及其进展进行了分析研究。这一研究的独特性在于它对欧盟作为一个整体的创新政策问题进行专门研究。

伴随着我国创建创新型国家战略目标的提出，国内学界对创新问题研究给予极大的关注，也有相关的著述出版，但由于创新研究并不属于现有的某一专门学科或专业领域，所以相对而言目前这一方面的相关研究还是较为零散的，而且更多的关注点主要集中在技术创新方面。国内《科学学研究》、《科学学与科学管理》、《科技进步与对策》等杂志也发表一些有关欧盟创新政策的论文，但显而易见的是，我国目前对欧盟及其成员国创新政策及问题的研究还是非常初步的。《欧洲国家创新政策热点问题研究》对欧盟创新政策及其相关专题进行较为系统的研究尚属首次，它给我们提供了一种认识和研究创新政策的国际视角，若干专题研究如服务创新、创新集群、创新生态系

* 有关美国的国家创新政策及其发展，可以参见赵中建选编、华东师范大学出版社在 2007 年出版的《创新引领世界——美国创新和竞争力战略》一书。

统、创新项目评价指标等不仅在一定程度上丰富了国内有关创新专题的理论研究，而且在当前“创新驱动，转型发展”的社会经济发展的背景下，对我们进行创新实践应该具有实际的参考意义和积极的应用价值。

需要指出的是，我们意识到“欧洲”和“欧盟”是紧密联系但又是不同的概念。尽管本书以探讨欧盟及其成员国的创新政策为重心，但因其是作者主持承担的上海市哲学社会科学研究课题“欧洲国家创新政策研究”的主要研究成果，因此书名也就相应沿用了“欧洲国家创新政策”的词语。

受限于我们自己的专业背景和学科知识，我们对欧洲国家创新政策的研究还是非常初步的，一定存在着诸多的不足，在许多方面还需作进一步的深入分析和研究，而这有待我们继续努力。

感谢我的合作者现为温州大学创业发展研究所的副所长王志强博士。

赵中建

于华东师范大学课程与教学研究所

2012年8月18日

第一章　欧盟创新政策透视

第一节　欧盟创新政策的发展历程

一、科技与产业合作研究：欧盟创新政策的萌芽阶段（1950—1980年代）

1952年7月25日欧洲煤钢共同体的诞生不仅标志着欧洲一体化进程的开始，也意味着欧洲各国之间在科研技术和产业发展等领域的合作开始出现。随着1958年欧洲原子能共同体和欧洲经济共同体的相继建立，成员国之间在能源、工业、科技等领域获得了协调发展并使得各种资源在欧洲各国之间得以自由的流动，这不仅促进了欧洲各国在技术创新政策上的发展，也催生了欧洲层面的技术创新政策。在这种欧洲一体化进程不断加快的背景之下，欧洲创新政策研究与发展被提到了欧洲共同政策的高度加以规划并且开展了科技方面的合作研究。如《欧洲煤钢共同体条约》第55条就明确规定："(共同体)委员会应促进与煤钢的生产和扩大使用以及煤钢工业职业安全有关的技术与经济研究。为此，它会在现有的研究机构之间建立起一切适当的联系，委员会应发表一切有助于使技术进步更为广为人知的意见，尤其是在交换专利和发放专利许可证方面。"[①]

在20世纪50年代的欧洲一体化进程中，虽然欧洲原子能共同体、欧洲经济共同体已经把技术和产业政策列为了共同政策，但是其政策重点仍旧是以个别的产业为主，这也造成了产业政策的执行效果由于共同体本身职能的限制而大打折扣。为了进一步加强各成员国之间的科技合作，整合各国之间的科技和产业优势来进行技术研究和开发，建立更为统一的、可以协调各国技术创新政策的机构也就显得迫在眉睫。1967年，欧洲原子能共同体、欧洲煤钢共同体以及欧洲经济共同体的执行组织合并成为欧洲共同体委员会。欧共体的建立推动了欧洲跨国技术创新系统的发展，也为将来的欧盟创新战略及创新政策的实施打下了基础。1969年12月在海牙召开的欧洲峰会上，欧共体各成员国一致表示要在科学技术方面进行广泛的合作，提出启动欧共体科研项目的计划。在海牙峰会的共识之下，欧共体委员会推出了《1977—1980年欧洲共同体科技政策指南》，这标志着欧洲统一的科技研发合作战略的基本形成。[②]

---

① 戴炳然. 欧洲经济共同体条约集[M]. 上海：复旦大学出版社，1993.

② 王春法. 主要发达国家国家创新体系的历史演变与发展趋势[M]. 北京：经济科学出版社，2003.

进入20世纪80年代后，欧共体国家开始受到来自美国、日本以及亚洲一些新型工业化国家的挑战。由于将技术研发的成果转化为创新和竞争优势的能力较差，欧洲在高技术领域的商业竞争中逐渐处于下风。为了促进技术的进步，协调各成员国的科技政策，给欧洲企业之间的合作提供一个更好的平台，欧共体于1983年推出了第一个“研究与技术开发框架”，将推动高技术产业的发展与促进产业之间的合作研发作为欧洲未来创新政策的重点。在第一个框架计划实施的同时，欧共体又于1985年通过了欧洲研究整合计划即“尤里卡计划”，该计划的目标在于通过加强企业和研究机构在高技术领域的合作，使欧洲掌握并应用对其未来至关重要的技术，增强欧洲各国的工业和经济在世界市场上的竞争力，以巩固欧洲保障经济增长的基本条件；参与合作项目的企业研究机构自行决定其合作形式，自筹资金，必要时有权要求各国政府和共同体提供财政支持。“尤里卡计划”最显著的特点，也是其最大的优点就是，它并非一个确定每个项目的研究计划，而是一个供欧洲各国合作的“开放框架”，实行“自下而上”的原则，由各个具体的研究单位进行选题和确立合作伙伴、合作范围及合作方式。“尤里卡计划”中只有一个常设秘书处和各国的对应部门负责组织协调，它把企业和科研机构紧密地结合在一起，解决了基础研究与市场脱节的难题。[①]

虽然欧共体于20世纪80年代开始实施的框架计划以及其他的产业政策有力推动了欧洲各国技术创新能力的提升，但这一阶段的各项政策依据尚没有脱离熊彼得技术创新理论的窠臼，创新政策的逻辑出发点还是基于传统的线性模式，即科研投入—科技产出—创新成果。为此，各国纷纷将对基础研究的投入和科研能力的提升作为创新政策的重点，而没有考虑到创新的系统性、复杂性和交互动态性。

二、跨国创新体系：欧盟创新政策的确立阶段(1990年代)

对于技术创新理论及其线性模式的质疑早在20世纪80年代就已经出现，虽然科学与技术的重要性并没有消失，但是创新的概念不断得到了深化，它不仅包含了科技研发的整个过程，还包括了知识产权、教育培训、系统建设、标准化等广泛的内容。首先，创新是技术推动和需求拉动之间复杂的交互作

---

① “尤里卡计划”. 百度百科，http：//baike. baidu. com/view/168161. htm。

用过程；其次，盲目增加研发投入对于促进创新常常显得成效甚微。在伦德瓦尔提出国家创新系统的概念之后，国际社会开始用系统论的方法来看待和研究创新，创新也成为了提高竞争力的核心政策。在国际创新理论发生深刻变化的同时，欧洲一体化进程也迎来了它的里程碑事件——1993 年 11 月 1 日马斯特里赫特条约生效后，欧共体更名为欧洲联盟，这标志着欧共体从经济实体向经济政治实体过渡。与 20 世纪 80 年代欧共体的创新政策相比，欧盟试图从系统的角度对其创新政策进行调整，致力于构建跨国性质的区域创新政策体系，加强欧盟各国在与创新有关的各个领域上的合作，协调成员国的创新政策，制定欧盟层面的创新发展战略并塑造一个更加有利于创新的制度环境。

1995 年欧盟委员会发布的《创新绿皮书》和随后实施的《欧洲创新第一个行动计划》拉开了欧盟成立之后创新战略和创新政策的新序幕。作为欧盟成立之后第一份关于创新的重要文件，1995 年 12 月由欧盟委员会发布的《创新绿皮书》对于欧洲创新模式的同一性与多样性的特征、创新战略和政策实施中所面临的挑战、欧洲创新中的积极因素和消极因素等进行了全面深入的分析并提出了增强欧洲创新能力的措施建议。在《创新绿皮书》中，欧盟对创新提出了自己的看法，认为创新是“在经济和社会经济领域内成功的生产、吸收和应用新事物，它提供了解决各种问题的新方法，并使个人和社会需求的实现成为可能，创新不仅是一种经济机制或技术过程，还是一种社会现象”[①]。这一定义不再将创新单纯地看作是为了提升竞争力而进行的研发投资和技术变革的过程，而是将创新的内涵扩展到社会的各个领域，这既包括了作为物质成果的“显性创新”，也涵盖了以观念更新、组织变革、创新文化的培育等在内的“隐性创新”。因此，研究机构和企业在研发活动、教育培训、信息以及交流合作等领域的投资成为了产生创新的决定性因素。《创新绿皮书》对于欧盟各国创新所存在的同一性和多样性进行了分析并指出了未来欧盟创新能力提升所面临的巨大挑战：与美国和日本这两个主要竞争者相比，欧盟科研机构的质量及其研发能力并不落后，甚至在一些领域上具有优势，但在过去的 15 年里，在以电子产品、信息通讯技术为代表的高技术产业部门的创新能力及其商业表现却远逊于美国和日本的企业。造成这一状况的主要原因就是欧盟各国在将科技研发的优势转化为多种创新成果上的能力较差。

---

① European Commission，*Green Paper on Innovation*.

以研发支出占GDP的比重为例，1993年欧盟研发投入占GDP的比重为2%，而同年美国对于研发投入的支出则占到了其GDP总量的2.7%，日本为2.8%[①]。此外，欧盟在产业部门的竞争力、人力资源的开发及创新人才的培养、财政金融等领域也存在着很多的问题与不足，亟待改进。《创新绿皮书》认识到，增强创新能力涉及多种政策，如产业政策、技术研究与开发政策、知识产权保护政策、教育与培训政策、金融税收政策、区域协调发展政策、中小企业政策以及环境政策等。为此，《创新绿皮书》提出了促进创新的13条行动路线，使欧盟通过协调的方式发挥上述政策的不同作用，形成一种促进创新的、真正的欧洲战略。

1996年11月20日由欧盟委员会发布的《欧洲创新第一个行动计划》则采纳了创新的系统观，不再单纯地将创新看作是通过大量针对技术研发领域的投资，使新知识转换成新的创新性产品的过程，而是将创新看作是个体、企业、科研机构、政府部门、外部制度环境等诸要素之间进行复杂的交互作用的结果。在理论依据发生重大转折的背景下，《欧洲创新第一个行动计划》还将体现在《创新绿皮书》中的观点和建议转化为更为具体的政策行动。为了鼓励各成员国制定更为全面的创新政策以及建立泛欧层面的创新政策，《欧洲创新第一个行动计划》提出了未来欧洲创新政策的三大主要目标：

1. 培育创新文化

创新过程中最为重要的一个因素就是人。任何一个国家和地区能否将创新作为推动经济社会发展的动力，关键是要看这个国家和地区的国民是否充满创造力、创业精神、为了创新而愿意承担一定程度的风险等。对于一个社会系统来讲，要成为创新的社会则必须体现出一种渴望进取、热衷创新的意愿，而这个社会系统的各个部门也必须遵循一定的规则，能够控制因为创新而产生的其他附加成本。由此可以看出，要建设创新型的国家和地区，首先要培育愿意创新、敢于创新的文化，而这也正是《欧洲创新第一个行动计划》中的重点目标。首先，对欧盟的教育和培训体系进行改革，通过对学校课程的改革和教学方法的革新，培养欧盟青少年的创造力和创新精神。欧盟委员会还要求

---

① European Commission, *Green Paper on Innovation* [EB/OL]. http://cordis.europa.eu/innovation-fp4/grnpap1.htm. 2010-7-15.

各国改革教师培训体系，建立终身学习制度，将终身学习作为未来欧盟教育与培训政策的核心。为了加强各成员国在教育培训领域的合作与实践经验的交流，欧盟委员会还将建立“培训与创新论坛”作为此项工作的主要平台。其次，鼓励科研人员和工程人员在企业中进行更为自由的流动。欧盟为推动这一领域的进展，将会对第五次研究与发展框架项目进行改革，使它的目标更为单一、流程更为简化，并将主要目标设定为开发欧盟范围内人力资源的潜力。该项目特别要鼓励欧洲的科研人员和工程人员在企业中能够更为自由的流动，为年轻的科研人员到企业，特别是中小企业中进行技术研发提供便利，从而大幅增加欧盟中小企业中的技术转移项目，提升中小企业的创新能力。第三，重视创新理念的传播，在经济部门和社会部门中展示关于创新的最有效的方法。第四，在欧盟的企业之间交流和传播关于管理和组织的方法，提升欧盟企业的管理能力。在经济和社会中展示创新的有效的方法。最后一点则是鼓励公共机构和政府部门进行创新活动，为全社会创新文化的孕育创设良好的外部机制。[①]

2. 创设有利于创新的法律、规章、金融等政策框架

欧盟的法律和规章制度的环境需要适应未来创新的需求并加以简化。1997 年欧盟委员会发布的绿皮书主题就是关于建立欧盟统一的专利制度。在各成员国和欧盟层面的政策框架则要支持新企业的成长，尤其是那些以高技术为基础的、具有极大发展潜力的企业。为此，欧盟委员会建议各成员国改革现有的审批和管理流程，减少繁琐的程序，更好地为企业的发展服务。创新的主体是企业，尤其是以高技术产品为主的大量中小型企业，而中小型企业的发展和壮大则有赖于一个健康而公平的金融体系。为了使欧洲的金融体系能够更加适应创新战略的实施，欧盟委员会在《行动计划》中表示要实施一批试点项目，其中就包括了结构基金(Structural Funds)和欧洲投资基金(European Investment Funds)，其目的有三：首先，鼓励风险资本对中小型企业的发展提供资金支持，而欧盟也将会把更多的资金用于创新；其次，为欧洲的资本市场以及具有增长潜力的企业提供安全的外部保障；第三，加强技术创新与资本市场之间的联系。[②]

---

① European Commission. *The first action plan for innovation in Europe*[EB/OL]. http://cordis.europa.eu/documents/documentlibrary/21926641EN6.pdf, 2010-6-23.

② 同上。

3. 加强研究与创新之间的联系

在一个知识经济体中，富有效率的组织往往具备两大特点：首先是该组织具有强大的知识生产能力和利于新知识传播的机制；其次是该组织中的个人和机构具有消化吸收和应用上述新知识的能力。但对于一个创新型的组织来讲，最关键的还是如何实现知识生产、知识传播与知识应用之间的完美联结。以欧盟为例，那就是如何使欧盟各国具有相对优势的研究能力、教育培训体系、资本规模与欧盟的企业，特别是中小型企业之间建立起互为依托、协同发展的合作网络。在《行动计划》中，欧盟认为加强研究与创新之间联系的主要措施包括制定研究与发展的战略目标、对企业进行资助，加强由产业部门进行的技术研发活动，鼓励以高技术为基础的中小型企业的产生和发展，增进科研机构、大学、产业界三者之间的联系，提升中小企业消化吸收新技术的能力。

自《创新绿皮书》和《欧洲创新第一个行动计划》公布以来，欧盟及其成员国纷纷以这两份重要的政策文件为依据，制定促进创新的政策和措施。1997 年，欧盟又公布了对《欧洲创新第一个行动计划》的执行报告，讨论了创新与欧洲的经济增长和企业之间的紧密联系，并对行动计划实施一年来的成绩进行了分析，尤其是知识产权保护、金融创新、法律框架与行政程序简化、教育与培训、以创新为导向的研究等作为政策实施的主要领域①。1998 年，欧盟又出台了“第五个研究与发展框架计划”，该计划强调创新作为其基本目标，并将创新的诸要素融合于主要科研计划之中，以保证研发活动和技术转移活动的顺利进行。第五个研究与发展框架计划确立了研发活动的原则、项目的评估方法、保证研发和成果转让的外部机制，要求欧盟各成员国的研发项目必须要有“技术实施计划”，允许对开发出的科技成果进行推广，并对成果的社会和经济影响进行评估。此外，第五个框架计划还制定了以税收减免、资金扶持、知识产权保护为主的特殊优惠政策，鼓励中小型企业参与创新活动。1999 年欧盟委员会进行了机构的调整和重组，由新组建的企业与产业秘书处(Diretor-General Enterprise and Industry)分管创新政策和框架计划中的中小企业创新项目。设定专门机构负责欧盟层面的创新政策和中小企业政策，显示了欧盟要进一步扩大创新政策的实施范围，使欧盟层面的政策能够

---

① European Commission. *Implementation of the first action plan for innovation in Europe*[EB/OL]. http://cordis.europa.eu/documents/documentlibrary/21926641EN6.pdf, 2010-6-23.

直接地对各成员国产生影响，同时也为整个欧盟的科研机构、政府部门、企业界之间架起了一座沟通的桥梁。欧盟委员会还在1999年首次实施了“欧洲创新趋势图表”项目，用来收集、分析欧盟创新政策的信息。创新趋势图表项目(Innovation Trendchart Project)的宗旨是为欧盟创新政策的决策者提供各成员国在创新发展方面的综合信息，包括了统计资料、政策汇总、各成员国的竞争态势和未来的趋势等。创新趋势图表项目可以说是欧盟成员国之间进行创新标杆比较、政策相互学习与交流的一个平台，也是欧盟层次上创新政策协调的一个体现。

综上可以看出，欧盟层面的创新政策主要是在20世纪90年代形成的，其标志则是分别于1995年和1996年由欧盟委员会发布的《创新绿皮书》和《欧洲创新第一个行动计划》这两份重要的政策文件。这两份文件不仅提出了要建立欧盟层面的创新战略、发展相应的创新政策和行动措施，还就创新的法律体系、制度框架、金融系统以及营造利于创新的环境所需要的条件进行了明确的说明。在此之后，欧盟各国开始普遍以系统创新的观点制定本国的创新政策，并以这两份文件为基础制定了大量的创新政策及项目，进一步完善了各国的创新政策体系。

三、 面向知识经济的创新发展战略：欧盟创新政策的发展与完善阶段(2000—2010年)

进入21世纪之后，创新能力日益成为增强综合国力、改变世界竞争格局的决定性力量，建设创新型国家也成为世界主要国家的重大发展战略。欧盟围绕着增强欧洲整体创新能力的方面，实施了一系列重大的战略决策及政策举措。其中最具标志性的则是欧盟15国领导人于2000年3月在葡萄牙首都里斯本举行的首脑会议。在此次会议上，各国领导人达成共识并通过了一项关于欧盟在新世纪第一个十年中发展经济的规划，即“里斯本战略”，其目标则是希望通过鼓励创新、大力推动信息通讯技术的应用与发展，探索面向知识经济的下一代创新，最终使欧盟在2010年前成为“世界上最具有竞争力、以知识为基础的经济充满活力的地区；保持经济持续增长，创造更多就业机会，改善工作条件，增强社会凝聚力”[①]。随着“里斯本战略”的实施，创新再一

① Lisbon Strategy. 维基百科，http：//en.wikipedia.org/wiki/Lisbon_Strategy，2010-6-10.

次地成为欧盟政策框架中的重要内容。欧盟在近些年来所制定和实施的一系列与创新有关的政策中，也进一步吸取了创新系统的理论并在两个方向上重点制定利于创新的政策措施：第一是旨在催生创新型企业，尤其是中小型企业产生和发展、以财政、税收、公共采购、知识产权保护等为主体的中小企业与产业发展政策；第二则是为达到“里斯本战略”中所规定的研发投入占欧盟GDP总量3%的目标而实施的研究与发展政策。与之前相比，欧盟的研发政策将更加关注于私营部门，尤其是企业对研发投入的增加。这两大类政策措施虽然重点各不相同，但是彼此之间都具备许多共同的联系，每一类政策的制定和实施也都影响着另一类政策。二者之间的协调发展构成了面向21世纪致力于构建“知识经济体”的欧盟创新政策体系。

在研发政策方面，“里斯本战略”对欧盟委员会在2000年的第6期公告中所提出要建立“欧洲研究区”的提议表示极大的赞同和热情，同时认为该计划的实施将为整个欧洲知识生产和技术研发活动提供一个具有相对自主性的生产、消费、交流、合作的系统。可以看出，“欧洲研究区”概念的提出也恰恰反映了半个多世纪以来欧洲一体化进程对于欧洲研发系统的影响：从20世纪50年代开始出现的联合研发中心，到第一个研究与发展框架计划，再到2000年由欧盟提出建立的“欧洲研究区”，都充分说明了欧盟委员会意图创造一个统一的科学和技术研究空间，突破国家研究系统的边界，使欧盟的各个成员国——无论是创新领先的国家，还是在经济社会发展方面较为落后的成员国，都能够在这个共同的研发空间里充分发挥彼此的优势，共享资源，实现知识、技术及其他资源的交流和共享，而创新能力较差的成员国更加可以通过研究区来迅速提升本国的科研水平和创新能力，创造一个均衡协调发展的欧盟创新系统。作为对“欧洲研究区”计划的补充，欧盟委员会于2002年在布鲁塞尔召开的欧盟峰会上又进一步提出了要探索以Living lab为代表的创新2.0模式，并计划向知识经济全面过渡。在科研投入方面，欧盟各国将在2010年把科研投入占GDP的比重从2000年的1.9%提高到3%，而私营部门，尤其是企业界，对研发的投入要占到欧盟整个研发投入的三分之二[①]。为了使2002年的目标顺利实现，欧盟委员会于2003年发布了第226号政策公告，名为“投资于

---

① Commission of the European Communities. *Innovation policy: updating the Union's approach in the context of the Lisbon strategy*［EB/OL］. http://ec.europa.eu/invest-in-research/pdf/download_en/innovation_policy_updating_union.pdf, 2010-6-10.

研发：欧洲的行动计划”，并列出了促进研发投入的四项主要政策建议：促进欧盟与各成员国之间在研发政策上的协调；提升公共支出用于研发领域的效率；在宏观政策(增加公共支出在研发上的数量和规模)和微观政策(利用公共采购政策引导企业进行各种新兴技术的研发活动，淘汰那些产能低、创新能力弱、高技术附加值低的产业和企业)上都要大力支持欧盟各国的研发活动；鼓励私营部门投资于研发，继续改进中小企业进行创新的外部规章制度框架[①]。

如果说“里斯本战略”为欧盟以创新为主导的发展战略提出了方向和预期的目标，那么在这之后由欧盟委员会公布的一系列政策文件则是对该战略目标的具体执行。其中较为重要和具有代表性的，是欧盟委员会在2000年发布的两份政策公告：第一份是2000年6月由意大利、英国、法国、德国、荷兰等8国专家组成的“欧盟创新政策研究课题组”向欧盟委员会企业与产业秘书处提交的《以知识为基础的经济中的创新政策》报告，该报告首次提出了“知识驱动型经济”的新概念并对其进行了阐述。同时，该报告对欧盟创新政策发展的理论依据进行了探讨，在分析了欧盟竞争力和创新能力低于美日两国的原因之后，指出欧盟的创新政策应该“首先关注欧洲教育体系的改革，提升欧盟教育和培训的水平，在各成员国大力推行终身教育的理念；改革欧洲各国的大学，加大对‘伊拉斯谟’等欧洲学者交流项目的投资；在全社会塑造创新的精神；重视服务业部门的创新，将集群政策作为构建区域创新系统、提升企业创新能力的主要手段”[②]。第二份文件则是欧盟委员会于同年9月向欧洲理事会和欧洲议会提交的第567期政策公告《知识驱动的经济中的创新》。作为一份对欧盟创新政策与实践的评估报告，该文件在对1996年《欧洲创新第一个行动计划》进行总结的基础上，进一步提出了“里斯本战略”关于创新的五个政策目标：保持创新政策的连贯性和一致性；建立有益于创新的规章制度框架；鼓励创新型企业的产生和发展；加强创新系统中各关键要素的联系；增进全社会的创新意识并使人们对创新保持巨大的热情[③]。同时，该报告

---

① European Commission. Investing in Research：an action plan for Europe[EB/OL]. http：//ec. europa. eu/invest-in-research/pdf/download_en/investing_en. pdf，2010-6-10.

② European Commission. *Innovation Policy in a Knowledge based Economy*. [EB/OL]. ftp：//ftp. cordis. europa. eu/pub/innovation-policy/studies/studies_knowledge_based_economy. pdf，2010-6-11.

③ European Commission. Innovation in a Knowledge-Driven Economy[EB/OL]. http：//www. europarl. europa. eu/sides/getDoc. do；jsessionid=92EA4817489B83A2842651C4D86F2C20. node1?language=EN&pubRef=-//EP//NONSGML+REPORT+A5-2001-0234+0+DOC+PDF+V0//EN，2010-6-11.

也对欧洲技术创新的现状和政策进行了全面的评估，提出了未来几年欧盟将协调实施的创新战略和政策，其重点应当是创新在经济中的地位、创新与经济的全球化、开放式创新对政策发展的影响、政府创新政策的效力、企业创新过程中各要素的整合等[①]。

值得一提的是，上述两份报告都特别强调了中小企业创新以及中小企业技术扩散能力对创新政策的影响。从创新系统的角度来看，报告中所提到的措施和建议，其首要目标就是促使欧洲创新政策的趋同，解决欧洲各国创新政策方向不一而形成的障碍；其次则是建立有利于创新的外部制度框架，强调各成员国要重视对其法律体系、行政审批程序、管理规则的简化和协调，提升政府部门的服务意识，提高科研机构的社会地位，扫除知识扩散，利用以及创建知识产业的障碍；第三则是鼓励创新企业的建立和发展，特别是在最具发展前途的市场中运作的技术密集型创新企业，要为创业阶段的高技术企业提供更好的发展环境；第四是改善创新系统中的关键契合点，由地区层面制定的创新政策加强创新与其他活动的紧密衔接；第五是培育有益于创新的社会文化。与早期的欧盟创新政策相比，近年来的创新政策内容更加明确，措施更加具体。

“里斯本战略”被称为“事关欧盟男女老幼”的“真实的革命”。欧盟虽然致力于推动面向知识经济的创新模式，并希望以此来加强欧盟内部的整合，并在国际竞争中赶超美国，但是由于其自身存在的各种问题，“里斯本战略”在实施过程中遇到了重重困难，进展缓慢。在研究与创新方面，欧盟与美国和日本的差距越来越大：

- 研发投资占 GDP 的百分比从 2000 年起就一直停滞不前，2002—2003 年期间更是只增长了 0.2%；
- 欧洲国家在研发方面的投资率比美国和日本要低得多，2003 年，欧盟用于研发的投资仅占 GDP 的 1.93%，而美国和日本分别为 2.15%和 3.15%，差距相当明显。此外，中国的追赶步伐也相当迅速，估计在 2010 年将赶上欧盟；
- 3%目标的实现有赖于产业部门在研发领域内投资比率的上升，所占

① European Commission. Innovation in a Knowledge-Driven Economy[EB/OL]. http://www.europarl.europa.eu/sides/getDoc.do; jsessionid=92EA4817489B83A2842651C4D86F2C20.node1?language=EN&pubRef=-//EP//NONSGML+REPORT+A5-2001-0234+0+DOC+PDF+V0//EN, 2010-6-11.

比例希望从目前的55%上升到三分之二。尽管已落后于竞争对手的发展，但是2003—2004年期间欧盟研发投资仅比上一年增长了0.7%，而这一点却是在欧盟公司整体下滑2%的情况下，为数不多的亮点之一；

- 欧盟的公司与非欧盟的公司在研发投资领域内的差距越来越大，两者的增长率分别为3.9%和6.9%；
- 欧洲最好的公司在研发投资方面确实达到了世界一流水平(例如制药业方面)，然而这类公司的数量太少，而且行业分布太过集中，仅分布于不多的几个创新密集型部门和公司当中，如在电子行业中，欧洲五家最大的电气电子设备公司的研发投资金额占到全行业研发投资的88%，这一点上非欧盟公司的相应数据为58%[①]。

可以看出，欧洲的创新发展现状并没有达到预期目标。在许多创新指标方面，最新的数据统计显示，美国和日本仍遥遥领先于欧盟15个国家。专利领域的疲软表现以及接受过高等教育的人口比例不足都是造成这些差距的主要原因。即使考虑到结构上的差异，这种差距还是非常明显的，而且与日本相比，差距正在越来越大。欧洲在创新投入(如研究与教育)如何转化为创新产出(如创新产品与服务、专利等)方面总体表现薄弱。总体看来，欧盟制定的十年战略规划已经走过了一半的时间，但是现实与规划的许多目标之间仍然有着较大差距。特别是随着2004年5月1日欧盟的扩张、成员国数量的大幅增加，各成员国之间的情况不同、经济发展不均衡，政策举措难以协调一致，新成员国也并不像老成员国那样注重欧洲一体化对世界多极化的影响，并可能会更关注经济利益的重新分配，这些都有可能会激发各种新的矛盾。

2005年3月，欧盟首脑会议正式决定重新启动“里斯本战略”。欧盟各国将根据各自的情况确立为期三年的“里斯本战略”实施方案。欧盟委员会也将每年发表一份相关政策实施情况的评估报告。经过调整并重新启动的“里斯本战略”对于欧盟创新政策的发展也提出了更多的要求。同年10月12日，欧盟委员会就制定了“欧盟研究与创新战略”。该战略从研究与创新是欧盟的政策核心、研究与创新是欧盟的财政核心、研究与创新是企业的核心、完善研

---

① European Commission. Creating an Innovative Europe[EB/OL]. http://ec.europa.eu/invest-in-research/pdf/download_en/aho_report.pdf, 2010-6-12.

究与创新政策的四大领域出发，提出了未来欧盟政策实践的 19 项行动计划，内容涉及到知识产权保护效率的提升与运用、加大对公众研究与创新成果的应用、利用欧洲结构基金来驱动研究与创新、运用国际项目资助欧盟的研究与创新、加强大学-企业之间的合作研究、创新管理与社会变革、大力推进欧洲产业研究与创新系统监测建设、完善创新政策分析手段等[①]。

2006 年 1 月，在欧洲理事会 2006 年春季会议前，由芬兰前总理埃斯科 · 阿霍(Esko Aho)任组长、由欧盟产业界和学术界专家组成的课题组向欧盟委员会提交了《创建创新型欧洲》的报告。该报告提出了创建创新型欧洲的战略，并提出要实现这个战略，核心是要形成一个激励创新的市场，同时，还要提高研究与创新的资源投入，提高人才、资金和组织机构的灵活性。该报告的核心建议是：为了推动创新型欧洲的建设，必须达成研究与创新的协议(Pact for Research and Innovation)，而这需要得到政界、商界以及社会各领域的领导者的大力支持与坚定承诺[②]。当前欧盟各国对修订后的"里斯本战略"的执行力度还远远不够，需要付出进一步的努力。除此以外，需要同时开展以下三个方面的努力，即协议所关注的三个领域：

1. 欧洲需要营造一个"创新友好型市场"(Innovation-friendly market)，当前该市场的缺失是研究与创新投资的一大主要障碍。这就需要我们在规则、标准、公共采购、知识产权等领域采取行动，并形成一种鼓励创新、促进创新的文化。为此，我们必须在各个领域采取大规模的战略行动，并加强不同领域之政策的协调与配合，如电子保健、医药、能源、环境、交通与物流、安全、数码内容等领域。每个领域内应该委派一名独立的高级项目协调员以负责统筹欧洲各国在相关领域内的行动。

2. 我们将 3%的目标看作是创新型欧洲的指标，但这并非是一个终极目标。需要采取进一步的措施为尖端科学、产业研发以及产业-科学合作提供更多的资源。研发的生产率必须得到增强。用于研发领域的结构基金必须增加三倍。

3. 以下三个层面必须具有更大的流动性：人力资源——需要增强跨国流动性；财务机动性——需要高效的风险资本以及面向知识经济的新金融工具；

---

① 冯晓. 欧盟研究与创新战略[J]. 全球科技经济瞭望. 2006(5)：26－28。

② European Commission. Creating an Innovative Europe[EB/OL]. http://ec.europa.eu/invest-in-research/pdf/download_en/aho_report.pdf，2010－6－12.

组织和知识的流动性——灵活的组织架构，便于根据欧洲技术平台和集群(clusters)政策的需求灵活进行安排。

从进入21世纪后欧盟委员会出台的创新政策中可以看出，欧盟不仅提出了对欧盟、国家和地区三个层面的创新活动和政策进行整合的思路，而且对各成员国的创新政策提出了自己的看法，针对每个具体的目标非常清晰地阐述了欧盟层次和国家或地区层面应该采取的行动，以最大限度地动员各成员国的协同力量，联合打造出一个全面、层次分明的欧盟创新政策。在该政策的导向下，成员国均完成了各自创新政策的建立、调整与完善，创新政策已经演变为各成员国的一种基本政策，而且表现出一定的趋同，从而为欧洲创新的协同努力创造了一个良好的政策环境，也便于欧盟进行政策方面的协调①。为促进潜在的信息交流和政策相互学习，欧洲委员会支持进一步加强不同地区、不同国家之间创新行动和项目的跨国政策合作。除了现有的创新中继中心(Innovation Relay Center, IRC)项目外，该委员会还在新的“欧洲创新领先”(PRO INNO Europe)计划框架下发起了新《创新联盟行动计划》(INNO-Nets Actions，该计划参照在研究领域的“欧洲研究区域联盟”模式而设立)。欧盟的作用是对成员国提供未来的情报支持，以更好地为欧盟的社会、技术和市场发展趋势做好准备，而它们将对欧洲竞争力产生很大的影响。

第二节 欧盟创新政策的结构与特征

一、欧盟创新政策的模式演变：第三代创新政策

早在20世纪中叶起，随着欧洲一体化进程的展开，欧洲各国开始纷纷制定以提升国家科技实力和国际竞争力为主要内容的创新政策。这一时期的创新政策固然反映了各国已经将提升科学研究和技术改进的能力视作推动经济增长的决定性因素，但是从欧洲各国政策制定和实施的过程，特别是这一过程背后所蕴含的理论依据来看，新古典经济学派对各国的政策制定仍然有着重要的影响。该学派认为在技术研发的过程中始终存在着“市场失灵”的现象，因此政府应该运用多种政策手段对技术创新的过程进行干预并针对市场

① 李正风，朱付元，曾国平.欧盟创新系统的特征及其问题[J].科学学研究，2002(2)：214－217。

失灵的领域制定相关政策和措施①。由于该理论将技术创新过程看做是一个外界无法观察和测度的“黑箱”，并认为黑箱内部的运作过程并不重要，只要市场机制发达，就能够促使黑箱内部保持运行。因此对当时以致力于技术创新为主的政策体系来讲产生了很大的影响：政府只注重对知识生产过程进行大量投入而将知识扩散和应用看做是企业的主要职责。在这种理论的指导下，各国纷纷将大量的经费用于资助大学、实验室及其他研究机构的研发活动，当上述研究机构产生了成果之后，便会自动地通过各个产业来进行创新成果的吸收、应用、扩散。实际上，这一阶段的创新政策主要是科技政策，是一种以推动公立科研机构的研究与发展为主要目标的、通过以经费资助、试验场地和设备提供为主要形式的创新政策，故被称为“第一代创新政策”(the first generation innovation policy)。其总体特征是基于创新发展的线性过程理论，认为创新的过程始终遵循着“投入—研发—创新—应用”的程序。这一阶段的创新政策强调的是繁荣具有关键性作用的科学与技术成果研发，同时促进知识在创新链中由上而下的流动②。

进入20世纪80年代之后，随着人们对创新研究的不断深入，技术创新论以及创新的线性模式受到了广泛的质疑。特别是伦德威尔提出国家创新系统的概念之后，学术界开始广泛利用系统方法来研究创新过程中诸要素之间存在的各种耦合关系，重视创新过程的动态化及开放式、交互式的特征，强调创新中的非技术要素。因此，新的创新分类也开始注重将技术创新与非技术创新加以区别，明确彼此之间的界限，从而有利于对创新测度进行指导并作为设计测度的指标体系及其相应指标的指南。目前，国际上广为认可的、已经成为创新分类和测度方面最权威的文件是经济合作与发展组织(OECD)于2005年公布的《奥斯陆手册》第三版。在这一版本中，创新按照其各个环节及性质的不同被分为产品创新(Product innovation)、流程创新(Process innovation)、营销创新(Marketing innovation)和组织创新(Organizational innovation)四种类

---

① Alasdair Reid, Systems failures and innovation policy: do national policies reflect differentiated challenges in the EU27? [EB/OL]. www.proinno-europe.eu/.../Systems_failures_and_innovation_policy_presentation.pdf, 2010-6-11.

② Rossi, Federica. Innovation policy in the European Union: instruments and objectives[EB/OL]. http://mpra.ub.uni-muenchen.de/2009/1/MPRA_paper_2009.pdf, 2010-6-12.

型[①]。这一分类最大程度地保持了第二版中技术取向强烈的产品创新和流程创新的分类，同时引入了营销创新和组织创新两种新的类别，从而丰富并拓宽了创新活动的复杂性和多样性。

创新理论的演进也对创新政策领域产生了极大的影响。传统的线性政策模式受到挑战。随之而来的创新政策开始受到了新熊彼特主义的影响，不再将创新单纯地看作是“技术创新”，而重视对其他如制度、服务、组织等领域创新的政策制定，并将创新看作是一个由科学、技术、市场、制度环境、参与主体等多种要素相互作用构成的复杂过程，重视对创新过程内部运行机制的揭示。因此，这一时期的创新政策从传统的线性模式转变为“学术研究界——产业界——政府”三方合作并形成良好互动的螺旋模式，从单一的科技政策转变为科技政策、产业政策、金融政策等构成的政策体系，大学和科研机构通过政府构建或资助的孵化设施成为企业创建者，企业通过政策引导进入大学(或大学进入企业)而成为创新合作者，政府通过各种专项成为风险资本家。政策措施也不再局限于政府提供的直接资助，而是通过多种政策手段来激励创新，其中包括加大税收优惠政策力度、恰当运用风险资本、政府对创新产品的定购、降低新产品的进入壁垒以及相应的贸易政策等[②]。这一阶段的创新政策也可称为“第二代创新政策”——强调的是支持创新的系统和基础设施的重要性，涵盖研究与发展、教育与培训、税收与财政、知识产权保护、竞争力等多个领域的政策突显了创新政策的整合性和系统性，同时也体现出了各个领域之间加强衔接和沟通的必要性[③]。第二代创新政策在意识到创新系统复杂性的基础上，更多的关注创新系统(国家、区域、部门)概念之下内部诸要素的整合与成果扩散。创新政策所寻求的是在构成创新系统的“创新链”的不同节点之间促进自由的共同，并且探索新的方法来改进已有的创新系统。

2000 年的“里斯本战略”为欧盟未来的发展提出了一个颇具战略性的目标，而欧盟要实现这一目标的关键仍旧是创新，特别是创新与政策之间以及

---

① OECD, Olso Manual：guidelines for collecting and interpreting innovation data[EB/OL]. http：//www.oecd.org/document/33/0，3343，en_2649_34451_35595607_1_1_1_1，00&&en-USS_01DBC.html，2010－5－15.

② Alasdair Reid，Systems failures and innovation policy：do national policies reflect differentiated challenges in the EU27？[EB/OL]. www.proinno-europe.eu/.../Systems_failures_and_innovation_policy_presentation.pdf，2010－6－11.

③ Alasdair Reid，Systems failures and innovation policy：do national policies reflect differentiated challenges in the EU27？[EB/OL]. www.proinno-europe.eu/.../Systems_failures_and_innovation_policy_presentation.pdf，2010－6－11.

政策与政策制定过程之间的关系。创新已经成为体现经济绩效的核心要素，它不断增长的重要性使其成为知识经济中的一个关键特征，而创新也相应地促进了知识经济的发展。但是，创新的本质在以知识为基础的经济中也发生了改变，创新不再是大学、实验室、政府研究机构、企业的研发中心等部门的“专有权力”，随着互联网络的兴起与信息通讯技术的发展，只要拥有新的观念和技术，任何人可以在任何地方从事创新——甚至在自己的家里——而这也被称为“创新 2.0 模式”。在这种趋势下，创新的资源和过程得到了重新配置，创新与各种政策领域之间的边界也被重塑。进入 21 世纪，欧盟的创新政策已经发展得较为成熟和完整。这一时期的创新政策也是以国家创新系统学说为基础，将创新看做是个人、组织和各种环境因素相互作用的系统，而不是从新知识到新产品的一条直线。同时，创新的过程必须保持“竞争性和动态性”。创新在知识经济中是多元化和普遍性的。它不仅基于研究、科学和技术，也包括了企业和公共部门——所有这些都是创新的非常重要的贡献因素。创新，特别是成功的创新也有赖于组织、社会、经济、市场等多种要素的成功组合。

在以此为代表的“第三代创新政策”中，政府在创新体系中的角色是要从宏观角度、建设功能完善的组织网络进行规划布局，透过政策与制度建设来引导创新资源的有效配置和创新要素的有效组合，使创新系统的整体运行效率提升，具备响应变迁及转化调适能力，创造良好的社会科研环境和有效的科技创新体系，以向外快速攫取全球科技发展的成果与机会。因此，这一时期的创新政策更强调创新过程的系统性特质，关注市场经济和政府行为互为补充，提高知识、信息和资源扩散及配置效率，增强企业创新及适应环境变化的能力，会带来科学技术、研究开发与经济增长的联系更加紧密。第三代创新政策最重要的特征是，建立在第二代创新政策对创新系统的发展和理解的基础之上，进一步意识到必须加强所有与创新有关的政策领域之间的相关性，随着知识经济的演进而对政策的制定和实施过程进行变革。

因此，“第三代创新政策”将会把创新置于每一个政策领域的中心。在忽略了不同政策领域之间细微差异性的基础上，设定一个共同的目标来促进创新——这个目标就是外部制度框架的改革。但是，为了达到这一目标，两种知识需要进行融合：第一种是关于创新过程（不断改变的创新本质）和创新政策的知识；第二种是关于具体的政策领域的知识[①]。

关于欧盟未来创新政策的构想，不同学者各抒己见。库勒曼(Kuhlman)提出的三种设想颇具代表性：

第一种：逐渐集权化，并统一由欧盟决策当局主导，形成以跨国治理为中心和主导的欧洲创新体系；

第二种：与第一种完全相反的走向，即加速分权化，由各国或各地区之创新系统自由竞争，以反映不同的科技优势与市场需求；

第三种：介于前两者之间，属于合作与竞争的混合模式，也就是说除了尊重各地区、国家的差异性以外，也考虑到欧洲未来的整体发展方向[②]。

以目前的形势来看，欧盟选取的是第三种方案，它更多的是强调一种协调，具备灵活的特征，以互动为基础，欧盟的政策作为一种参考系，可以由成员国决定取舍，而成员国间竞争协同的关系，也会为新的政策导向的出台提供一种比较鉴别的方法和思路。从1995年欧洲创新绿皮书推出依赖欧盟创新政策的实践发展来看，这样一种方案取得了很好的效果。

二、欧盟创新政策的发展现状

早在2005年的报告《创建创新型欧洲》中，欧盟就提出要整合欧洲的市场，用于创新的产品与服务、集中的资源、新的财务结构，以及人口、金钱和组织的流动。为此，欧盟强调在政策领域中必须进行思维范式的转换(paradigm shift)，而不仅仅将目光停留在狭隘的研发与创新政策领域。为此，欧盟委员会建议，为了推动创新型欧洲的建设，必须达成研究与创新的协议(Pact for Research and Innovation)，而欧盟的创新政策也将体现在如下几个领域：(1)支持卓越的科技发展，一方面通过公共财政对研发的投资这一方式给最优秀的科学家提供充足的资源，另一方面通过灵活的研发资助项目及财政刺激政策，促进产业的发展；(2)构建现代化的国家援助框架，支持欧盟及各成员国的产业生态平衡；(3)为了实现知识的有效转化，必须加强科学-产业的连结，在大学与产业部门之间建立起协作伙伴关系，形成开放的创新体

---

① Alasdair Reid, Systems failures and innovation policy: do national policies reflect differentiated challenges in the EU27?[EB/OL]. www.proinno-europe.eu/.../Systems_failures_and_innovation_policy_presentation.pdf, 2010-6-11.

② Kuhlman. S(2001) Future Governmence of Innovation Policy in Europe-Three Scenarios, Research Policy (30), pp.953-976.

系；(4) 以追求卓越为重点，将资源运用到最优的研究之中，提升欧盟研发的生产力；(5) 为了建立起具有全球竞争力的欧洲知识产权制度，首先需要建立起欧洲共同体专利体系(Community Patent)，对各种形式的创新成果提供法律保护；(6) 拓展欧洲技术平台，使之成为创新政策的核心工具；(7) 将集群政策作为未来欧盟提升企业创新能力和地区竞争力的主要政策工具，并建立起融合了地区、成员国、跨成员国的高效率、多层面的管理机制来促进创新集群的发展[①]。

在“里斯本战略”和《创建创新型欧洲》这两份重量级报告发布之后，欧盟及其成员国的创新政策在内容上增加了许多反映上述报告精神的措施。2006年的《欧洲创新进展报告》就对欧盟各国近年来所实施的创新政策措施作了简要回顾：在2005年，欧盟范围内共有53项新的措施被收入到欧洲创新趋势图表项目的政策措施数据库中，其中意大利11项、匈牙利10项和捷克共和国8项，这三个国家也是创新政策颁布最为活跃的国家，其新颁布的政策措施占到了趋势图表项目监控总量的一半以上[②]。在创新领域，新的创新政策数量的多少可作为创新政策活跃度的一个替代指标。显然，新创新政策的多少取决于国家的大小和政策周期的长短。许多国家在前几年已开始实施创新措施，目前仍处于执行阶段，因而并没有引入许多新的措施，如芬兰、奥地利、拉脱维亚等国。

从《欧洲创新进展报告》中还可以看出，欧盟各国创新政策的覆盖范围非常广泛，其类别包括从规章制度问题到对企业的直接财政支持或间接的创新措施支持。2005年创新政策的核心议题是支持新的或现有的创新型中小企业，其方式则是给予直接的基金资助，或是鼓励中小型企业与研发机构之间的合作。另外，有接近40%的政策措施旨在培育欧盟的创新友好型环境。在这一方面，各国共有8项政策特别关注增加企业的研究和创新支出，鼓励企业掌握各类关键技术，尤其是信息通讯技术以及对企业的创新活动引入新的法律议案。此外，报告还表明各国的创新政策正进一步地持续关注创新的技术转移和创新集群的发展(共有19项政策)，关注创新型企业创建和如何支持其发展的问题(共有18项政策)[③]。但在此之前，很多成员国并没有将上述几个

---

① European Commission. Creating an Innovative Europe[EB/OL]. http://ec.europa.eu/invest-in-research/pdf/download_en/aho_report.pdf, 2010-6-12.

② DG Enterprise and Industry. *European innovation progress report 2006*[EB/OL]. www.proinno-europe.eu/docs/Reports/.../EIPR2006-final.pdf, 2010-6-11.

③ 同上。

领域看做主要的政策实施对象，这也体现了欧盟创新战略及其政策趋向对各成员国创新政策制定及实施所产生的影响正在逐渐增强。图 1.1 向我们展示了 2005 年欧盟创新政策的主题。

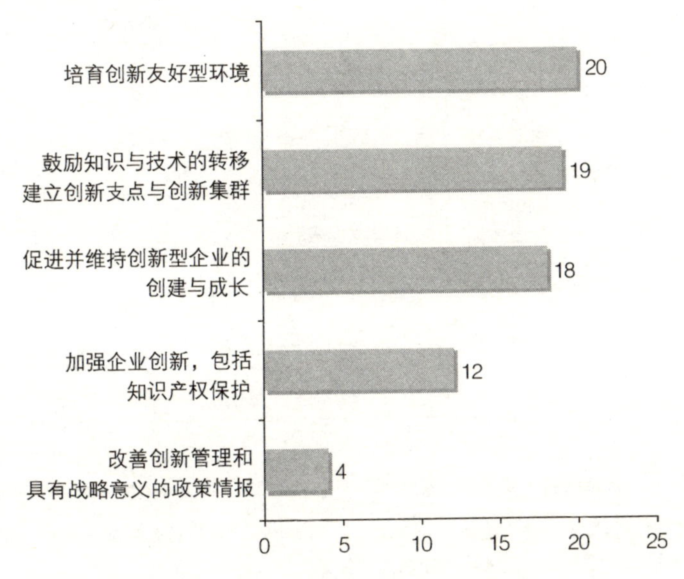

图 1.1　2005 年欧盟创新政策的主题归类

N=53* 依据创新政策措施分类，每一组所包含的政策数总和未必等于 53，原因在于一些创新政策可能同时属于两个分组。
来源：*Summary of new measures identified in TrendChart Annual Country Reports 2005*.

图 1.2 呈现的则是按照创新政策措施次级类别分类法(IPM sub-categories)，对 2005 年新实施的政策措施的主题分类。图 1.2 呈现的结果确认了各国政府所颁布的政策与具体行动的重点在于建立创新集群、搭建企业与科学研究之间的桥梁，尤其是对中小企业和大学联合项目的支持(各国共有 9 项新措施)。促进中小企业与大学合作的措施已在 5 个国家中实施，其中以匈牙利(4 项措施)和意大利(2 项措施)两国最为显著。

其他引入新措施的大部分主题包括：增加企业对研发与创新的投入(8 项)、促进企业创新活动的商业化率(7 项)、促进创新企业进入新市场(6 项)、以及促进知识与技术向企业转移(6 项)等方面。

总体来看，2005 年欧盟各国采取的旨在提升创新能力的政策措施存在着两大趋势：

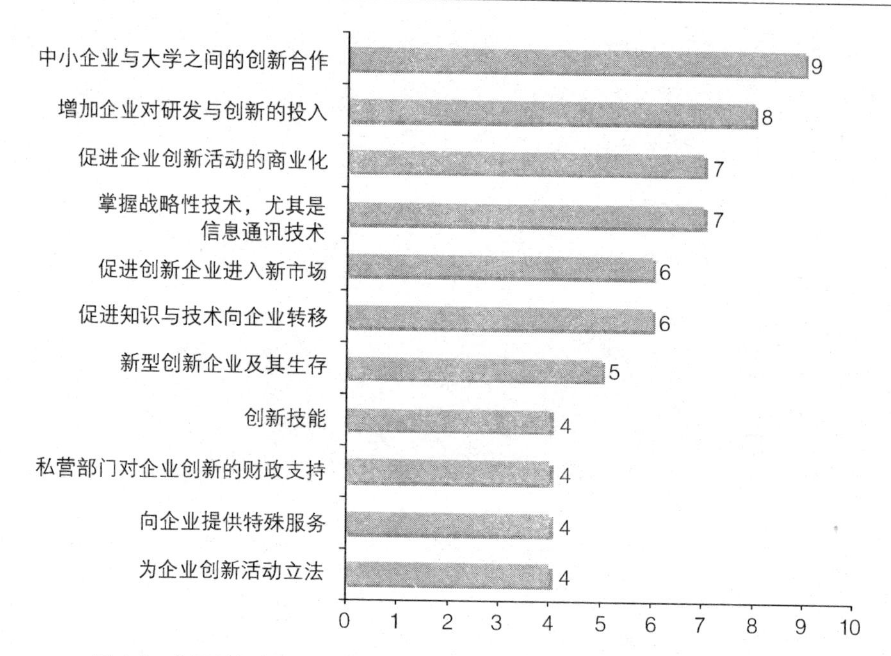

图 1.2 依据创新政策措施次级类别分类法对 2005 年各国政策措施的主题分类

N=53 依据创新政策措施次级类别分类法，每一项措施可能同时属于 2 个分组。在本图中，只显示每一组至少包括 4 项创新措施的组别。

来源：*Summary of new measures identified in TrendChart Annual Country Reports 2005*.

(1) 创新支点：促进企业与研究机构相互合作的方法

在全球范围内，通过创新集群鼓励中小企业、大学和其他创新机构之间的合作，在这方面最广为人知的项目要算法国的竞争力支点计划。该支点计划希望通过创新联合项目，将公司、培训中心和公私营研究机构等联合起来。由于计划的申请项目数量远超最初的意料，因此法国政府决定将 2006—2008 年对该计划的资助金额从 7.5 亿欧元增长到 15 亿欧元，翻了一倍。2005 年 7 月，法国公布了 67 个经过批准的创新集群项目(共计 105 个申请项目)，覆盖众多领域如航空、信息与通讯技术、生命科学等，当然也有较为传统的产业如木材、肉类、建筑业等。类似计划同样也在比利时的佛兰德斯(卓越创新支点项目)和瓦隆地区以及希腊(区域创新支点项目)等国开展①。

目前更为传统的旨在促进大学与企业之间技术转移的计划也已经建立。匈牙利在本国各大学里创建了区域知识中心计划。匈牙利期许此类知识中心

① Trendchart Report. Innovation policy in Europe 2005[EB/OL]. www.trendchart.org, 2010-6-12.

能与企业密切合作，共同促进地区的经济与技术发展。期待这一计划能取得某些成果，如能够强化学术界与产业界合作，能够提高研发成果的商品化率等。意大利则推出一项新的资助计划，它是一项促进研发机构向中小企业技术转移的试点项目，该计划主要针对一些尚未享有特惠政策的地区。其目的是通过创新者联盟和卓越创新中心周边的创新产业集群，共同促进创新和技术转移。

(2) 新的资助机制：支持新的创新企业和具有高增长潜力的公司

欧盟各国出台了一系列新的措施，尤其是通过改善企业获得资金和市场，通过促进创新成果的商品化等方式，支持新的创新型公司的建立和发展。在德国、英国、比利时、意大利和保加利亚等国，计划的形式是为高速成长型企业提供原始资本和启动资金。英国在这方面的计划是建立了“企业资本基金”(Enterprise Capital Funds)，其目的是通过向具有高增长潜力的公司，以公私资金结合的方式进行基金的商业化投资，这类投资最多可达至金额为200万英镑的股权投资，不过，目前尚未有一家企业需要200万英镑的股权投资。未来“企业资本基金”的总预算额将达到2.9亿欧元[①]。

德国的“高技术创业基金”为以技术为本的创业公司提供风险投资资金，其主要服务对象为公共研究机构、大学和企业的分立机构(spin-offs)。平均而言，每项创业项目将获得大约50万欧元的风险资助。该基金2005—2010年的总预算为2.62亿欧元。意大利也设立了类似的基金即“高技术基金”，为中小企业提供总额为1亿欧元的资助，以促进高技术产业中创新企业的建立和发展。比利时的佛兰德斯地区也建立了新的基金，即“佛兰德斯创新基金”，佛兰德斯政府为该基金提供了7 500万欧元的启动资金[②]。

在此值得一提的是保加利亚政府也采取了类似的举措，这也有助于我们了解不同国家的不同举措。2004年8月，保加利亚在其颁布《国家创新战略》中引入了“国家创新基金”。该基金是在创新项目彼此竞争的基础上，对创新项目进行资助的政府工具。其启动预算为250万欧元，至2006年扩大至400万欧元，2007年扩大到700万欧元。到2013年，该基金的预算将达到约5 000万欧元[③]。

① Trendchart Report. Innovation policy in Europe 2005[EB/OL]. www.trendchart.org, 2010-6-12.
② 同上。
③ 同上。

捷克共和国也采纳了提供资金资助方面的类似措施，如 Zaruka 与 Progres 两大措施。前者协助中小企业实施商业计划，并帮助中小企业获得银行借贷、风险投资或可能的贷款等方面的担保。后者帮助企业取得贷款，以便企业在具体产业中实施商业计划。许多新成员国的创新政策制定，似乎尚未达至一个能承担设立完全可行的风险投资基金的阶段。

除了提供和促进资金资助的政策外，2005 年还出台了一些支持创新型公司的"软"措施，特别是在新成员国。爱沙尼亚启动了《创新审计计划》，该方案主要探索向中小企业提供由专业顾问实施的创新审计的可能性。基于审计结果，审计顾问将与企业一道合作，共同制定具体的行动计划。在捷克共和国，《Poradenstvi 计划》是一项面向未来中小企业，促进企业培训和咨询服务的顾问计划，旨在为中小企业的起步阶段、发展成长阶段提供帮助。

三、欧盟的创新政策体系

在欧盟现有的创新政策体系中，科技框架计划、中小企业政策、财政资助计划、知识产权政策、集群政策、教育与培训政策等构成了其主体。不同的政策所致力于解决的方向也不同：科技框架计划主要是针对发生在研发能力较强的科研机构和大型企业的突破性创新实施的；中小企业政策主要是针对绝大多数发生在中小企业的扩散性创新实施的，而教育与培训政策、知识产权保护政策则作为了保证创新能力的基本政策工具发挥作用，集群政策则体现了提升区域创新能力，整合创新资源的方向。

（一）研发政策

作为创新政策体系中非常重要的一环，研发政策的必要性和重要性毋庸置疑。为了缩小与美国和日本在创新方面的差距，欧盟自 20 世纪 80 年代以来就推出了一系列跨国性的科学研究和技术研发计划。其中最具代表性的是 80 年代初实施的"科学研究与技术发展框架计划"（Scientific Research and Technology Development Framework Program，简称框架计划，FP）和欧盟委员会最近实施的"竞争力与创新框架计划"（Competitiveness and Innovation Framework Program， CIP）。

框架计划是目前欧盟投资力度最大、涉及领域最广的大型跨国科技综合研发计划。该计划最初来源于 20 世纪 80 年代初期由欧共体所实施的研发项目。当时的研发项目所支持的都是非常具体的研究，其目的是为了鼓励欧共体范围内的企业之间在技术创新有关的项目中进行合作。例如 1984—1988 年由欧共体主导实施的 ESPRIT 项目，就是为了加强微电子产业、软件产业、信息技术产业等不同产业之间的研发合作、竞争力形成方面的研究等。随着欧盟一体化进程的深入，整合欧盟现有的研发计划，形成欧盟统一的研发资助计划就成为一种必然的趋势。为此，欧盟于 1984 年推出了“科学研究与技术发展框架计划”，主要目的包括两个方面：一是加强欧盟范围内科学研究与技术研究的基础，提升欧盟科学研究与产业研发的国际竞争力；二是通过大量的研究活动来支持欧盟其他创新政策的发展。第一个框架计划自 1984 年开始实施，以五年为一个周期，至今已成功实施了七个。值得一提的是，在第五个框架计划(1998—2002 年)中引入了创新系统的概念，将欧盟层面的研发计划与创新政策结合起来并使其成为欧盟创新政策的核心。2007—2013 年实施的第七个框架计划由欧盟委员会企业与产业秘书处具体负责，计划投入 623 亿欧元，平均每年达到了 76 亿欧元，大大超过了第六个框架计划中 533 亿欧元的资金投入。第七个框架计划的内容主要分为了如下四个方面[①]：

● 合作(Cooperation)。该项目的目标是“支持跨国合作的研究活动”，覆盖了与欧盟创新和竞争力有关的十个领域的研究合作，实施范围包括了所有类型的跨国研究活动，实施对象则包括所有的公共和私人部门。

● 观念(Idea)。在这一项目的指引下，成立了欧洲研究委员会(European Research Council， ERC)。其职责是为了对欧盟范围内的研究实体进行资助，“支持由单个的国家或跨国研究小组所进行的横跨所有领域的观察者驱动(Investigator-driven)的研究”。

● 人民(People)。该项目与其他项目相比，更加侧重对个体研发活动的支持，尽可能多地资助有潜力的研究人员、科学家、工程师等从事创新型的研发活动。

● 能力(Capacity)。包括了对研究的基础设施、区域的研究潜力以及中小企业的研究，其重点是对有利于创新的基础设施和中小型企业等进行资助。

---

① European Commission. *Community Framework for State Aid for Research and Development and Innovation* [EB/OL]. http://eur-lex.europa.eu/LexUriServ/LexUriServ.do?uri=OJ：C：2006：323：0001：0026：en：PDF.

“科学研究与技术发展框架计划”为欧洲各国的中小型企业、大学、研究机构、非营利性组织等提供了一个互动交流的平台，有效地促进了欧洲层面的研发合作网络的形成，并为各成员国分担技术研发中的风险和不确定成本提供了必要的资助。同时，框架计划对欧洲范围内的研发资源进行了有效的整合，并在欧洲创新政策和战略的形成与发展中发挥了重要作用。

（二）集群政策

自从20世纪80年代初开始，欧盟各国负责经济发展的部门就采用了凝聚力政策(Cohesion Policy)来发展创新战略，这其中包括了对创新集群的培育。为此，欧盟在关于经济增长和就业的改革议程中特别拨出了总额高达860亿欧元的经费用来支持欧盟地区在2007—2013年之间创新集群的发展①。2006年10月，欧盟理事会又通过了欧盟凝聚力战略方针(The Community Strategic Guidelines on Cohesion, CSGs)，鼓励各成员国和地区在经济改革的战略中将创新集群的培育列为推动创新的九大优先战略之一②。

2003年1月，150多名学者在丹麦召开欧洲集群政策国际研讨会，就以往竞争力政策给集群政策积累的经验教训、集群政策如何发挥作用等问题进行了讨论。当年5月，欧盟在卢森堡研讨“欧洲的创新热点：为促进跨越疆域的集群创新活动提供政策支持”议题。9月，意大利摩德那大学与联合国大学(荷兰)又各自举办了关于集群研究的国际学术会议。由于集群有利于企业创新活动的产生并通过企业、大学、科研机构等组织的相互联系营造一个有利于新企业成长的理想环境，因此欧盟及其成员国逐渐意识到需要对已有的产业政策进行调整并将国家政策实践从集权走向分权，充分发挥区域和地方在促进集群形成和发展方面的作用，强调创新政策在地方政策制定中的主导地位，从而促进资源、信息、人才在产业内自由、合理的配置，最终推动成员国的产业集群升级为创新集群，实现国家产业机构的升级。可以看出，集群政策是建设欧洲各国国家创新系统的关键，这一点已经得到了广泛的认同。

---

① Regions delivering innovation through Cohesion Policy, Commission Staff Working Document [EB/OL]. http://ec.europa.eu/regional_policy/sources/docoffic/working/doc/SEC-2007-1547.pdf.

② Conclusions of the Council meeting of 4 December 2006, http://www.consilium.europa.eu/uedocs/cms_Data/docs/pressdata/en/intm/91989.pdf.

欧盟及其成员国逐渐意识到创新集群的重要性并逐渐开始制定各种政策，为集群的形成创设有利的制度环境、支持机制和发展平台，从而深刻地影响创新集群的存在方式、演进机制和特征。根据对近年来欧盟支持创新集群的政策关注点的研究，我们可以发现，欧盟推动创新集群的政策框架聚焦于三个方面：首先是建立一套支持欧盟、成员国、地区设计集群政策的机制；其次是出台一系列支持各成员国发展集群的具体措施；第三则是通过跨国集群合作和交流机制的建立，支持欧盟范围内集群之间的合作。上述政策措施都强调以欧盟层面的公共政策来推动、促进和激励各成员国及地区创新集群的产生和发展，这也表明了欧盟将会在创新集群的建设方面发挥重要的引领作用，指导并帮助各成员国发展与创新集群有关的战略、政策和项目。

另外，作为欧盟常设机构的欧盟委员会在欧洲范围内集群发展过程中也扮演了重要的角色：首先，为各国集群政策的发展和完善提供各方面的指导，逐步消除欧盟范围内的贸易、投资和移民等领域中现存的障碍。由于集群的发展依赖于欧盟各地区开放的竞争环境，因此欧盟还必须为建立真正统一的欧盟大市场而重新配置资源，提高产业部门的集群化发展程度。其次，通过支持跨国、跨区域的合作来激励和增强各成员国、地区的集群政策。目前，集群政策已经成为了欧盟委员会中小企业政策中重要的组成部分。为了将欧洲不同国家和区域的集群紧密联系起来，欧盟委员会还成立了专门机构负责此类事项，并邀请各国官员、企业界人士就发展跨国、跨地区集群进行讨论。第三，通过建立面向全欧洲的知识基地(knowledge bases)和提升创新能力来支持国家和地区集群的创造力，比如说研究与发展机制的项目、领先市场倡议以及凝聚力政策等。

(三) 中小企业政策

中小企业政策作为欧盟创新政策的一部分被确立下来，并在欧盟第五个框架计划中专门引入《促进创新和鼓励中小企业参与计划》，将创新和中小企业置于欧洲研究与发展的核心。该计划的主要目标是提供范围更广泛的服务，减少创新障碍并为中小企业的参与创造便利，对每个主体计划实施的针对中小企业的专门措施进行协调和控制。创新与中小企业计划作为欧盟典型的创新政策对于促进中小企业的创新提供了有力的保障。从总体上看，欧盟的中小企业政策具有明显的非强制性特点，绝大多数是以建议、计划等形式提出，成员国政府是否接受由其自己决定，同时也不干预成员国中小企业政策的制定和实施过程。欧盟的中小企业政策主要体现在：改善中小企业创新的法律环境；提供融资方面的便利条件；扶持中小企业科研和技术开发活动，支持中小企业的技术创新的措施[①]。在欧盟政策的指导下，各成员国的中小企业政策重点也向扶持中小企业研发活动、支持中小企业创新的方向倾斜。欧盟和各成员国两个层次的政策比较显示，相对各成员国中小企业政策而言，欧盟中小企业政策更侧重于为成员国中小企业在更高层次上创造广阔的发展空间和市场环境，尤其在组建中小企业资本市场、构建中小企业跨国战略联盟、拓展中小企业国际市场空间以及提供全面信息和提供交流平台等方面做了大量工作。如果说成员国中小企业政策的重点是对企业创业与生存进行支持，那么欧盟中小企业政策的重点则是促进企业的发展壮大。

（四）知识产权政策

知识产权特别是专利机制对于企业有力保护创新并在市场中开展竞争具有重要的作用。欧洲机构和一些国家的政策都反映出将专利作为促进创新工具的趋向。专利获得的简化、法律确定性的提高、成员国专利体系的趋同对于欧盟有效保护创新都是最基本的准则。对于欧盟来讲，目前的问题就在于唤醒企业对知识产权重要性的认识，建立全面的知识产权战略以推动创新的繁荣。1997 年欧盟推出了《欧洲共同体专利和专利体系绿皮书》，并得到各个层面的极大关注，其中提出的专利保护具体措施包括：一是建立共同体专利，即共同体专利可赋予发明者获得在整个欧盟内部具有同等法律效力的单一专利，力图提供一个清晰的解决争端的法律框架促进创新。二是转变成员国国家专利局的角色和职能。各国专利局努力从原来的信息仓库向积极推动专利的使用以及作为保护知识产权、确保企业竞争优势关键要素的角色转变，推出一些重要项目使社会各界更多地了解专利数据库，提高信息充分利用的意识。三是促进中小企业对知识产权的使用。提高中小企业的产权意识，改善知识产权基础设施；减少中小企业知识产权申请的障碍；提高中小企业对发明专利的使用，政府在发明成果投入商业运营的过程中采用介入战略。四是促进公共研究机构使用专利。改善知识产权的所有权状况，把大学和研

① 祈湘函.欧盟创新政策体系的发展及其对我国的启示[J].科技管理研究.2008(10)：35－38。

究机构对专利所有权进行强化作为政策重点，协调个人、研究小组、大学和研究机构以及研究资助实体之间在知识产权归属方面的潜在冲突，为科学家能够在将其研究成果商业化的企业股权中获得相应的部分提供更好的服务。五是促进专利信息的传播。利用互联网的使用，大力推进互联网在专利领域的使用，延伸专利信息的交流平台。六是加强对于软件和生物技术相关发明的专利保护①。

自2005年9月开始，欧盟不断修改服务指令中有关知识产权部分的条款，并在其2007年的评价报告中提出了建立全面的知识产权战略。该战略包括专利权战略、著作权战略、商标战略、综合性战略②：

（1）2006年9月，欧盟委员会就已经开始尝试建立在其范围内与专利申请有关的立法体系，2007年的知识产权战略格外重视中小企业，确保他们充分实施专利制度，不因复杂程序和高昂成本而受阻。近几年来，欧盟专利权战略的主要内容包括：建立统一专利体系，出台新的欧洲专利协定，实施新的专利申请收费标准，解决审查量猛增的问题等。

（2）2008年1月欧盟委员会就表示，将制定计划推进在线音乐、电影、游戏、动漫等多媒体市场的发展，同时加强这些产业的知识产权保护力度，如制定行业行为规范，加强打击盗版的力度，出台著作权保护规定，打击非法下载等。

（3）欧盟近年来商标战略的发展集中体现在减少商标注册与续展费用，以节省资金。

（4）综合性的知识产权战略包括企业、业务单位、组织功能三个层面，从而涵盖了从知识产权获取、产生到知识产权保护，再到知识产权开发与实施的整个过程。

（五）教育与培训政策

欧盟计划从以下几个方面对其教育与培训体系进行改革：

（1）确定新的教育需求。为了全面分析服务业的创新需求，欧盟委员会鼓励各成员国对服务业创新活动所需要的综合性知识与技能进行研究。通过

① 祈湘函.欧盟创新政策体系的发展及其对我国的启示[J].科技管理研究.2008(10)：35-38。
② 林小爱.欧盟知识产权战略新进展及其对我国的启示[J].电子知识产权.2008(9)：26-30。

对研究结果的分析，制定具体的政策措施发展更加适宜于服务型企业的课程，保证新的知识和技能可以有效地与正规教育相结合。为此，欧盟委员会正在建立"欧洲服务业培训圆桌会议(European Services Industry Training Roundtable)"，通过这种机制来帮助各成员国了解现代服务业部门的员工所需掌握的基本知识和基本技能，并将调查结果反馈给培训课程的制定者。

(2) 探索和发展新的培训方案

- 实施双工作场所和学习计划，这样可以将传统教育模式与服务企业的工作培训相结合；
- 不断促进服务企业创新管理水平的提高，鼓励企业选择适合自己的培训课程，倡导组织内部的学习文化，加强专业间的交流；
- 支持具有多学科性质的"服务工程(service engineering)"或"服务科学(service science)"的培训或学习活动，以促进服务型企业中新产品、新商业模式在创新过程中能够得到系统的应用；

(3) 研究新的税收优惠政策。采用税收优惠政策支持服务企业的内部培训，鼓励这些企业进行与提升员工素质有关的继续教育和在职培训，对企业所进行的创新项目给予一定的税收减免。

在2004年的《大学在知识型欧洲中的作用》报告中，欧盟委员会明确指出面对知识经济时代的挑战，欧洲的大学必须发挥建设"知识型欧洲"推动器的作用，鼓励各成员国的大学能够进行更多富有创造性的教学与科研活动，深化与产业界之间的合作关系[①]。

2006年5月10日，欧盟委员会又发布了《实现大学现代化的议程：教育、研究与创新》的报告。在这份报告中，欧盟委员会建议欧盟成立欧洲技术局(the Institute of Europe Technology)，该机构的主要功能就是通过鼓励大学、企业、科研机构的知识创造与技术创新活动，提升欧洲的教育、科研与创新能力，从而逐渐缩小欧洲与美国和日本在创新方面的差距。这份报告还提出要促进欧洲大学的现代化进程，就必须激励和提供创新型的变革模式，而鼓励大学与企业之间的合作创新就成为了必然。同时，报告还建议各成员国

---

① Commission of the European Communities. *Delivering on the Modernization Agenda for Universities: Education, Research and Innovation*[EB/OL]. http://www.ihep.org/assets/files/gcfp-files/Delivering_Modernisation_Agenda_for_Universities_Educatio_Research_and_Innovation_May_2006.pdf.

的大学在未来的战略规划中，将与企业界建立稳定的、结构性的伙伴关系作为大学改革的重要议程[①]。

在此基础上，欧盟委员会举办了大学-企业论坛作为双方交流与合作的平台。2008 年 2 月第一次论坛的三个主要议题就是继续教育与终身学习、课程开发与企业家精神以及知识转移[②]。2009 年 4 月 2 日的论坛则吸引了超过 400 名来自企业界与大学的代表。随后，在"实现大学现代化的新型合作关系：欧盟大学与企业对话论坛"的政策文件中，欧盟委员会就如何推动大学与企业合作、促进大学生就业、培育大学的创新精神等方面提出了更为具体与细致的行动建议。总之，未来欧盟建立大学-企业合作创新机制的主要内容包括：1. 建立"现代化"的大学治理结构；2. 对课程体系进行改革，重视与企业联合开发课程项目；3. 倡导终身学习；4. 促进大学与企业之间的交流；5. 培育学生的创业精神；6. 加强大学与企业之间的知识转移。

四、跨区域的创新政策合作机制：PRO INNO 计划

进入 21 世纪后，随着"里斯本战略"的实施及其在 2005 年的重新启动，欧盟一体化的进程迅速加快。但是，在全球化趋势不断加强的今天，单纯依靠增加成员国的数量或者是以少数发达成员国的经济增长来推动欧盟整体竞争力的提升明显是不可行的。特别是在推动欧盟创新的过程中，要把各成员国自身对于创新的理解与欧盟层面的主张结合起来还需要很多的协调工作。同时，建立一套不发达成员国与发达成员国之间在创新政策方面的交流、学习、合作机制也显得尤为必要。在过去的一些年中，欧盟的政策协调面临着一个困境：在现有的政策架构下，欧盟还缺少一种综合的、切实可行的政策协调机制，这就不足以对欧盟和各成员国的创新能力提升形成足够的保障。为了在各种欧盟层面的创新政策之间建立起必要的联系，使所有的政策都朝向一个共同的目标，PRO INNO 计划的实施就体现了欧盟委员会在建立此种机制

---

① Commission of the European Communities. *Delivering on the Modernization Agenda for Universities: Education, Research and Innovation* [EB/OL]. http://www.ihep.org/assets/files/gcfp-files/Delivering_Modernisation_Agenda_for_Universities_Educatio_Research_and_Innovation_May_2006.pdf.

② Commission of the European Communities. *Continuing Education and Lifelong Learning (Brussels, 30 June 2008); Curriculum Development and Entrepreneurship (Tenerife, 30 - 31), Knowledge Transfer (Brussels, 7 November 2008)* [EB/OL]. http://ec.europa.eu/education/higher-education/doc/business/com158_en.pdf.

上所作出的努力。

PRO INNO 的目标就是在欧洲范围内，对各国创新政策与实践中出现的成功案例进行经验分享，建立多个平台和数据库来提升成员国在政策制定、实施、保障、评估等方面的水平，同时增强和改进跨国创新政策的合作。该计划对之前欧盟已经实施的一些旨在协调各国创新政策的项目进行了合并，包括 PAXIS 项目、欧洲创新趋势图表项目（European TrendChart）、欧洲创新记分牌（European Innovation Scoreboard）以及其他的在共同框架下进行的创新政策研究等。在 PRO INNO 计划所实施的政策分析和标杆项目（Benchmarking program）将会在跨成员国的创新政策合作、创新行动和政策学习的方法之间形成整合，并以欧盟创新区域网络（Innovating Regions in Europe, IRE）的形式来加强各国之间的合作，建立一个强有力的欧洲研究与创新区。

欧盟 PRO INNO 计划由三个极、八个模块的内容组成，主要包括政策分析、政策学习、政策改进等三大领域，每个领域之下都包含不同的项目。该计划于 2006 年 7 月开始正式运行，共分两个阶段：第一阶段开始于 2006 年 7 月，主要实施如下四个模块：INNO-Learning Platform, INNO-Nets, INNO-Actions 和 INNO-GRIPS；第二阶段则开始于 2007 年，INNO-Metrics, INNO-Policy TrendChart, INNO-Appraisal 和 INNO-Views 将会在第二个实施阶段中得以实施。INNO PRO 每年都会发布一份有关欧盟创新进展的年度报告，进行一定数量的创新政策测度项目，同时也会不断更新关于创新研究的数据库[①]。

- 政策分析（Policy Analysis）

该领域的项目主要包括 INNO-Metrics, INNO-Policy TrendChart, INNO-Appraisal, INNO-GRIPS。INNO-Metrics 模块是对全欧洲范围内的创新绩效进行分析和标杆的项目。该项目所发展的主要工具是欧洲创新记分牌，目的也是为了准确定位地区和国家在创新政策上的优势与劣势。作为一个持续进行的标杆工具，它会对欧盟及其成员国创新政策的优势和劣势、与美国和日本之间在创新绩效上的差距等问题作出分析，并以年度报告的形式向外界公布。2007 年初开始进行的 INNO-Metrics 项目，其内容还包括对欧洲企业管理人员进行调查的 Innobarometer 以及协助联合研究中心所进行的长期

---

① http://www.proinno-europe.eu/.

统计和经济分析。

INNO-Policy TrendChart(也称欧盟创新趋势图表)的重点是对欧盟创新政策的趋势进行分析，并研究各成员国、地区两个层面上的创新政策发展状况。该项目早在2002年就开始实施，并于2006年被合并到PRO-INNO项目中成为其中的一个子项目。欧盟创新趋势图表项目自实施以来，其目的就在于对欧盟范围内的创新政策进行分析和评价，也包括对各成员国创新政策的评估。此外，该计划还对欧盟创新政策实践中出现的成功案例进行选取、总结和推广，从而帮助其他的创新落后国家和地区提升其政策分析、制定、实施和反馈的水平，逐步弥合欧盟各国创新政策制定过程中存在的差距。在此项目的推动下，其与ERA-Watch项目的协同效应将会为改进欧盟范围内创新政策的实践作出巨大贡献。

INNO-Apprasial模块的目的则是致力于在欧洲范围内营造出一种对创新政策进行全方位、合理化的评价文化。在目前欧盟各国所存在的关于创新及其研究项目的多种评价中，INNO-Apprasial项目将会在整合已有评价项目的基础上，充分考虑各种评价项目的特点、影响因子，对现有的创新政策和计划进行评估。

INNO-GRIPS的功能则类似于一个数据库系统，它旨在编制和分析全世界范围内关于创新的研究成果和其他信息，主要包括了新政策的制定、实施和评价；创新文化的形成；企业家精神的培育；知识产权政策的制定等。INNO-GRIPS的开放性使得任何人都可以通过它获得所需要的资源。该项目还将在专家之间提供一个交流和讨论的平台，使一流的学者、创新政策制定者、企业中的领导者等与创新有关的人群能够进行意见的交流。

- 政策学习(Policy Learning)

该领域的模块主要有两个：INNO-Views和INNO-Learning Platform。前者的目的是通过在不同的创新利益相关者之间建立起对话的机制，从而探索出更好的创新政策工具。该项目将会与其他的PRO项目之间保持紧密的联系，使政策学习的结构能够迅速地传播出去。2006年开始运行的INNO-Learning Platform模块则是为政策学习和跨国合作所建立的一个新的工具。Learning Platform对各国在创新政策中体现出的具有共同特征的关键性的政策因素进行分析，找出成功的政策所具备的特点，为之后实施的INNO-Actions和INNO-Nets项目做准备。

- 政策改进(Policy Development)

该领域的项目主要包括如下两大模块：

INNO-Nets 模块鼓励成员国及区域性质的创新项目跨国合作行动，特别是针对集群政策、财政政策、知识产权政策等。该模块可为那些在上述政策中进行跨国合作的国家或地区提供最多为期三年的财政资助。

INNO-Actions 模块与 INNO-Nets 模块的不同则体现在它所资助的对象。如果说 Nets 鼓励的是国家或区域间的合作，那么 Actions 则着重于那些在与创新政策有联系的领域中进行各种研究性活动的公立机构和非营利性组织。该项目也鼓励公共研究机构与私营研究机构之间的合作并为它们彼此之间的协作提供项目支持和资金支持。

综上所示，尽管 PRO INNO 中各个项目在侧重点上有所不同，但这些项目在本质上都是为了推动欧盟创新政策在各国之间的协调与合作，并由此而构成一个更为广泛、整合的创新政策路径的一部分。在基于合理的政策现状分析以及可信赖的统计数数据的基础上，PRO INNO 计划将会为欧盟及其成员国制定出更好的创新政策作出贡献，从而推动欧盟创新政策的变革和均衡发展。

第三节 欧盟创新政策的挑战与趋势

一、 欧盟创新系统所面临的主要挑战

根据欧盟各国创新排行榜结果、各国政策趋势与年度评估报告，趋势图表项目为 33 国中的每一个国家确定了 3—4 个主要挑战。运用欧洲创新记分牌指标体系，对各国的主要挑战作了概括。

通常，与创新动力相关的一组指标(主要是人力资源潜力指标)集中了大部分创新挑战，其次是与知识创造相关的一组指标。从一些表现极差或正走创新绩效下坡路的国家看，欧洲创新记分牌中 3 项指标构成了创新挑战的主要方面，它们是：

- 企业支出用于研发的比率(欧盟 25 国中有 16 个国家，8 个候任国中 3 个国家)
- 毕业生中科学与工程类学生所占的比例(欧盟 25 国中有 13 个国家，8 个候任国中 3 个国家)
- 终身学习活动参与率(欧盟 25 国中有 4 个，1 个候任国)

另外尚有 5 项指标也是创新挑战的主要方面，不过就其所构成挑战的国家数量而论，则稍逊一筹。这 5 项指标是：

- 拥有高等教育文凭的人口数
- 宽带接入比率
- 企业对大学研发的资助
- 国内中小企业创新
- 早期风险投资

值得注意的是，所有欧洲国家包括两个北欧国家和瑞士都存在创新动力方面的挑战。可见困难在于如何提高劳动人口的技术能力，并在技术变革时保持足够竞争力，而这一困难似乎与经济发展水平之间并无直接联系。国家创新系统中的其他影响因素（如教学方法、推动创新和技术型职业的发展等）也许能更好地解释各国面临的创新动力挑战，并引起各国政策上的关注。

表 1.1 各国面临的主要挑战概述

各国面临的主要挑战		
欧洲创新记分牌指标	**欧盟 25 国**	**候任国/准成员国**
创新投入：创新动力		
科学与工程类毕业生数	奥地利、比利时、塞浦路斯、捷克、德国、爱沙尼亚、匈牙利、意大利、拉脱维亚、卢森堡、马耳他、荷兰、斯洛文尼亚	冰岛、挪威、瑞士
拥有高等教育文凭的人口数	奥地利、意大利、拉脱维亚、马耳他、葡萄牙、斯洛伐克	土耳其
宽带接入比率	希腊、匈牙利、爱尔兰、立陶宛、斯洛伐克、斯洛文尼亚	土耳其
终身学习参与情况	比利时、捷克、德国、丹麦、爱沙尼亚、法国、希腊、匈牙利、爱尔兰、立陶宛、马耳他、斯洛伐克、西班牙	保加利亚
青少年教育成就水平	德国、荷兰	冰岛
创新投入：知识创造		
公共研发投入	比利时、塞浦路斯、捷克、爱沙尼亚、拉脱维亚、卢森堡	
企业研发投入	塞浦路斯、捷克、爱沙尼亚、法国、希腊、匈牙利、爱尔兰、意大利、立陶宛、拉脱维亚、马耳他、荷兰、波兰、葡萄牙、斯洛伐克	保加利亚、挪威、罗马尼亚
中高技术类研发所占比例		

续 表

各国面临的主要挑战		
欧洲创新记分牌指标	欧盟25国	候任国/准成员国
接受公共财政资助的企业比例	波兰、斯洛文尼亚	瑞士、挪威
大学中由企业资助的研发比例	奥地利、捷克、爱沙尼亚、法国、意大利、波兰、英国	瑞士、挪威
创新投入：创新与企业家精神		
国内中小企业创新	希腊、芬兰、马耳他、波兰、瑞典、英国	罗马尼亚
创新型中小企业与其他企业的合作	立陶宛、马耳他、波兰、斯洛伐克、英国	
创新投入市场新产品的销售比例	卢森堡、西班牙	以色列
早期风险投资	塞浦路斯、德国、爱尔兰、意大利、荷兰	罗马尼亚、土耳其
信息与通讯技术支出	希腊、立陶宛、斯洛文尼亚	
中小企业非技术变革创新	丹麦、法国	
创新产出：知识应用		
高技术服务业就业人口	塞浦路斯、西班牙	
高技术产品出口	比利时、瑞典	保加利亚
市场新销售产品		
企业新产品而非市场新产品的销售		
中高技术制造业就业人口	比利时、西班牙	保加利亚、冰岛
创新产出：知识产权		
欧洲专利局专利、美国专利商标局专利、欧洲共同体商标、欧洲共同体设计	丹麦、立陶宛、芬兰、法国	冰岛

资料来源：2005年度各国年度趋势图表报告(*Annual TrendChart country reports 2005*).

宽带传输率(在知识社会中，作为技术、知识传播的潜在工具)问题涉及一些重要的国家，但这一问题对外围国家(如爱尔兰)或欠发达国家(希腊、立陶宛、斯洛文尼亚、土耳其)而言更为关键。在这一问题上，目前尚无保加利亚和罗马尼亚等国的数据。不然，这些国家最有可能成为在电子商务和电子政务的充分开发等方面面临障碍的国家之一。

从企业研发投入占GDP百分比的指标看，欧洲国家除了北欧诸国和另一些高收入国家(如德国、奥地利和瑞士)外，其他国家在该指标上均表现欠佳。除了荷兰、挪威和英国等三国外，该指标是其他国家在2005年面临的一项主要挑战，尤以低收入国家为甚。而荷兰、挪威与英国等3个较为发达的国家，他们在企业研发投入占GDP百分比指标上同样存在一些问题，与其主要竞争对手而非欧盟25国的平均水平相比，上述三国的表现仍然欠佳。例如，虽然英国与瑞典两国在本指标上具有相同的优劣势，但是英国在知识创造指标上的绩效明显差于瑞典。另一方面，荷兰在本指标上呈现绩效下降事实，部分原因是在产业战略上该国的大企业主要在海外开展研发活动。

相当一部分国家所面临的挑战与创新系统的内部合作问题不无关系(反映在由企业资助的大学研发投入或创新型中小企业的彼此合作等指标中)。在政策分析中常使用第一个指标，用以衡量科研基地与产业界之间的相互关系或紧密度。然而，这一指标在解释各国实际创新能力上存有一些问题，因为在数个创新能力较弱的欧洲国家中，虽然企业资助的大学研发投入指标表现相对较好，但是这一较好状况恰恰反映了这些国家中小企业较弱的内在创新能力，反映了这些国家的创新系统依然是以技术为基型的。

属于创新和企业家精神指标的创新挑战相对较少的状况，应当引起各国的注意。这也部分反映了报告的许多指标有所过时的事实，这些指标主要基于可追溯至2000年的共同体创新调查的相关结论。2006年创新记分牌分析应当引入第4次共同体创新调查的相关结论，并有可能激起一场关于具体国家、地区及产业等创新系统的创新模式、趋势及创新动力学的大讨论。在众多国家，虽然将早期风险投资缺乏作为创新主要障碍的国家仍不多见，但是它依然是各国创新的主要障碍之一。

更为令人惊奇的是，仅有极少部分国家将与创新应用相关的创新产出指标(尤其是如高技术服务业和制造业就业人口指标、高技术产品和知识产权出口指标)视为本国的创新挑战。仅比利时、塞浦路斯、西班牙、冰岛和保加利亚等5国，将中高技术制造业与服务业相关的就业人口结构视为本国创新的关键挑战之一。

尽管从知识产权保护和开发的角度，欧洲的总体创新水平仍然很低，但同样的情况是，仅有为数不多的几个国家将专利申请、共同体商标等问题视为本国的创新挑战之一。

二、欧盟创新政策的进展与趋势

(一) 更好地完善了利于创新的外部框架

根据2008年欧洲创新记分牌的统计，欧盟27个成员国的创新绩效自2004年以来已经有了显著的提升，这一进步被认为体现在三个方面：首先，有着良好技能、接受过较高教育水准的劳动力逐渐增加，教育系统的改革取得了较好的效果，这也是欧盟各国近年来加强对人力资本投入的结果。其次是随着第七个研发框架计划、凝聚政策、结构基金、竞争力与创新框架项目(CIP)的实施，各成员国，尤其是那些创新能力较差的国家，其支持创新的项目得到了来自欧盟更多的财政支持和项目支持。第三，各国政府对创新活动的扶持力度，无论从政策上，还是从资金上，都与过去相比有了明显的改善。就单个的成员国来讲，虽然不同的成员国之间由于经济社会发展水平还存在着差距，但对过去五年创新绩效增长幅度的计算显示出，欧盟几乎所有的成员国在创新能力上都有了明显提升。值得一提的是，就增长率来讲，创新“追赶者”(Catching up)国家的增长率要高于领先国家(Leading countries)[①]。

欧盟委员会在2006年通过的《面向研究、发展、创新的国家补助纲要框架》中，针对各类国家的补助措施列出了详细的使用规则，并对许多成员国资助研发的法规文本进行了修订[②]。在此框架出台之后，欧盟支持创新的规章制度体系得到了明显改善，成员国及其地区在实施了创新战略之后，也可以对不同的创新政策进行评价。目前，欧盟各国普遍的趋势是成员国对研发活动的资助力度明显加强，同时辅以各种税收减免政策，这对企业的研发投入产生了积极的影响。欧盟委员会也通过其他政策学习的平台将这些成功经验传播到其他国家。

在建立单一市场方面，欧盟也取得了较大的进展，企业在进入其他国家的市场时变得比以前更加容易了，所投入的资金也能够取得较大的回报，特别是竞争政策的广泛实施，使大量优秀的企业脱颖而出，这进一步推动了风投资本的发展，并为各国社会创新精神的培育提供了良好的保障。同时，欧盟

---

① European Commission. European Innovation Scoreboard 2008: Strengths and Weaknesses of European Countries[EB/OL]. http://www.trendchart.org/tc_innovation_scoreboard.cfm, 2010-5-17.

② Commission of the European Communities (2006e) *Community Framework for State Aid for Research and Development and Innovation*, Staff Paper Preliminary Draft, Brussels, 08.09.2006.

委员会也通过诸如团结政策之类的政策工具逐步消除各成员国之间在商品和资本市场上所固有的种种制度性障碍，对影响资本、商品、人力自由流动的因素进行消除。结构基金、凝聚政策、服务指令等政策手段的推出使欧盟各国创新型的中小企业能够在欧洲范围内更加容易地进入不同背景的市场，这将大大有利于欧洲统一市场的形成。

影响创新的外部框架中，优质的教育、卓越的技能与培训系统是实现创新的先决条件。目前，终身学习已经成为欧盟各国教育政策制定中优先考虑的领域，而各成员国对教育与培训系统的改革，其目的也为了增加对人力资本的投资，促进创新、培育和繁荣鼓励创新的文化。如“新技能为新工作”(new skills for new job)战略的实施，就是为了弥合欧洲各国普遍存在的劳动力所掌握的技能与市场需求之间存在的差距。经过改进之后实施的“教育与培训框架计划”(Strategic Framework for Education and Training)就列出了一个综合性的教育政策议程以支持成员国的教育与培训体系改革。同时，欧盟E-Skills战略的实施也是为了提高欧盟劳动力在数字时代的学习能力[①]。

近年来，伴随着创新理论的深化和发展，欧盟对于创新的理解也变得更加全面，其中一个显著的变化就是对创新过程中非技术因素的重视，如设计、创意、营销、服务等过程。欧盟的许多政策文件也将注意力集中到了诸如服务创新、营销创新等主题上，并大力减少各种人为因素的制约，为非技术创新的发展提供更加便捷的服务。在2004—2009年五年中，欧盟企业和个人用于注册商标的费用已经减少了40%，平均完成商标注册所花费的时间也减少了50%。

(二) 建立统一的研发与创新系统

自2000年欧盟委员会推出欧洲研究区(European Research Area)计划后，欧盟为形成联盟内更为统一的研发与创新系统作出了大量的努力，其中大部分政策都是指向支持欧盟各国研发人员的流动、知识与技术成果的分享以及探索知识创造的内部市场。特别是针对欧盟长期以来一直存在的基础研究与产业部门之间合作程度不够的问题，欧盟委员会已经出台了多份文件致力于

---

① COM(2009)116 proposing a renewed strategy for ICT R&D and innovation.

改进各国公共研发机构与产业组织之间在研发与知识转移方面的合作[①]。欧盟与成员国之间不断深化的合作也为新的研发基础设施的建立与战略研究项目的实施打下了基础。在21世纪的前十年中，由欧盟与各成员国联合进行的研发计划已经达到了五个。这些联合研究计划都得到了研究与发展框架项目的大力支持，特别是在2007—2013年实施的第七个框架项目中，为支持清洁能源、节能环保建筑、新型动力汽车、纳米电子技术、生物制药等高科技产业中欧盟—成员国两个层次之间的合作，该项目计划投入总计为32亿欧元的资金。除了财政支持，欧盟还通过设立欧洲创新与技术局（The European Institute of Innovation and Technology）这样的机构来对欧洲范围内的研发与创新活动进行战略性的规划和指导，并通过将欧洲的高等教育机构、公立研究部门、企业等置于一个共同目标之下进行合作研究，从而激励具有世界级影响的创新产品的出现。

（三）为研发与创新提供更多的财政支持

在欧盟层面，对研发与创新活动进行资助的主要项目是2007—2013年进行的第七个欧洲研究与创新框架项目。该项目在未来的资助重点将是支持与企业创新有关的研究，特别是跨越多个领域和部门的联合技术研究行动以及成员国所参与的研发行动。当然，第七个框架项目也依旧注重加强欧洲各国研究人员、学者和学生的跨国和跨区域的交流，对创新基础设施进行投资，提升知识转移的效率和效益等活动，对上述领域中的投资也反映了欧盟未来几年在促进创新方面所关注的重心。欧盟委员会还通过欧洲技术平台（European Technology Platform）这一项目来促进产业部门之间的研究合作，鼓励私人企业的研发活动。在一些关键领域的研究中，如ICT、医疗健康、空间技术、海洋科学等，已经不再只有大型企业和政府涉足了，欧盟正在为中小型企业参与上述领域的研究提供更为便利的条件。无论是那些已经具有一定研发实力的中小型企业，还是刚刚成立的以技术为主导的创新型企业，欧盟的框架项目都为其提供了一个稳定可获得的资金来源。在2007—2013年的框架项目中，为鼓励中小型企业参与新兴产业和高技术产业研发活动所提供的资金已

① COM(2007)182 — Improving knowledge transfer between research institutions and industry acrossEurope: embracing open innovation — Implementing the Lisbon agenda.

经比过去增加了25%，为推动区域研发活动的繁荣而设立的结构基金则投入了860亿欧元，支持超过450项较大的研发项目。在欧盟农村发展政策(EU Rural Development Policy)支持之下，大约3.37亿欧元用来支持农业、食品、林业部门在产品、服务、流程、技术等方面的发展[①]。竞争力与创新框架计划(Competitiveness and Innovation Framework Program)则计划在2007—2013年间，为那些没有享受到框架项目资助的中小型企业的创新互动提供平均每年为2.25亿欧元的资金[②]。

(四) 欧洲创新的未来之路：欧洲2020战略

"里斯本战略"实施十年以来，欧盟整体的创新能力已经得到了提升。但是，伴随着世界经济环境的重大变化，尤其是2008年开始席卷全球的经济危机以及包括希腊、东欧等国在内的财政危机，进一步暴露了欧盟经济发展过程中存在的内部结构性矛盾和不可持续性。因此，欧盟需要迅速调整其经济发展战略，为"后危机"时代欧洲的经济复苏和可持续的创新能力发展指引方向。2010年3月3日，欧盟委员会推出了"欧洲2020"战略，该战略是继"里斯本战略"之后欧盟实施的第二个十年经济发展规划。值得注意的是，欧盟继续将创新视为解决未来欧洲经济和社会发展的关键。为提高欧盟的创新能力，"欧洲2020"战略要求到2020年欧洲的研发投入占国民生产总值的比例要提高到3%，特别是要增加企业的研发投入，建立衡量创新的指标体系，将未能完成基础教育的人数从目前的15%减少到10%以下，让30—34岁的人群中接受过第三级教育(通常指小学和中学之后的各种形式的教育，包括高等教育及其他各种中等后教育与培训)的比例从目前的31%提高到40%以上；到2013年，全面普及宽带网，到2020年所有互联网接口的速度将达到每秒30兆字节以上，其中50%家庭用户的网速要在每秒100兆以上[③]。

巴罗佐认为，根据"欧洲2020"战略，欧盟未来经济发展的重点将放在三个方面：发展以知识和创新为主的智能经济；通过提高能源使用效率增强

---

① Community Framework for State Aid for Research and Development and Innovation[EB/OL]. http://eur-lex.europa.eu/LexUriServ/LexUriServ.do?uri=OJ:C:2006:323:0001:0026:en:PDF.

② Competitiveness and Innovation Framework Programme (2007-2013)[EB/OL]. http://eur-lex.europa.eu/LexUriServ/LexUriServ.do?uri=OJ:L:2006:310:0015:0040:en:PD.

③ European 2020: A European Strategy for smart, sustainable and inclusive growth[EB/OL]. http://ec.europa.eu/eu2020/pdf/COMPLET%20EN%20BARROSO%20%20%20007%20-%20Europe%202020%20-%20EN%20version.pdf, 2010-6-12.

竞争力，实现可持续发展；提高就业水平，加强社会凝聚力[①]。除了上面提到的三大重点之外，还包括七项具体的计划，以及建立相应的监督保障体系：

实施智能增长的计划有3个，分别是面向创新的“创新型联盟”计划、面向教育的“流动的青年”计划和面向数字社会的“欧洲数字化议程”。

实施可持续增长的计划有2个，分别是面向气候、能源和交通的“能效欧洲”计划和面向提高竞争力的“全球化时代的工作政策”计划。

实施全面增长的计划有2个，分别是面向提高就业和技能的“新技能和就业议程”和面向消除贫困的“欧洲消除贫困平台”计划。

可以看出，欧洲创新战略及其创新政策的发展是随着欧洲一体化进程不断向前推进的。伴随着21世纪世界范围竞争的加剧，全球经济危机的影响以及欧洲在技术和经济领域的相对衰落，欧盟各国对于整合的创新政策报以更大的期望。随着欧洲大市场的建立、欧盟的形成以及欧洲合作发展范围的扩展和合作以及法律、组织、资源等基础保障的成熟，欧洲跨国创新战略也在逐步形成。面向未来，人们将更多的是从创新的角度对欧洲经济和技术发展的问题进行思考，欧盟层面的区域创新合作发展战略已经成为各成员国创新政策的落脚点。

① 新华网. 欧盟委员会公布“欧洲 2020”战略，http：//news. xinhuanet. com/world/2010 - 03/03/content_13092017. htm，2010 - 6 - 15.

第二章　欧盟服务创新的现状与趋势

第一节　服务业与欧盟经济发展

一、服务业在欧盟经济中的地位

自20世纪80年代以来，服务业在全世界范围内都保持着高速发展的态势，并且发挥着越来越重要的作用。目前，全球GDP的58%来自服务业，服务贸易在国际贸易中的比重达到了25%，并且这一比例还有继续扩大的趋势[①]。从1985到1997年，经济合作与发展组织(OECD)成员国中大约三分之二的经济与就业增长归功于服务业。作为近代产业革命的发源地，欧盟的产业结构也发生了巨大的变化，服务业在欧盟各国经济中的比重在不断增加，其吸纳的就业人数占就业总人数的比例也是最高的，尤其是商业、私人服务业、信息业等部门。服务业的蓬勃发展对于减少失业、保持社会的稳定起到了积极的作用。到20世纪末，欧盟服务业产出已占欧盟GDP的65%，服务业年增加值达到5万多亿美元，已经成为增加欧盟各国社会财富、提高人们的生活水平、提升欧盟整体竞争力最重要的产业部门[②]。表2.1为20世纪末欧盟服务业发展的基本情况：

表2.1　欧盟服务业的基本情况

	服务业增加值10亿美元	服务业产出占GDP的份额(%)	服务业产出实际增长率1992—1996年平均(%)	服务贸易差额占GDP的比率(%)	服务业出口额占出口总额的比率(%)	服务业进口额占进口总额的比例(%)
奥地利	140.8	67	2	0.55	33	30
比利时	168.9	68	1.9	−2.08	13	16
丹　麦	115.4	67	1.3	0.8	25	25
芬　兰	70.4	57	−2.7	−1.04	14	21
法　国	1 007.3	71	1.6	1.31	22	19
德　国	1 271.0	60	3	−2.14	13	21
希　腊	66.5	56	0.6	4.42	46	13
爱尔兰	60.6	83	2.2	−13.05	10	28
意大利	754.5	65	0.9	0.14	23	25
卢森堡	12.8	70	4.2	36.41	—	—

① 蔺雷，吴贵生．服务创新[M]．北京：清华大学出版社，2007．
② 赵彦云．一体化进程中的欧盟服务业国际竞争力[J]．兰州商学院学报，2001(4)：1-9．

续 表

	服务业增加值10亿美元	服务业产出占GDP的份额(%)	服务业产出实际增长率1992—1996年平均(%)	服务贸易差额占GDP的比率(%)	服务业出口额占出口总额的比率(%)	服务业进口额占进口总额的比例(%)
荷 兰	262.1	70	2.3	1.3	20	20
葡萄牙	56.3	56	0.4	1.35	25	15
西班牙	343.4	63	2.1	3.63	29	17
瑞 典	147.9	66	−0.1	−0.82	18	23
英 国	909.3	66	3.3	1.29	23	18
欧盟合计	5 387.1	65	—	—	—	—

(1) 除服务业产出实际增长率为1992—1996年间年均数之外，其他指标均系1997年数值。
(2) 数据来源系 IMD. The World Competitiveness Yearbook，2000。

进入21世纪，随着欧盟一体化进程的加快，欧盟各成员国之间的经济合作进入了新的发展阶段。作为欧盟各国的经济核心，也是欧盟最活跃的经济领域，服务业的蓬勃发展为欧盟的经济注入了巨大的活力。2004年，欧盟服务贸易增加值达到6.75万亿美元，占全球服务贸易增加值总量的24%；2005年欧盟服务贸易占全球服务贸易总额的46%①。目前，欧盟是全球最大的服务贸易经济区，也是仅次于美国的世界第二大服务经济体，其新增就业、GDP和贸易增长都是基于服务业，尤其是知识密集型商业服务(Knowledge Intensive Business Services，KIBS)。商业服务和KIBS对欧盟各国就业及新增价值中的比重如表2.2所示：

表2.2 2004年欧盟成员国服务业就业比重及新增价值

	就业比重			新增价值		
	制造业[1]	商业服务[2]	KIBS[3]	制造业[1]	商业服务[2]	KIBS[3]
奥地利	18.2%	42.7%	5.4%	19.9%	47.3%	5.7%
比利时	16.7%	39.1%	4.4%	17.4%	50.9%	8.8%
塞浦路斯	11.1%	44.3%	1.2%	6.2%	53.8%	4.5%
捷 克	30.1%	32.8%	4.0%	25.6%	41.9%	5.9%
德 国	21.1%	40.2%	6.6%	22.6%	47.2%	8.2%
丹 麦	15.5%	39.2%	5.3%	14.5%	45.5%	5.3%

① 王德禄，张国亭. 欧盟服务业大市场在博弈中破局[J]. 金融经济，2007.

续　表

	就　业　比　重			新　增　价　值		
	制造业[1]	商业服务[2]	KIBS[3]	制造业[1]	商业服务[2]	KIBS[3]
爱沙尼亚	25.0%	32.0%	1.0%	17.1%	51.2%	4.6%
西班牙	17.7%	33.7%	3.5%	16.3%	46.6%	4.6%
芬　兰	19.8%	34.8%	5.4%	23.5%	43.5%	5.3%
法　国	14.3%	41.6%	6.5%	13.8%	50.8%	8.0%
希　腊	15.8%	31.1%	4.5%	10.7%	51.6%	2.2%
匈牙利	25.0%	32.2%	3.3%	22.5%	41.3%	6.3%
爱尔兰	16.6%	40.1%	4.6%	27.0%	41.4%	8.8%
意大利	23.3%	32.2%	4.5%	19.0%	49.7%	6.6%
立陶宛	20.9%	31.1%	2.1%	20.9%	44.3%	3.1%
卢森堡	11.5%	53.4%	6.9%	9.4%	64.9%	7.1%
拉脱维亚	17.8%	37.4%	2.3%	13.2%	54.2%	6.6%
马耳他	17.9%	40.9%	4.5%	17.8%	46.2%	5.4%
荷　兰	12.7%	47.3%	7.3%	14.0%	49.2%	8.0%
波　兰	24.6%	34.2%	3.3%	19.2%	44.8%	4.3%
葡萄牙	21.6%	35.5%	2.7%	15.7%	45.7%	3.9%
瑞　典	16.9%	36.0%	6.9%	19.7%	45.0%	7.8%
斯洛文尼亚	31.2%	34.1%	5.8%	25.7%	41.9%	6.9%
斯洛伐克	26.3%	32.8%	3.6%	23.4%	44.6%	4.4%
英　国	12.7%	49.9%	7.3%	13.7%	51.9%	9.3%
欧盟合计	16.8%	39.9%	5.8%	18.3%	46.2%	6.6%

资料来源：EU KLEMS Growth and Productivity Accounts：March 2007 http：//www.euklems.net/euk07i.shtml.

1 = NACE D

2 = NACE G，H，I，J，K

3 = NACE 72 + 73 + 74

从表 2.2 中的数据可以看出，商业服务和知识密集型商业服务在所创造的附加价值方面几乎是传统制造业的 2 倍。从 1999 年到 2004 年，制造业在欧盟整体经济中的比重下降了 2.5%，而这一时期的服务业，尤其是知识密集型商业服务在经济中所创造的附加值却增长了 6.6%。从统计数据来看，欧盟商品与服务增加值的 72%都是来自于服务业，而欧盟每年新增就业的 80%也来自于服务业。由此可以看出欧盟在经济上的崛起与其服务业的快速发展有着密切的关系。根据欧盟统计局的数据，“在过去二十年里，欧洲经济中唯一增长的部门就是服务业”[1]，服务业已经成为了欧盟经济活动的中心，并对欧盟27个成员国的经济发展和社会稳定起到了至关重要的作用。2007年，欧盟所有成员国中近70%的就业岗位和71.6%的附加值都是由服务部门所创造的[2]。

服务业的一个主要特点就在于它包含了门类繁杂的服务部门和行业，不同的部门和行业之间具有极强的差异性。因此，对服务业进行的分类活动就显得十分必要，这不仅关系到对不同部门和行业的数据进行搜集、分析和比较，而且也对欧盟、成员国、地区等不同层面的服务创新战略制定和政策实施起到明确边界的作用。根据欧盟统计局2006年的第二版NACE[3]中对服务业的分类，经济活动中的“服务产业”(service industry)、“服务部门”(service sector)，或者是“服务业”(services)，都被归于NACE第二版中的从字母G到U为代码的15个大类当中，第二版对服务业的分类与第一版相比有了较大的改变，具体分类如表2.3所示：

表2.3 欧盟NACE对服务业的分类

NACE第一版		NACE第二版	
部门	具体行业	部门	具体行业
G	批发与零售贸易、机动车辆维修、个人及家居用品	G	批发与零售贸易、机动车维修、个人及家居用品
H	酒店业	H	食品服务
I	物流、仓储、通讯	I	物流、仓储
		J	信息与通讯
J	金融中介	K	金融与保险
K	房地产、租赁和经营活动	L	房地产
		M	专业的、科学的、技术的活动
		N	行政性、支持性的服务活动
L	公共行政与国防	O	公共行政与国防
M	教育	P	教育

① Statistical Annex to European Economy, The statistical annex. Spring 2007, http://www.ec.europa.eu/economy_finance/publications/european_economy/statisticalannex_en.htm.

② Fostering Innovation in Services, http://www.europe-innova.eu/c/document_library/get_file?folderId=26355&name=DLFE-3710.pdf.

③ NACE是欧盟统计局划分经济活动类别的代码系统，不同代码代表不同的经济活动类型，如下同。

续　表

NACE 第一版		NACE 第二版	
部　门	具　体　行　业	部　门	具　体　行　业
N	医疗及相关社会服务	Q	医疗及相关社会服务
O	其他形式的社区、协会、个人的服务	R	艺术、娱乐与休闲
		S	其他的服务活动
P	家庭雇用服务	T	家政服务、个人用途的商品和服务生产活动
Q	国际及跨国组织	U	国际及跨国组织

数据来源：NACE rev. 2 http：//epp. eurostat. ec. europa. eu/.

但是，NACE 对服务业的分类方式存在很大的局限，由于该分类并不能充分反映服务业在经济体系当中所扮演的角色，也无法对服务部门之间迅速增加的交互作用进行追踪，因此就很难全面地捕捉到服务经济中快速变化的各种现象，从而对其进行分析和研究。如果以知识经济时代服务业的生产方式及其与经济结构之间的关系对整个服务业进行分类，那么共同体创新调查[①](Community Innovation Survey，以下简称 CIS 4)中对服务业的分类则较有代表性。按照 CIS 的分类，作为知识经济时代规模最为庞大的产业，服务业可以被分为两大类别：知识密集型商业服务(KIBS)，如银行业、保险业、数据处理、电子通讯，电子技术服务、咨询业、广告业以及与服务有关的各种研发活动；其他服务部门，这包括了传统意义上的服务业企业，如批发贸易、交通运输、邮政服务、证券业、垃圾回收与处理等。这种分类方式没有对庞大的服务业部门进行细致的归类，而是依据不同部门和行业的生产方式、产品和服务的性质，尤其是以知识为主体的服务活动的程度等作为分类标准，对服务业进行了分类。

二、服务创新的范围与模式

在欧洲各国，服务业长期以来都被看做是缺乏创新的部门。绝大多数的政府报告都将服务业看作是制造业的附属品，是一个“非生产性”的“剩余”

① 共同体创新调查是由欧盟统计局联合冰岛、挪威进行的旨在对欧盟各成员国以及各个行业的创新态势进行持续追踪的调查，该调查最早发起于 1992 年，迄今为止共进行了五次欧盟范围内关于创新的调查，分别是 CIS 1(1992)，CIS 2(1996)，CIS 3(2001)，CIS 4(2004)，CIS 5(2008—2010)。

部门，其特征是：低效率、低资金准入门槛、从业人员素质要求不高、专业性差、创新活动较少。由此带来的一种观点就是，与制造业相比，服务业是非创新性的或者说仅仅是制造业部门技术创新成果的使用者。然而，随着近年来研究的深入，人们发现服务业也是存在创新的，而且服务创新的内涵、过程、模式、分类等迥然不同于传统制造业的技术-产品创新路径。2002年，欧洲调查委员会进行了一项名为创新晴雨表(Innobarometer)[①]的调查，通过对当前最主要的三种创新活动即开发新的产品、开发新的生产流程及进行组织变革进行分析，并得出了制造业和服务业之间在创新活动上的差异。结果表明，在所关注的创新活动中，有超过一半的制造业企业认为开发新的产品和新的生产流程是企业创新活动的核心，只有不到四分之一的制造业企业将组织变革列为企业创新的主要形式。与此相反，有超过54%的服务业企业认为它们最关注的创新活动就是组织变革，这是服务业部门与制造业企业在创新活动方面最显著的差异，如表2.4所示：

表2.4 制造业与服务业部门创新类型的区别

	制造业部门	服务业部门	数据的显著性差异
新产品	54%	34%	√(1%)
新生产流程	56%	24%	√(1%)
组织变革	25%	53%	√(1%)

数据来源：Flash Eurobarometer 129 - Innobarometer, Gallup Europe, October 2002. http://ec.europa.eu/public_opinion/flash/fl129_en.pdf.

此外，该调查在对不同企业强化创新活动的主要影响因素进行分析时发现，“对市场需求的适应”是制造业企业最为看重的影响因素，持这一观点的制造业企业的比例为48%，而服务业企业则将员工的任职资格与专业化水平列为强化创新活动的第一因素，有超过54%的服务业企业更加强调人力资源的重要性。

如果说Innobarometer的调查结果向我们表明服务创新更多采取非技术手段的形式，如组织变革、流程再造、营销创新、人力资源开发等，那么CIS-4则在统计数据的基础上揭示了不同类型的服务部门在创新活动上的差异。根

① Innobarometer是欧盟于2002年2月组织进行的一项旨在分析不同行业中企业创新活动的调查活动。该调查以电话访谈的形式，对雇员人数在20人以上的3 014家欧盟企业进行了调查，被调查企业主要集中在制造类、服务和贸易类企业。

据 CIS-4 的调查，从创新的主要手段来看，所有的服务部门都侧重于非技术手段的创新，但在创新的特征和模式上，知识密集型商业服务和其他服务部门之间则有着较大的差异：其他服务部门的创新活动在很大程度上体现出渐进性的特征，创新活动的效果并不能够在短时间内体现出来，而知识密集型商业服务部门的创新活动则与制造业部门的创新较为相似，是一种根本性的创新，KIBS 企业的研发投入程度甚至在制造业部门的平均水平之上。这证明了服务业内部的不同部门之间具有极强的“异质性”，对于不同的服务业部门来讲，对服务创新的具体需求及其政策取向都是不同的。同时，服务创新也具有以下几个基本特征[①]：

- 服务创新的内涵较制造业创新丰富得多，从形式到内容都与制造业创新有较大差异；
- 服务创新过程是一个较技术创新更为复杂的过程，顾客积极参与创新过程；
- 服务创新过程包含了相当丰富的交互作用，包括内部和外部的交互作用；
- 产品创新和过程创新在服务业中的区分要比在制造业中困难得多；
- 服务创新所遵循的轨道形式多种多样；
- 新服务的生产方式具有多样性；
- 开发周期短，没有专门的研发部门；

此外，服务业包含更多自身独特的创新模式。服务部门之间的异质性使得不同类型的创新活动必须适应不同的创新模式，即服务创新的模式具有多维度的特征，不同的要素构成了服务创新的结构与最终的形态。海尔托格(Den Hertog)的服务创新四维度模式，就运用了结构化的方式对服务创新过程中发挥不同作用的要素进行了描述和分析，并指出了不同维度之间的关联性及其意义。图 2.1 是四维度模式示意图[②]：

可以看出，该模式将促使服务创新产生的因素归纳为四点：新服务概念、顾客界面、新服务传递系统和技术的使用。从某种意义上来讲，任何一项服务创新都是上述四个维度按照一定的规律组合并产生相互作用。比如说某服务部门中出现了一种新的服务形式，那么这通常意味着在此服务出现以前

---

① 蔺雷，吴贵生. 服务创新[M]. 北京：清华大学出版社，2007：109.
② European Trend Chart on Innovation, Trend Chart Workshop-Innovation in Services, http://archive.europe-innova.eu/servlet/Doc?cid=6376&lg=EN.

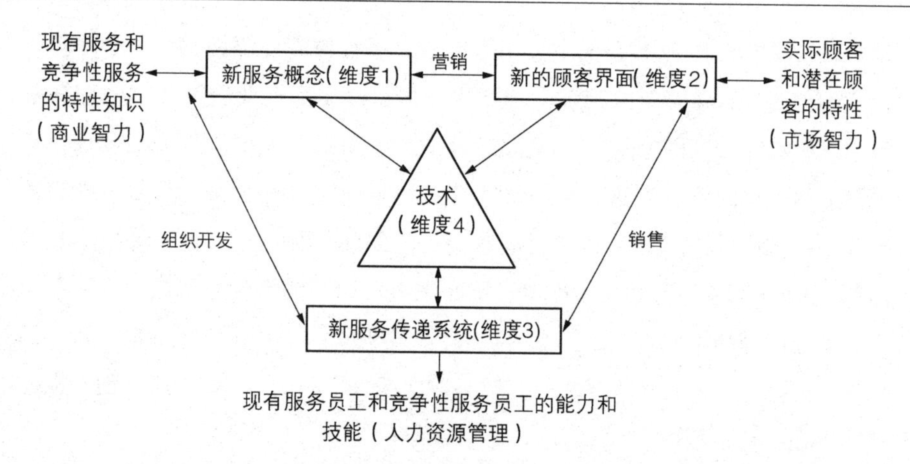

图 2.1　服务创新四维度模式示意图

就已经有相应的新服务概念作为其行动的理论支持，同时也需要开发新的服务传递系统，使服务提供者（包括领导者和各类员工）转变原有的服务理念，建立新的“客户——企业”交互作用方式，并充分采用各种技术[①]促成这种服务形式的成型。同时，四个要素的相互作用中，起主要关联作用的就是市场营销和组织开发。具体来讲，单个服务企业与客户之间的交互作用以及由此产生的服务传递活动都需要市场营销方面的相关知识和技能。服务的生产、传递、销售、服务结果的反馈、服务质量的提升等活动，无论是对于服务提供者的企业来讲，还是对于享受优质服务的客户来讲，都需要重构原有服务的知识体系，了解并吸纳新的服务理念。此外，新服务的生产和传递还需要组织开发的知识，即现有组织能否传递新服务、需要组织进行何种变革以回应新服务对即有组织结构的挑战？因此只有通过单个维度的发展以及强化各个维度间的关联和相互作用，服务创新才能被有效实施和最终实现。

三、知识密集型商业服务与欧盟服务创新政策的沿革

通过以上分析，我们可以看出服务业及其创新活动的作用不仅在于增加就业，同时也是维持和提升制造业竞争力的内在要素之一。尽管服务在经济中的重要性已经确定无疑，但是过去很多年中欧盟对服务创新的关注却明显不够，服务创新在很大程度上被忽视了。造成这种状况的一个主要原因就是

① 第四个维度中的技术使用，并非指服务企业一味追求最流行的技术方式，而是根据行业特点、客户需求、企业现状等采纳最适合的技术手段。

欧盟各国对服务业固有的偏见，认为服务业并不具备创新性。但是，随着服务业在全球经济中的地位不断提高，欧盟逐渐意识到服务业的巨大潜力，并采取各种措施推动服务业快速、健康的发展，使其成为推动经济前进的重要动力。服务部门的创新活动在知识经济中的作用也越来越重要，尤其是金融、保险、房地产、市场咨询与研究、设计、工程与技术服务等知识密集型商业服务(KIBS)的产值比重和就业比重不断增加。在研发支出中，专门投向知识密集型商业服务创新及相关研究的支出已经占到了研发总支出的13%[①]。而共同体创新调查(CIS-4)的统计数据表明基于知识经济时代的服务业及其活动与传统制造业相比，将会生成更多的、更能够满足社会经济发展需要的创新成果。因此，不应该将服务业看作是消极的、被动的“技术使用者”，其地位应该是真正的“创新者”。

自2003年以来，欧盟对服务创新的关注在不断升温。2005年，欧盟在一份报告中提出“欧盟要制定出一种推进创新型服务的战略”[②]；2006年1月欧盟委员会发布的报告——《创建创新型欧洲》，对服务业、服务经济、服务创新与欧盟经济发展等问题极为关注[③]；同年12月，欧盟委员会把服务创新确定为创新行动战略中具有优先性的重点。按照这种战略，欧盟委员会于2007年发表了服务创新专家组报告——《推进服务创新》，该报告对如何充分利用服务创新的潜力推动经济发展提出了一系列的政策建议[④]。同样是在2006年的《欧洲创新进展报告》中，服务创新的生成与发展已经被视为欧盟创新政策制定过程中必须予以考虑的三大趋势之一[⑤]。在2008年12月瑞典举行的国际会议的主要议题就是服务与创新。此外，欧洲创新记分牌也连续几年对欧盟服务企业的创新活动进行统计分析，其结果成为欧盟各国进一步制定支持服务创新政策的重要依据。2009年9月9日由欧盟委员会专家工作小组发布的最新报告——《欧盟支持服务创新的挑战——通过创新培育新的市场

---

① Putting Knowledge into Practice: A broad-based innovation strategy for the EU, http://europa.eu/legislation_summaries/employment_and_social_policy/growth_and_jobs/i23035_en.htm.

② Common Actions for Growth and Employment: The Community Lisbon Programme-COM (2005) 330, 20.7.2005. http://ec.europa.eu/growthandjobs/pdf/COM2005_330_en.pdf.

③ Report of the Independent Expert Group on R&D and Innovation appointed following the Hampton Court Summit and Chaired by Mr. Esko. Aho, Creating a Innovation Europe, Jan, 2006. http://ec.europa.eu/invest-in-research/pdf/download_en/aho_report.pdf.

④ Commission Staff Working Report, Towards a European strategy in support of Innovation in services: Challenges and Key Issues for Future Actions, Brussels, 27.07.2007.

⑤ Europe Innovation Progress Report 2006, http://www.gpeari.mctes.pt/archive/doc/European_Innovations_Progress_Report_2006.pdf.

和工作岗位》中，对全球金融危机背景下的欧盟服务创新现状、知识密集型商业服务的作用、服务创新对国家创新绩效的影响、服务部门创新指标、支持服务创新的政策路径与手段等话题进行了全面的分析，指出了当前欧盟服务创新所存在的问题以及未来的发展趋势，尤其是更加强调政策支持在推动服务创新方面的作用[①]。

除了欧盟层面对服务创新的关注，各成员国也意识到了服务创新的重要性。欧盟一些经济比较发达的成员国，如德国、英国和芬兰等都制定了比较详细的政策支持措施。例如，在芬兰创新型国家建设中起重要作用的芬兰国家技术局(Tekes)，为了提高芬兰在全球经济中的竞争力，在2005年就制定了由发展知识密集型商业服务和服务活动(KIBS/KISA)、通过服务驱动的企业观念实现工业的现代化改革服务市场和发展创新型服务所构成的创新战略。欧盟服务创新专家组在《支持服务创新的欧洲战略：未来行动的挑战和关键性问题》报告中，建议欧盟就服务创新问题形成系统的战略和政策措施，这包括作为框架性政策条件的法律法规制度、服务创新的知识基础、企业家精神、融资、服务集群以及包括政府采购在内的需求等一系列水平性的政策措施。但是，欧盟服务创新专家组进而认为，对于具有高增长力的创新型服务来说，这些水平性的政策措施无法满足现有服务业发展的需要，各成员国政府还应该采取更为具体的措施，这包括创建欧洲知识密集型商业服务平台、建立欧洲服务创新研究所，推进创新服务交换网络的发展以及支持高风险的和创新型服务产品的开发和扩散。

第二节　欧盟服务创新的趋势、动力与挑战

一、欧盟服务创新的趋势

自20世纪90年代起，欧盟服务创新的发展出现了如下三大趋势：

第一，服务创新的观念得到了根本性的改变，欧盟及其成员国开始重视服务部门的技术创新，尤其是对服务部门的研发投入逐年增长。1990—2004年间，欧盟服务部门的研发开支以每年12%—13%的速度增长，2003年达到

---

① Commission Staff Working Report, Challenges for EU support to innovation in services-Fostering new markets and jobs through innovation, Brussels, 09.09.2009.

了15.1%，而制造业部门在此方面的增长幅度则远远低于服务部门，仅为3%[①]。截止到2002年，在欧盟各成员国中，服务部门用于研发的商业支出平均增长了15%，一些欧盟国家对服务部门研发投入的增长幅度也远远高于欧盟的平均水平，如捷克35%，挪威33%，丹麦甚至达到了40%[②]。根据相关分析，服务部门研发投入迅速增加的重要性主要归结于三个因素：服务部门研发测量方式的不断改进；服务部门对于研发需求的强度逐渐增加；商业部门和政府部门逐渐将研发活动以外包的形式委托给专业机构进行。

第二，虽然服务部门中研发的重要性日益凸显，但是这毕竟只是服务创新的一个维度。即使是在制造业，与创新活动有关的研发投入也只占到了投入总额的一半，在服务部门中，这一比重就更小了。在欧盟范围内对制造业部门和服务业部门进行的调查表明，只有不到20%的被调查企业认为研发投入所引起的技术进步是影响其创新绩效的主要因素。由此可以看出，服务部门并不认为研发及其相关活动是其创新的主要手段。与制造业创新相比，服务创新更多的是采用组织创新和市场创新的方式来提高服务创新绩效，进而提升各自部门的竞争力。

第三，对服务创新在欧盟整体经济中的存在有了更为全面、更为深刻的认识。服务业与制造业的边界不断模糊，服务创新已成为当前创新研究中的热点问题。同时，伴随着知识经济观念的兴起，知识密集型商业服务(KIBS)逐渐成为了服务业中最富有创新精神的领域。与制造业以及其他服务业相比，KIBS的最大特点就在其生产方式和产品内容具有高度“知识化”、“非物质化”的特点，这些部门的创新活动摆脱了过去制造业创新模式的影响，不再强调以新技术的使用、新工艺流程的改进、新材料的出现等作为创新的主要方式，而是表现出了追求组织变革、重视人力资源的开发、强调客户与组织之间的交互作用、突出多样化的创新模式等特征。

二、欧盟服务创新的驱动力

所谓服务创新的驱动力，自然是指那些推动服务部门进行创新的各种内

---

① Gallaher, M. Link, A. and Petrusa, J. 2005. Measuring Service-Sector Research and Development. Planning Report, National Science Foundation and National Institute of Science and Technology.

② Commission of the European Communities(2006b). The Future Policy of R&D in Services: Implications for EU Research and Innovation Policy. Brussels, http://cordis.europa.eu/foresight/platform3.htm.

外因素。与外部诸因素相比，组织内部的因素才是真正推动服务创新的动力，即组织为什么要创新？欧盟对服务部门创新目的的调查表明了一个组织进行创新的主要目的有哪些，并根据调查结果对这些组织进行创新的目的进行排名。结果显示，有95%的被调查部门认为他们的创新活动与提升服务质量有关，超过60%的部门认为这是“非常重要的”。大约85%的部门将开拓新的市场、扩大服务范围作为创新的目的，其中有50%的被调查者认为这“非常重要”①。上述因素表明服务部门的创新活动具有很强的“产品导向”。此外，改进组织内部流程和降低劳动力成本也被认为是进行创新的目的，如增强组织内部流程的灵活性正是为了回应客户需求的差异性和变化性，以提供具有个性不同的服务产品实现利润的增长。总之，上述创新过程的实现形式都与“流程创新”有关联，虽然有的时候服务部门的创新在一定程度上也带有“产品创新”的色彩，但毫无疑问的是，服务创新必将深刻的影响到人们对服务本质的知识。该调查结果如表 2.5 所示：

表 2.5 服务部门创新目的之调查结果

	全 部	物 流	贸 易	金 融	技 术	计算机
提高质量	**92 [63]**	94 [62]	89 [61]	93 [74]	97 [66]	91 [65]
开拓新市场	**88 [53]**	81 [43]	86 [54]	90 [48]	91 [53]	86 [60]
拓宽服务范围	**86 [45]**	79 [32]	84 [40]	90 [39]	92 [52]	89 [58]
增强市场反应灵敏度	**79 [30]**	79 [33]	80 [32]	87 [37]	80 [32]	73 [24]
降低劳动力成本	**72 [28]**	74 [40]	71 [27]	81 [34]	76 [32]	59 [17]
履行政府规制	**68 [21]**	67 [31]	69 [18]	71 [22]	74 [25]	56 [14]
替代旧有的服务部门	**62 [21]**	53 [21]	60 [20]	62 [21]	67 [18]	73 [32]
减少环境危害	**52 [14]**	66 [30]	54 [18]	25 [4]	56 [15]	27 [5]

① ESRC Centre for Research on Innovation and Competition, Institute of Innovation Research, Final Report, Innovation in Services: Issues at Stake and Trends, Brussels, 2004.

续　表

	全　部	物　流	贸　易	金　融	技　术	计算机
减少能源使用	**46** [**13**]	57 [25]	49 [14]	41 [7]	53 [14]	30 [7]
减少原材料使用	**46** [**13**]	65 [32]	49 [15]	35 [5]	54 [10]	27 [3]

注：数字表示将其界定为与之相关的目标的企业比例；括号中的数字表示将目标界定为非常重要的企业的比例。

数据来源：Innovation in Services：Issues at Stake and Trends，p. 36.

欧盟委员会最近的研究表明，服务创新的驱动力包括组织的规模(一般来讲，规模越大的组织越具有创新意识和创新的渴望)、投入创新活动的各种资源、服务的质量、由服务所创造的利润的多少、组织的适应能力、组织目标达成的程度(目标达成度越高，组织越倾向于创新)、市场的地理范围、竞争的质量等。

此外，许多服务部门都以创新集群的形式存在并发生交互作用。所谓“创新集群”是指在某一产业领域内，一组交互作用的创新型企业和关联机构，由于具有共性和互补性而联系在一起并根植于某一特定地域而形成的一种地方性网络组织。如地理上处于同一地点的企业、供应商、服务提供者、研究实验室、教育机构或者其他组织，在一个特定的经济领域内形成互动和合作关系，从而通过不同行业、领域之间的知识交流和共享，推动集群内部创新活动。因此，集群也被认为是经济发展与创新的最主要驱动力。另外一种重要的驱动力就是用户与服务提供者、其他利益相关部门之间互动，因为服务部门通常是通过与这些组织的互动进行资源的交流并获取其所想要的“知识”，而并非单纯依靠研究与开发。

总之，服务企业进行创新的驱动力是多种因素构成的，既包括外部因素，如制度体系、政府规制、服务专业化、社会发展等对服务创新的推动，也包括企业内部行为主体的驱动。根据我国学者的研究，服务创新的内部驱动力包括三类：企业的战略和管理、员工、创新部门和研发部门。这三大内部驱动力与作为外部驱动力的轨道、行为者之间相互作用，构成了服务创新的驱动力模型。

1. 企业的战略和管理

对任何组织(包括公共部门和私营部门)来讲，战略都是一种最为根本也

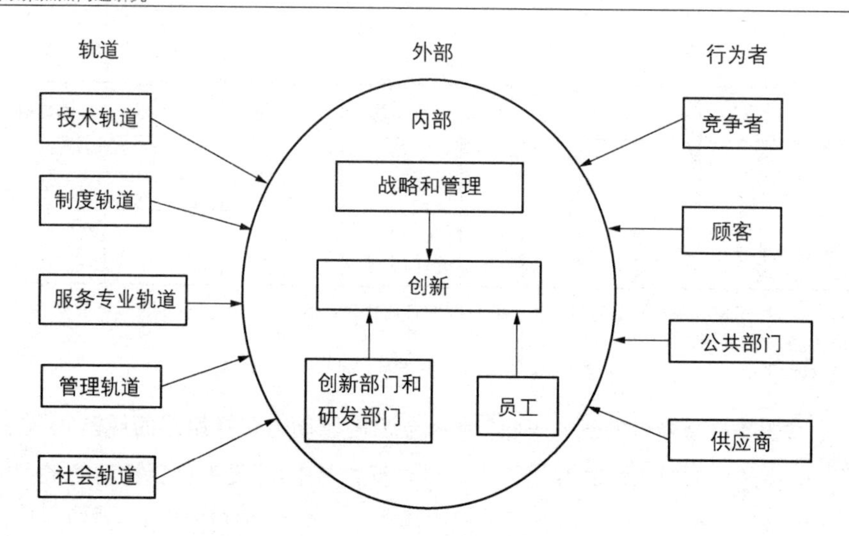

图 2.2 服务创新的驱动力模型

资料来源：蔺雷，吴贵生. 服务创新[M]. 北京：清华大学出版社，2007：131.

是最为有效的创新驱动力，服务部门也概莫能外。战略是服务企业依据外部环境的变化和市场趋势，对自身发展所进行的总体规划。任何具有创新意识、富有创新精神的服务部门都将创新作为战略规划的重要组成部分，以借此实现跨越式发展、获取竞争优势、扩大市场和形成良好的服务-客户关系。创新的重要性不言而喻，这就使创新成为知识经济时代企业谋求生存和发展的原动力。战略驱动的创新是一种系统性的创新活动，它主要指企业高层管理和营销部门的管理活动，其中营销部门的管理活动更为频繁地出现。服务企业应主动、充分地运用这两种驱动力，通过战略规划和管理活动推动创新活动的出现。

2. 员工

服务部门的创新在过去之所以不被人们所重视，一个很大的原因就在于从业者的能力要求并不高，行业进入门槛较低，也由此造成了与制造业相比，服务部门所创造的附加价值太少。但是在知识经济时代，伴随着知识密集型商业服务的兴起，大量的高素质劳动力进入了这类部门，这就使服务部门的创新有了更为坚实的基础。从组织中人的维度出发，服务创新所体现的是员工与顾客之间一系列的交互作用，员工也因此成为了一种有价值的内在驱动力。

3. 创新部门和研发部门

服务企业中的创新部门和研发部门是一种对创新的生成起催化作用的部

门，它们所承担的是在组织内部进行创新前的技术先导工作，并利用电脑网络等手段搜集其他组织中的创新理念以推动本企业创新的实现。虽然如本文之前所述，服务部门并没有像制造业部门那样重视研究与开发，但是鉴于服务业的多样性和复杂性，有些部门也需要以技术创新来推动组织变革。

三、欧盟服务创新面临的挑战

基于服务业与制造业的不同，服务创新所面临的挑战与制造业创新相比也是不一样的。与之相比，人力资源对服务创新的影响可能更大，而缺乏受过良好训练的、符合服务企业要求的职员始终是服务创新所面临的一个主要挑战。同时，缺乏一定规模、愿意为服务创新的产品买单的客户，也是当前服务创新面临的一个主要问题。第三个障碍则是与创新有关的各种成本。由于服务业内在的多样性，不同的服务部门在创新方面具有较大的差异，所能够接受的进行服务创新的成本也是不一样的。对于那些规模较大、市场占有率较高的企业，进行服务创新的意愿就更为强烈；但是对于那些规模较小、市场占有率很低的企业，进行服务创新就更像是一种奢望——虽然这种创新从长远来讲有利于它们的发展。此外，相关研究也指出服务创新过程中还面临着建立共享知识网络平台、知识产权保护、改变政府管制手段、培育创新意识等挑战。总体来讲，未来欧盟服务创新过程中面临了如下六大挑战：

1. 为加强欧盟的服务创新，发展和改进现有的政策交流机制

对于欧盟大部分的成员国来讲，为促进服务创新而制定非常具体化且明晰的政策路径以促进服务创新，确实是一种新的现象。因此，只有少数几个国家，如丹麦、芬兰、德国、荷兰和英国，开始制定和实施支持服务创新的战略或政策，而其他的成员国仍然无法深入了解服务创新的意识并采取相应的措施来促进有效的服务创新。目前在欧盟层面，还缺少一些能够对其他国家实施服务创新产生影响，或者说能够起到借鉴作用的案例，比如设计具体的创新支持项目来满足服务企业的具体要求、建立服务创新政策支持平台等，甚至某个国家的服务创新机制也很难转移到其他国家。因此，欧盟服务创新的一大挑战就是在欧盟成员国之间，建立具有现代意义的能够加速服务创新流程、分享服务创新经验的政策交流机制。

当然，政策交流不仅仅是局限在企业或者国家层面，其最终的目的还是在于通过服务创新创造新的工作机会。这就要求欧盟各成员国之间通过政策

的交流与经验的共享，打造一个有利于服务企业发展的营商环境，从而真正地使欧盟服务创新的局面繁荣起来。就此方面来讲，服务集群的作用会日益突显。

自2009年9月开始，芬兰政府启动了为期三年的竞争力和创新项目(Competitiveness and Innovation Program， CIP)。在该项目的支持之下，以提升芬兰创新能力为主要工作职责的国家技术创新局(TEKES)，启动了一系列的子项目，目的就在于强化创新的政策交流机制和工具，以支持欧盟、国家、地区三个层面的服务创新。比如说在该项目实施后成立的"反映小组"(Reflection Group)就已经吸引了众多欧盟成员国的参与，它的作用不仅在于探讨新的政策措施以顺应服务部门和服务创新的发展趋势，从长远来讲，更要成为欧盟各成员国彼此交流服务创新政策的焦点①。

2. 增进对服务创新本质的理解以促进政策发展

无论是采用何种政策手段支持服务创新的产生和发展，一个基本前提就是政策制定者必须对服务创新有着清晰全面的理解。尤其是服务企业的创新活动中所体现出的差异性和复杂性，使人们必须了解服务创新为何会产生？人们又该如何促进服务创新的产生？以及服务创新最容易在哪些行业或部门产生？但是，欧盟还缺乏对服务创新深入而全面的调查，现有的统计数据和资料还不能作为决策的参考依据，如目前正在进行的共同体创新调查(CIS)，虽然它提供了服务创新方面的一些统计数据，但是并没有能够反映欧盟服务创新整体发展状况的数据。服务部门创新指数(The Service Sector Innovation Index， SSII)虽然构建了与服务创新相关的指标体系，并以此对欧盟服务部门的创新绩效做出评测，但是，面向欧盟成员国服务创新状况的宏观调查以及相应的统计数据仍然十分缺乏，而且在服务部门发展程度不同的国家之间进行比较，其结论也缺乏一定的说服力。因此，SSII只能为政策制定者在推动服务创新的发展方面提供有限的数据支撑。从这个意义上来讲，欧盟目前最缺乏的就是对整体范围内服务创新发展状况的全面持久的调查。

由于缺乏总体性的统计调查，欧盟政策制定者面对的一个问题就是对服务创新的界定。虽然服务创新的发生在很多时候都集中在不同行业的层面，

① Commission Staff Working Report， Challenges for EU support to innovation in services-Fostering new markets and jobs through innovation， Brussels， 09.09.2009， p.82.

但是目前只有少量与服务部门创新性有关的统计数据可以被收集到，而这些少量的数据并不能用来界定所有行业的服务创新。比如传统的手工艺部门的创新就很难有统一的定义，而新的服务产业如“创意产业”（creative industries）到目前为止还没有形成广泛认可的定义。试图发现这些不同服务部门之间的创新性并明确它们当中哪些是最有发展前景的做法仍然是困难的。因此，欧盟必须关注与服务创新有关的所有维度，提高决策部门对服务创新观念的认识。

3. 加大对服务创新研究的投入并充分利用研究成果

在众多的服务部门当中，许多服务创新的产生都集中在那些应用先进技术、秉持最新理念的行业或领域之中，如软件业、信息技术业、娱乐业和媒体产业、商业与金融服务产业等。与其他传统的服务部门相比，这些服务部门用于研究活动的投入在逐年增长，研究活动的密集程度也在增加，而且越来越多的服务企业参与到了欧盟的各类研究项目中。虽然这表明了知识密集型商业服务活动已经成为了欧盟服务创新的一个重要来源，但是一个普遍存在的问题是绝大多数的服务企业并没有与研究部门，如大学、科研院所等保持良好的合作联系，从而缺乏一种长期的合作机制来使服务企业与研究部门之间保持紧密的合作关系。更进一步讲，由于企业逐利性的本质存在，使得绝大多数的服务创新反映的是一种“用户驱动”的本质，即其进行创新的目的只是为了满足用户当前的需求。这在某种程度上造成了服务企业创新的短期效应，并大大降低了他们介入长期性研究的兴趣。

基于对此问题的关注，最近几年来欧盟非常重视推动服务部门的研究工作，尤其是加大与科研部门的合作。2008 年 4 月 18 日，CREST 的报告“服务业中的研究与开发——评论与案例研究：促进服务业系统研发的角色”，在探讨了与服务创新有关的众多话题的基础上，重点阐述了欧盟层面以具体行动来推动服务业中的研究活动并为政策发展创造知识的观点[①]。这表明了欧盟将更为重视支持服务创新中的研究活动，特别是服务企业所需进行的长期性研究。

4. 创设更为有效的服务创新支持机制

过去，服务部门并不被人们看作是创新的驱动者，因此欧盟近些年的创

---

① European Union Scientific and Technical Research Committee(2008). http://www.consilium.europa.eu/uedocs/cmsUpload/st1204.en09.pdf.

新政策在很大程度上忽略了对服务部门创新的关注。只是在最近几年，欧盟一些成员国面临了来自服务创新的挑战，这些国家才开始认真考虑服务部门创新的问题。欧盟逐渐意识到，如果要维持它在世界上的竞争力，那么未来的创新战略就不能仅仅基于以技术创新为基础的制造业。未来的创新更多的是通过“开放创新”(open innovation)的形式，也就是企业、部门、行业之间相互协作，共享知识，重视企业-用户交互行为的创新形式。这就要求欧盟必须为中小企业(SMEs)的创新潜能和需求提供合适的支持机制，这种支持机制将更多的是以用户为中心或者以需求驱动的方式来体现。

但是，欧盟服务创新支持机制的现状却并不令人乐观。与服务业的重要性相比，具体的适合于服务业创新的支持平台尚未建立，已有的支持框架也需要改进。在2009年春与服务创新有关的会议上，对欧盟创新效力进行调查的公共政策咨询小组得出如下结论：“尽管服务业的重要项目已经得到广泛认可，制造业部门在与创新有关的研发活动中，所得到的财政支持远远多于服务部门”[①]。因此，对欧盟来讲，另外一个挑战就是要确保创新支持机制中的各种平台、手段、政策不仅仅关注于传统的制造业部门的范式，还要充分考虑到服务部门的需求。

5. 帮助高速发展的、成长型服务企业发挥其潜在创新能力

无论是20世纪末有关服务业发展的调查，还是最近几年欧盟持续进行的服务创新研究，所得出的一个共同结论就是高速发展的服务企业已经成为创新和经济增长的动力，而这些企业往往属于知识密集型商业服务业。但是，与美国相比，欧洲服务产业中鲜有能够将业务做大到遍及世界各地、具备全球竞争力和影响力的企业。欧盟认为，其中一个很重要的因素就是现有的政策措施缺乏对那些发展迅速、正处于上升状态且极具创新潜力的中小型服务企业做出及时回应。为此，必须通过转变政策手段的实施路径推动上述企业的发展，充分发掘他们的创新潜力。与美国企业相比，欧洲的服务企业显然在国际化的道路上走得还不够远，缺乏有效占领“全球市场”的能力。随着世界变得越来越“平坦”，服务部门的竞争将会日趋激烈，在诸如银行业、保险业、法律服务和其他工商咨询类的服务部门中，专业化和技术化将成为企

---

① Commission Staff Working Report, Challenges for EU support to innovation in services-Fostering new markets and jobs through innovation, Brussels, 09.09.2009, p.84.

业的主要特征，这对于欧盟的许多中小型服务企业来讲，是一个很大的问题。

6. 发挥成员国之间不同的政策工具与创设更好的市场条件之间的协同效应

正如之前的分析，欧盟服务创新的真正繁荣需要不同层次创新政策的关照。仅仅依靠企业、地区的具体行动是远远不够的。从欧盟的层面来看，急需一种能够通盘考虑、整体规划的机制来保证服务创新的实现。但是，由于欧盟成员国之间在政治结构、经济发展水平、商业文化、营商环境、服务业发展成熟度等方面具有较大的差异，因此，如何在发展一套富有成效的创新支持体系的同时，建立起成员国之间良好的战略合作机制，是欧盟必须面对的双重挑战。2007 年欧盟委员会发起了“领先市场主导”项目（Lead Market Initiative, LMI），该项目通过加强对成员国之间创新政策工具的协调——如立法、公共研究、统计口径的标准化等——以加速实现欧盟服务创新的进展，尤其是各国之间在政策上的一致，从而为推动欧盟服务部门的创新活动营造更为良好的市场条件[①]。但是，考虑到欧洲各国之间在文化上的差异，要建立起一套能够有效协调创新政策的机制需要更为长远的努力。

第三节 欧盟服务创新的战略框架

服务创新的产生和发展受到多种因素的影响。与制造业以技术为主导的创新模式相比，公共政策、政府管制、制度环境、社会文化等企业外部的要素，对服务部门创新过程有着更大的影响。仅仅依靠唤醒服务企业的创新意识、发展富于创新精神的服务企业等方式来推动服务创新，很难得到令人满意的效果。因此，欧盟及其成员国逐渐意识到创新政策在推动服务创新过程中的重要性并逐渐开始制定各种政策，为服务企业提供有利于创新的制度环境、支持机制和发展平台，从而深刻地影响服务创新的内容、方式、效率和效益。其根本目的在于提高欧盟及其成员国的整体创新能力、国家创新绩效和竞争力。根据对近年来欧盟服务创新政策关注点的研究，我们可以发现，

① European Commission (2007a). http://cordis.europa.eu/fp7/dc/index.cfm?fuseaction=usersite.CooperationDetailsCallPage&call_id=10.

推动欧盟服务创新的政策框架聚焦于制度环境的创设、具体支持系统的发展、跨国合作机制的建立等方面。上述内容都强调以公共政策来推动、促进和激励服务创新的产生和发展，这也表明欧盟及其成员国不仅对服务创新的重要性及发展的可能性有了一致认识，更以实际行动来推动服务创新的实现。

一、创设有利于服务创新的制度环境

（一）振兴内部市场以利于服务部门的创新

欧盟一直在大力推动内部市场的自由化进程，以此完善所谓的“大欧洲”战略构想。根据欧盟对内贸易法的相关规定，欧盟各成员国之间必须实现“4个自由”，即劳动力、资金、商品和服务在欧盟内部市场可以自由流动。虽然欧盟委员会认为内部市场的自由化进程会大力推动各成员国的经济繁荣以及欧盟的整体竞争力，但是出于对本国经济安全的考虑，一些欧盟成员国仍然坚持贸易保护主义的经济政策。以劳动力自由流动为例，虽然在统一市场内允许劳动力自由流动的政策有利于各成员国的经济发展，但是一些国家的劳动力市场却成为受限最多的领域。2004 年 5 月 1 日，捷克、匈牙利、波兰等 10 个国家正式加入欧盟，一些老欧盟成员国利用“游戏规则”大打就业保护的“小算盘”，目的就是防止新成员国的低薪劳动力冲击本国就业市场。在服务业的自由流动方面，许多服务业已经可以自由来往于欧盟所有国家并提供服务，并且不会受到当地监管机构的严格限制。但是，包括媒体、邮政、水电和天然气等公共领域在内的服务部门是不在此列的，而且目前允许开放的服务领域对于统一市场的形成意义并不大。

1997 年至 2002 年间，虽然欧盟经济中绝大多数的就业以及 70％的新增价值都是由服务业部门创造的，但是通过欧盟内部市场所创造的价值只占其中的 20％。服务业的自由流动，尤其是知识密集型商业服务业的自由流动在欧盟范围内仍然受到极大的限制。这种带有保护主义色彩的短视行为不仅削弱了欧盟作为一个整体的全球经济影响力，而且非常不利于服务创新的产生——原因很简单，与其他服务型企业相比，能够在更广阔的市场中提供最新服务产品的企业，往往具备更强的竞争力和更多的创新活动。据估计，如果欧盟能够真正建立起劳动力、资金、商品和服务自由流动的内部市场，那么欧盟的 GDP 将会增加 0.6 个百分点，就业率增加 0.3 个百分点(60 万就业人口)，经济总量增加370亿欧元[①]。

为此，欧盟委员会与欧洲议会、欧洲理事会、欧洲经济和社会委员会等机构开始进行合作，以加强统一市场进程的立法工作。2004年2月24日欧盟提出了《欧洲议会和欧盟理事会关于服务业内部市场指令》的建议。2006年2月16日，欧洲议会对该指令进行了投票，最终以394票赞成，215票反对，33票弃权的结果通过了该指令草案。2006年12月12日，欧盟颁布了《关于内部市场服务业指令的第2006/123/EC号欧洲议会和理事会指令》。欧盟服务业指令被认为是近十年来欧盟最为重要的立法之一，其目的在于消除各成员国服务业领域存在的贸易壁垒，建立统一的服务业市场，以提高总量占欧盟经济70%的服务业市场的竞争力和活力，这是继金融、货物自由流通后，欧盟市场一体化建设中迈出的又一关键性步骤。"新指令"要求欧盟各成员国确保其服务市场的自由准入和非歧视待遇，最重要的是取消了跨境经营企业须在营业地设立独立分支机构的要求，取消了对企业在其他成员国进行服务性经营需向当地政府报批的要求；但新指令包含了许多例外原则，如将有关金融、私人护理、社会公证、教育培训、公共卫生、医疗服务等领域排除在开放范围之外。"新指令"同时放弃了2006年2月出台的草案中备受争议的"原属国原则(即有关跨境经营的服务企业只遵守企业注册地法规而非营业地法规的规定)"，而采用了"经营国原则"。该指令规定欧盟各成员国应在2009年12月28日前完成符合本指令所需的国内立法及行政规定。

2009年11月24日，欧盟委员会主席巴罗佐在斯特拉斯堡接受欧洲议会议员质疑时强调，应当把振兴内部市场作为迎接未来挑战、提高欧盟竞争力的关键举措。欧盟"2020年经济战略"的重点就在于使"欧盟各国齐心协力迎接所面临的共同挑战，确保经济增长，遏制气候变化，加强社会团结以及促进工业和服务业的健康发展等"[②]。

(二) 制定全面的知识产权战略

服务部门的创新具有多维度、无形化、海量信息等特点。相对于其他产业

---

① Copenhagen Economics (2005). Economic Assessment of the Barriers to the Internal Market for Services Copenhagen Economics, Copenhagen, http://ec. europa. eu/internal_market/services/docs/services-dir/studies/2005-01-cph-study_en. pdf.

② 巴罗佐呼吁欧盟振兴内部市场以迎接未来挑战，http://news. 163. com/09/1125/02/5OUBBFQ1000120GU. html，2009-11-25。

部门来讲，许多服务部门的创新活动所产生的成果并没有通过知识产权制度得到保护。这一方面是因为服务创新的成果很容易得到复制，如某些快速消费品行业的商业方法就很容易被其他企业使用；另一方面则是服务部门对其创新活动的知识产权保护重视不足。第四次共同体创新调查(CIS－4)对2002年至2004年制造业企业、所有的服务型企业、知识密集型商业服务(KIBS)企业的知识产权保护状况进行了调查。根据该调查的结果，在申请专利权方面，制造业企业的比例是服务型企业的2.5倍，申请商标保护的制造业企业数量也远远多于服务型企业[①]。即使是在KIBS企业当中，申请专利权的数量与制造业企业相比，仍显较低(12%：20%)[②]。在专利权、设计、商标和版权四个主要的知识产权中，只有在版权一项上，申请保护的服务型企业略微多于制造业企业——而这种结果的产生在很大程度上也是依靠KIBS企业相对较多的申请数量。因此，与制造业企业相比，知识产权制度在服务企业当中应用的并不广泛。有关CIS－4的此项调查，可见表2.6：

表2.6　不同部门使用知识产权保护创新成果的比例(%)

	专利权	设计	商标	版权
制造业	20.4	18.8	18.7	5.4
所有服务业	8.3	16.3	9.8	5.9
KIBS	12.0	17.6	8.7	12.5
除KIBS以外的服务业	6.7	15.5	10.0	3.2

数据来源：Eurostat，Community Innovation Survey 4. http：//epp. eurostat. ec. europa. eu/.

完善的知识产权制度是推动创新的一个重要动力。对于欧盟来讲，目前的问题就在于唤醒服务企业对知识产权重要性的认识，建立全面的知识产权战略以推动服务创新的繁荣。因此，欧盟委员会于2005年9月开始，不断修改服务指令中有关知识产权部分的条款，并在其2007年的评价报告中提出了建立全面的知识产权战略。该战略包括专利权战略、著作权战略、商标战略、综合性战略[③]：

---

① European Innovation Scoreboard 2006，Comparative Analysis of Innovation Performance. http：//www. irsib. irisnet. be/CPS/documents/European%20Innovation%20scoreboard%202006. pdf.

② Eurostat，Community Innovation Survey 4，http：//epp. eurostat. ec. europa. eu/.

③ 林小爱. 欧盟知识产权战略新进展及其对我国的启示[J]. 电子知识产权. 2008(9)：26－30.

（1）2006 年 9 月，欧盟委员会就已经开始尝试建立在其范围内与专利申请有关的立法体系，2007 年的知识产权战略则格外重视中小企业，确保他们充分实施专利制度，不因复杂程序和高昂成本而受阻。近几年来，欧盟专利权战略的主要内容包括：建立统一专利体系；出台新的欧洲专利协定；实施新的专利申请收费标准；解决审查量猛增的问题等。

（2）2008 年 1 月欧盟委员会就表示，将制定计划推进在线音乐、电影、游戏、动漫等多媒体市场的发展，同时加强这些产业的知识产权保护力度，如制定行业行为规范、加强打击盗版的力度、出台著作权保护规定，打击非法下载等。

（3）欧盟近年来商标战略的发展集中体现在减少商标注册与续展费用，以节省资金。

（4）综合性的知识产权战略包括企业、业务单位、组织功能三个层面，从而涵盖了从知识产权获取、产生到知识产权保护，再到知识产权开发与实施的整个过程。

（三）服务创新需求及公共采购

在服务业创新活动过程中，顾客(需求方)的作用显得非常重要。这一点在 KIBS 企业中体现的更为明显，这些企业不仅依靠专业化的知识、高质量的人员，还有赖于它们对顾客需求的了解以及将所掌握的信息转化为新服务的能力，这也就是服务创新的过程。根据 CIS－4 的调查，需求的缺乏对于创新来讲是一个很大的障碍。按照迈克·波特的理论，苛刻的顾客对于维持和刺激企业的竞争力以及创新能力具有十分重要的作用。但实际上，能够以非常苛刻的要求和标准对服务部门所提供产品进行评价的顾客并不常见，大部分顾客都是怀着“得过且过”的态度来对待服务部门的产品。此种状况固然对服务部门有利，但实际上它在很大程度上阻碍了服务部门的创新能力。因此，在国家或地区层面开展的以“需求导向”为主要形式的政策手段被运用起来，严格政府的公共采购标准、流程、范围及反馈，通过严格公共服务产品的质量推动服务企业创新活动的生成。目前，欧盟正通过如下几个方面来实施这一模式：

（1）在发展需求驱动型研发上进行更多的尝试；

（2）制定一些能够激励服务采购的方案，增加服务业的市场透明度，以帮助顾客能够获得可用的服务产品信息；

(3) 作为消费者之一的政府，也可以探索一些办法来帮助服务业拓展市场。同时，政府通过扮演一个有着极高要求的领导型消费者的角色支持服务创新活动。

（四）培育服务创新中的企业家精神和财政支持

企业家精神和新的公司形式是推动服务创新的关键力量。根据CIS的调查，与制造业相比，服务业当中创新型企业或者是新公司的比例很高。如在瑞典，有10%的创新型服务企业是在1998年之后发展起来的，在制造业，这一数字仅为5%。丹麦8%的创新型服务企业是新企业，而制造业企业中这一比例只有1%[①]。服务业中新企业的产生往往伴随着新的商业理念以及新的商业模式，这对于推动服务创新起着重要的作用。然而，很多极富潜力的创新型服务企业却无法得到投资者的青睐，这主要是由两大原因造成：首先是因为很少有风险投资关注新的服务企业，其次则是缘于服务企业的资产主要是由知识构成，属于无形资产，而无形资产是很难获得担保的。综合来讲，服务企业所面对的一个主要问题就是融资困难，这对于设计、咨询、文化创意等知识密集型专业服务来讲更为明显。为扶植创新型服务企业的发展、鼓励商业文化中的企业家精神，欧盟计划从以下方面对创新型服务企业进行帮助：为知识产权评估提供支持、对恪尽职守的支持、对财政和商业计划的准备提供支持、培养顾问人员的主动性等。

二、加强服务创新与知识库(Knowledge Base)之间的联系

（一）促进服务业中的研发和创新政策

为了改变过去服务业在欧盟创新政策中被忽视的现象，欧盟不仅需要制定新的创新政策来增加服务产业中具有创新潜力的组织，并且要使服务企业在现有的创新政策中得到更多的支持。虽然欧盟及其成员国的创新政策都具有“中立性”，但在实际操作过程中，制造业会得到政府、科研机构、教育机构及其他公共部门更多的支持。最近的一项研究指出，服务部门很少利用和

---

① Fostering Innovation in Services, http://www.europe-innova.eu/c/document_library/get_file?folderId=26355&name=DLFE-3710.pdf, p.26.

学习创新政策，而且即使它们利用了创新政策中对己有利的条款，也会因现有政策偏向制造业而遭受不公。为促进服务业更好地利用创新政策，欧盟及其成员国计划让服务企业直接参与未来创新政策的制定和完善。此外，为了加大对服务业创新的财政支持，欧盟委员会在2006年通过的《面向研究、发展、创新的国家补助纲要框架》中，就针对各类国家的补助措施列出了详细的使用规则，向各成员国解释应该如何妥善利用补助条款以免造成政策倾向的不公[①]。该框架认为，应将财政激励措施的重点放在降低或消除研发人员的社会成本等效果较为明显的措施上，以便使其能够支持产业的自然生态。欧盟委员会还提出改革研究与创新的国家资助规则，并为研发税收激励提供更好的指导。这将促使成员国把国家资助更多地用于应对市场失灵情况，以有利于风险资本投入研究与创新活动。

由欧盟委员会制定的旨在促进服务创新的框架计划（Framework Programs）中，强调促进服务部门研发和创新政策的活动应该关注以下四个领域[②]：

1. 各成员国在制定研究议程时应该更加积极地关注服务产业的需求，并且鼓励服务企业增加用于研发的开支；

2. 支持各成员国进行关于服务创新的社会-经济研究，这样可以为服务部的创新活动提供基本的研究平台；

3. 建立“Service R&D Challenge Call”，通过研发和创新项目推动服务业、制造业以及包含服务业的“混合型”制造业等三种行业形态系统地发展创新产品和提供支持性服务；

4. 在更广阔的范围内将服务业与某些研究网络、项目整合起来。比如，围绕新技术（生物技术、纳米技术、新型ICT技术、会聚技术）建立起来的各种组织机构能够积极地与企业合作，成为服务型企业的主要客户。在这一过程中，服务型企业不仅会作为供应商和终端用户之间的桥梁而获得更多的市场机遇，更重要的是新技术之间的融合会促进服务型企业的升级，提升这些企业的知识密集程度。

---

① Commission of the European Communities (2006e). Community Framework for State Aid for Research and Development and Innovation, Staff Paper Preliminary Draft, Brussels, 08.09.2006.

② EU Frameworks Programme, http://cordis.europa.eu/fp7/.

（二）服务部门与科研机构之间的结合

另一个值得关注的问题就是服务部门与科研机构之间的联系亟待加强。尽管近年来服务业逐渐关注研发活动并增加此方面的投入，但是，在欧盟及各成员国中，服务部门与科研机构之间还缺乏有效合作的基础。CIS对创新信息资源的调查结果也许会令人感到失望。在被调查的服务型企业当中，只有少量的企业认为顾问、大学、研究和专利权被认为是最重要的创新来源（持这一观点的企业数只占被调查企业总数的不到10%）。因此，欧盟及其成员国开始日渐重视大学、科研部门等机构在服务型企业创新过程中的作用。这包含了两层含义：第一是让这些知识库更好地适应服务公司创新活动的需求，成为服务企业创新的知识库（如高等教育机构、公共研究机构、技术研发机构）；第二是增强服务企业利用知识库进行创新活动的意识。

（三）教育、学习与技能

教育、学习和技能这个问题对于服务创新来说非常重要，其原因主要是：第一，创新和新技术的引入经常会伴随着公司对培训和相关技能发展的投入；第二，高素质员工的缺乏会制约服务型企业的发展。

高素质劳动力的缺乏对服务创新来说是一个重大障碍，从CIS的统计数据来看，这被认为是阻碍服务创新的第四大障碍。正如之前所分析过的，服务部门的创新活动更多的是一种思想、观念、制度等无形的过程，它更依赖于人们对现有知识和技能的掌握，以及在此基础上的不断创新。因此，服务部门的竞争优势更加依赖于劳动力素质的高低。

综上所述，欧盟的现有政策必须对服务部门中员工的管理能力和劳动技能给予更多的关注。首先，由于服务企业从业人员的素质层次不齐，很少有人接受过创新管理方面的正规训练，对于那些已经接受过某些学科（如市场营销、会计学、金融学）学习的人来说，就更少有人接受这种训练了。其次，目前的高等教育和培训项目强调的是高度的专业化。这种对专业细分的强调是以工业时代高度分工的经济模式为基础的。但是，当前的教育系统明显不适应知识经济对劳动力的要求。因此，需要改革当前的教育体系、增加学位课程和个人学习的主动性，以适应服务经济的需要。

欧盟计划以下几个方面来支持与服务创新相适应的教育、学习和技能。

1. 确定新的教育需求：为了全面地分析服务业的创新需求，欧盟委员会将会鼓励各成员国对服务业创新活动所需要的综合性知识与技能进行研究。通过对研究结果的分析，制定具体的政策措施开发更加适宜于服务型企业的课程，保证新的知识和技能可以有效地与正规教育相结合。为此，欧盟委员会正在建立“欧洲服务业培训圆桌会议（European Services Industry Training Roundtable)”，通过这种机制来帮助各成员国了解现代服务业部门的员工所希望掌握的基本知识和基本技能，并将调查结果反馈给培训课程的制定者。

2. 探索和发展新的培训方案：

- 实施双工作场所和学习计划，这样可以将传统教育模式与服务企业的工作培训相结合；
- 不断促进服务企业创新管理水平的提高，鼓励企业选择适合自己的培训课程，倡导组织内部的学习文化，加强专业间的交流；
- 支持具有多学科性质的“服务工程（service engineering)”或“服务科学（service science)”的培训或学习活动，以促进服务型企业中新产品、新商业模式在创新过程中能够得到系统地应用；

3. 研究新的税收优惠政策：采用税收优惠政策支持服务企业的内部培训，鼓励这些企业进行与提升员工素质有关的继续教育和在职培训，尤其是与创新有关的培训项目。

三、建立服务创新政策的跨国合作机制

（一）国家和地区层面支持服务创新的政策措施

虽然大部分欧盟成员国的创新战略看起来很公正，但就目前的现状来看，并非各种形式的创新都得到了同等有效的政策支持。只有少数几个成员国制定了支持服务部门创新活动的政策措施。此外，欧盟服务创新所面临的另外一个挑战就是如何处理快速发展的创新型服务企业与公共支持项目成本过高之间的关系。

根据创新政策趋势图表项目对创新政策及其具体措施的相关调查，德国和芬兰是目前欧盟成员国中为数不多的制定全面而具体的服务创新战略的国家。从20世纪90年代中期起，德国政府就实施了一项名为“为了21世纪的服务业”的项目，其主要目的就是为服务部门的创新提供公共支持[①]。从

---

① Commission Staff Working Report, Towards a European strategy in support of Innovation in services: Challenges and Key Issues for Future Actions, Brussels, 27.07.2007, p.30.

1998 年到 2003 年，该项目的重点集中在改善服务业管理方法、增强集群创新能力等方面，所涉及的服务业部门也包括了工艺、健康保健、设备管理、金融服务、法律咨询、物流等多种行业。2006 年 3 月，为了进一步加强服务部门的创新能力，德国政府又开始实施“通过服务业进行创新”项目，该项目计划到 2010 年为那些偏向研究服务创新的机构和企业提供高达 7000 万欧元的财政拨款补助。

也是在 20 世纪的同一阶段，芬兰政府的政策文件已经提到了支持服务部门的创新。目前，芬兰国家技术创新局(Tekes)是该国实施和推动服务创新政策的主要官方机构。该机构于 2004 年制定了“FinnWell”项目——计划在五年内加强医疗保健服务部门的创新活动。为了繁荣服务创新以及相关研究，技术创新局还在 2006 年开始实施服务创新技术项目“Serve”。

当然，与上述两个国家相比，虽然其他大部分欧盟成员国还没有建立起一套完整的服务创新发展战略，但是鉴于服务业在国际经济中扮演着越来越重要的角色，其他欧盟国家也开始纷纷制定发展服务创新的政策，如意大利、葡萄牙和塞浦路斯对旅游业的支持以及瑞典对公共服务创新的支持等。

欧盟各国的创新政策中，创新集群的重要性日益突出，这对于服务创新的影响也很明显。以集群模式进行创新活动的地区是培养创新、企业家精神和竞争力的沃土。欧盟的一些产业集群已经以知识密集型商业服务业为核心，如伦敦的金融商业服务、西班牙南部的旅游业、德国法兰克福金融服务中心等。也有一些成员国将创新集群的主体扩大，所涵盖的行业更加广泛，比如英国的地区发展机构(Regional Development Agencies, RDAs)就强调要将不同行业纳入集群的创新政策，同一个区域内的创新集群可能包括了软件业、电子产品、文化创意产业等异质性较强的服务部门。通过这些不同部门之间的合作，也许会产生意想不到的创新成果。

(二) 发展服务创新的跨国合作

作为政策讨论中出现的新话题，欧盟及其成员国对于服务创新的了解还有待深化，尤其是在如何发掘服务业的创新潜力等方面，需要建立一套跨国的政策学习与交流机制。通过各成员国之间协作的开放方式(Open Method of Coordination)，可以进行政策交流、服务业发展趋势预测、信息共享等活动，从而提升欧盟国家支持服务创新的政策水平。

为了进一步探索欧盟之间在服务创新政策方面的跨国合作，PRO INNO发起了服务业创新政策项目（the Innovation Policy Project in Services, IPPS），并于2007年8月出台了项目报告。这份报告所关注的就是如何在服务创新方面实现跨国合作，加强不同国家、地区的联系，并且提出了具体的跨国合作议程。从加强服务创新的政策取向来看，欧盟各成员国应该分享各自在制定支持服务创新方面的经验，采取更为灵活有效的政策工具支持服务创新。在更具有实践性的层面，加强各国之间的合作。比如对那些服务创新领域发展落后的国家进行指导，包括如何利用新的国家补助规则、如何推动服务部门的组织创新、如何建立知识产权保护制度等。

（三）知识密集型商业服务部门的欧盟创新平台

在2006年9月13日的报告《将知识融入实践：为了欧盟更为广泛的创新战略》中，欧盟委员会认为“要采取更为积极主动的措施推动服务创新，尤其是帮助服务部门中那些新成立的有着创新潜力的中小企业”[①]。2007年5月，欧盟委员会决定建立面向知识密集型商业服务业的欧盟创新平台（a European Innovation Platform for Knowledge Intensive Services, KIS-platform）。由于KIS部门在经济发展过程中扮演着创新催化剂的作用，因此很容易产生创新活动。同时，它们还通过向经济部门包括制造业在内的其他部门传播知识、聚合知识等手段，推动上述部门的创新活动。可以看出，欧盟创新平台的作用就是发挥KIS企业作为整个服务创新活动中的重要作用，发掘其创新潜力，并对其他部门产生“溢出效应”，从而使知识密集型商业服务业成为推动欧盟知识经济发展的重要驱动力。

从设立的初衷来看，欧盟的KIS创新平台相当于一个创新实验行动区。通过将那些来自不同领域的创新项目放置在一个区域内，对KIS中出现的创新形式进行了解、支持、整合、转移，以促进创新活动的生成。在考虑到科学研究、教育技能、企业家精神、财政支持、集群等诸要素之间动态关系的基础上，KIS创新平台的总体目标在于推动欧盟整体经济圈中的创新活动，不仅仅包括制造业中以技术为主导创新活动，也包含了服务业中的非技术创新（如组

---

① Putting Knowledge into Practice: A broad-based innovation strategy for the EU, http://europa.eu/legislation_summaries/employment_and_social_policy/growth_and_jobs/i23035_en.htm.

织创新、流程创新）。随着欧盟及其成员国对服务创新理解的不断深化，该平台的可操作性将会不断增强。通过此平台，国家和地区层面的政策制定者将会更好地理解如何完善创新政策，从而制定出专门针对服务创新的政策手段，而大量的中小型服务企业也会从这个平台中受益良多。

除了KIS平台之外，欧盟委员会还计划建立服务创新欧盟研究所（European Institute for Service Innovation，EISI）、创新服务交流网络（Innovation Service Exchange Network，ISEN）等多种形式的服务创新研发组织。这表明了欧盟对服务创新的支持由过去单一的“输血政策”转变为以提升欧盟服务创新整体研究水平，加强成员国服务创新交流机制，建立服务创新学习网络等方式为主的“造血机制”。这种新的政策思路的起点建立在欧盟各国对服务创新重要性具有共识的基础之上，因此，这必然会对成员国之间的跨国跨地区合作、促进服务创新研究国际化等产生良好的推动与激励。

第四节　欧盟服务创新的政策趋势

虽然服务业在欧盟经济中的比重一直在增大，但是许多成员国和地区针对服务业的创新政策与服务业的发展速度来讲却相当滞后。现有政策不能适应创新型服务企业的需求，缺乏具有全球影响力的创新型服务企业，公共资助的创新项目很少涉及服务业部门，服务业统一市场的欠缺……这些问题都构成了未来欧盟政策发展的巨大挑战。虽然从总体上来看，面向服务创新的政策及其实施计划尚处于起步阶段，大部分政策措施与手段还不太成熟，缺乏欧盟及成员国层面的总体支持战略，但是，对欧盟委员会及各成员国最近四、五年来所制定的支持服务创新的战略和措施进行分析，有助于我们把握欧盟服务创新政策的走向和未来的发展趋势。

一、“里斯本战略”内的服务创新趋势

2000年3月，欧盟领导人齐聚葡萄牙，讨论如何应对信息社会的挑战并在知识经济的浪潮中保持繁荣，并提出了“里斯本战略”：通过鼓励创新、大力推动信息技术的应用与发展、促进欧盟统一大市场的形成，使欧盟在2010年成为世界上最具活力和竞争力的知识经济体。2005年3月欧盟首脑会议推出了新的“里斯本战略”。欧盟各国将根据自身情况确定为期三年的

"里斯本战略实施方案"，经过调整并重新实施后的"里斯本战略"取得了积极的效果。

根据 CIS-5 对欧盟范围内 18 个成员国的调查统计，2004—2006 年，这些国家的服务业在研发和创新项目方面缺乏公共财政的支持[①]。这一结果与经合组织 2005 对服务创新的研究结论相吻合：现有的政策手段对服务业的创新缺乏支持，而且制造业从各成员国、地区所得到的扶持和帮助远远多于服务业。

随着"里斯本战略"中对创新政策关注点的转移，服务业的创新不仅被认为是就业与经济增长的驱动力，也被看做是欧洲经济复苏的关键。但是，在 27 个成员国中，只有丹麦、芬兰、德国、爱尔兰和英国制定了支持服务创新的发展战略和具体措施。如荷兰政府正在考虑为服务创新战略选择不同的支持方式，并通过了《研究与发展法案》，该法案的主要内容就是制定新的财政激励计划以推动服务企业对创新的研究。芬兰政府认为"必须通过广泛的、非技术发展的方式来促进服务部门的创新"，为此，"在最近几年里，国家技术创新局的资金补助将重点流入服务业，2007 年由国家技术创新局提供给企业用于研发的拨款中，有三分之一投向了服务业，在未来，这一比例还将继续提高"[②]。目前，芬兰政府已经全面放开了对私营部门投资的限制，服务业公司也可以对公共服务部门进行投资。德国《2006—2009 高技术发展战略》中也有着与荷兰《研究与发展法案》相似的内容。该战略在对德国所有的经济部门进行分类的基础上，界定了 17 个需要重点发展的高技术部门。其中，服务业第一次被认为是"高技术"部门而进入了国家发展战略。为此，德国将在未来四年内为服务业的研发和创新投入总额约为 5 000 万欧元的资金[③]。

对于其他大部分成员国来讲，虽然服务创新还是一个全新的领域，并缺乏政策制定与实施方面的经验，但是随着德国、芬兰、英国等国家开始制定具体的服务创新支持战略并将其付诸实施，在欧盟层面上就此问题达成各国的共识已经显得很有必要。从加强欧盟各国政策合作与交流的举措来看，由欧盟八个国家和地区的部长共同签署的"欧盟服务创新备忘录"迈出了坚实的

① Eurostat, Community Innovation Survey data (2006), http://epp.eurostat.ec.europa.eu/.

② Commission Staff Working Report, Challenges for EU support to innovation in services-Fostering new markets and jobs through innovation, Brussels, 09.09.2009, p.67.

③ 同上。

一步。这份备忘录表达了签署国的共同决心：服务业在欧盟创新政策和经济发展中具有战略性地位，为加速服务创新，欧盟各成员国必须建立长效的协调沟通机制。作为“里斯本战略”的一部分，这也许为欧盟各国提供了一种政策工具和开放的环境以利于彼此的学习，并分享对于未来趋势的预测、交流各自在支持服务创新方面的成功经验以及共同合作讨论新的政策模式。

由 PRO INNO Europe 发起、芬兰国家技术创新局领导的“服务业创新政策项目”(Innovation Policy Project in Services， IPPS)也同样强调欧盟层面的政策交流。该项目于 2007 年 8 月结束，它不仅对各国支持服务创新的项目和战略作出了评价，也对如何促进支持服务创新的跨国合作提出了具体的建议。该项目报告认为，未来欧盟层面关于服务创新的政策，其关键之处应该是大力发展在成员国、地区之间的合作与交流，通过具有关联性的互动网络，促进各国之间在政策方面的协调，传播有意义的实践经验并鼓励政策的学习交流。此外，该项目还认为，各国应该鼓励大学、科研机构等部门深化对服务创新理论、模式、方法等基本问题的研究。

作为 IPPS 的后续研究，2009 年下半年成立的 INNO-Net 以发展“支持服务创新的更好的政策和工具”为主要目标，并在“欧盟创新备忘录”框架的基础上进一步促进创新政策制定者之间的跨国合作。INNO-Net 中值得关注的一个方面就是“反省小组”的成立。欧盟各成员国内，凡是对上述问题产生兴趣的部长都可以成为该小组的成员。这个小组成立以来，已经为促进具体创新政策提出了许多具有建设性的意见，如它所倡导建立的新领先市场(Leading Market)项目，以及采用新的量度模型和经济影响分析模型为服务创新提供支持。

在研究领域，CREST 建立了名为“服务业中的研发”的工作小组，并于 2008 年 2 月发布了第一份报告。该报告认为应该鼓励各成员国发展基于互动的共同学习的服务创新政策研究模式，鼓励大学、公共研究机构探索促进以服务科学、服务工程学为主题的研究项目的可能性，并且通过将不同的利益相关者聚合在一起交流关于服务研究和创新的观点[①]。

“里斯本战略”从实施到现在已近十年。在这十年当中，有关服务业的地位、服务创新的可能性与重要性、欧洲服务业统一市场等问题的争论一直在

---

① European Union Scientific and Technical Research Committee (2008).

延续，但我们也看到了越来越多的欧盟国家开始用实际行动来支持服务创新的发展。更为重要的是，作为整体的欧盟已经开始建立和发展各种欧盟层面上的政策交流机制。正如欧盟理事会 2008 年 12 月的的一份报告中所言："在服务经济的时代，重新思考欧盟创新政策是非常必要的。服务创新是创造知识经济的主要使能者，也是将传统产业发展到可持续经济时代的重要使能者。"[①]因此，"里斯本战略"中的"欧盟服务创新政策是在独特的形势下产生的，这将会使整个的创新政策更加追求制造业与服务业之间的平衡以及更加强调用户导向的观念"[②]。

二、 成员国层面支持服务创新的政策手段

在"里斯本战略"重新启动之后，欧盟成员国也开始调整其创新战略，其中一个很明显的趋势就是在战略与政策的过程中加入了服务创新的内容。从政策实施的路径来看，主要有两点：第一是通过对服务部门制定发展战略和政策措施，促进其服务创新的生成；第二条路径则是在某一个产业领域内，将一组交互作用的创新型服务企业和关联机构联系在一起并根植于某一特定地域，从而以创新集群的方式推动服务部门与其他部门的发展。

（一）制定支持服务部门创新活动的政策或项目

许多成员国已经制定了各种具体的政策来支持服务部门的创新活动，并将其作为产业发展战略的重要组成部分。如法国政府制定的"2010 中小型企业 ICT 技术行动规划"，就支持超过 20 个产业和服务部门，仅 2006—2008 年此项目的总预算就达到了 1 700 万欧元[③]。这一政策的主要目标是支持同一行业的企业采用相同的 ICT 工具，以便创造一种"数字供应链"来加强不同部门之间的互用性。此外，中小型企业对 ICT 技术，尤其是信息共享平台的广泛采用，也利于它们的组织变革和内部经营流程的创新。更重要的是，以 ICT 为代表的新技术的广泛应用，使得服务部门可以与供应商、消费者进行在线实时交流，从而降低运营成本并增强其创新能力。

---

① Consolidated Versions of the Treaty of European Union and The Treaty on the Functioning of the European Union. http：//www. consilium. europa. eu/uedocs/cmsUpload/st06655 - re01. en08. pdf.

② 同上。

③ ICT - SMEs 2010 Action Plan， http：//www. telecom. gouv. fr/rubrique. php3?id_rubrique=108.

芬兰国家技术创新局启动了2006—2010 SERVE项目。这个项目的总预算大约为1亿欧元，主要目标是通过研究活动探寻促进服务企业发展的模式，并为服务企业的研究提供资金支持①。

荷兰有关服务创新的支持政策与法国一样，也聚焦于ICT技术在服务部门中的应用。但是荷兰创新政策的着眼点却放在了促进“电子企业”的发展，即鼓励大量的中小型服务企业依赖技术进行基于网络平台的商业交易。为此，荷兰政府于2007年专门启动了名为“以数码连接荷兰”的项目，加速新形态服务企业的发展。除荷兰之外，德国、意大利、爱尔兰、葡萄牙和西班牙都采用了与此类似的政策项目支持服务企业向“电子企业”形态转变。

与其他欧盟成员国相比，西班牙的服务创新政策几乎都集中在旅游业，这可能也与旅游业自身在西班牙经济中的重要性有着密切的联系。在“2008—2011国家研究、发展、创新规划”(National R&D&I Plan, 2008—2011)的指引下，西班牙制定了旅游业战略行动规划，该规划不仅制定了如何在旅游业中全面利用ICT技术的措施，还加入大量环境保护方面的政策②。从西班牙支持旅游业服务创新的举措来看，这些政策措施涵盖了与旅游业相关的几乎所有话题，如旅游部门的竞争力和对经济增长的贡献、建立专门针对旅游业服务创新的研究机构、旅游业商业管理体系与方法创新、环境质量与旅游企业可持续管理、旅游业产品创新等。

当然，在知识经济时代已经到来的背景之下，西班牙政府也高度重视对其他服务业部门的创新，“INGENIO 2010”就是其中较有代表性的一个项目。“INGENIO 2010”强调通过对基础设施和服务业部门引入大量投资从而发展知识经济，其最终目标是实现包括公共及私人在内的所有服务部门实现现代化。如2004年开始的“数字城市项目”就重在促进政府和商业部门中ICT技术的传播和利用，建设真正的信息化社会，使所有的服务部门都能够实现网上运营。

与其他较为发达的欧盟成员国相比，拉脱维亚还没有总体的服务创新支持战略，但是服务创新的观念已经在一些具体的部门中得以迅速应用。比如2003年由经济部设立的针对旅游企业的评比——“年度最佳旅游公司”，其

---

① Tekes Strategy 2008, http://www.tekes.fi/en/tekes/themes.htm.
② National R&D&I Plan (2008-2011), Strategic Action for Tourism, http://www.plannacionalidi.es/plan-idi-public/.

目的就在于鼓励并发现具有创新性的旅游产品和服务[①]。同时，拉脱维亚文化部和经济部都相当重视创意产业的发展，除了在2007年举办专门讨论创意产业创新的会议之外，还制定了从2007年到2013年的促进创意产业商业竞争与创新的规划并在预算上予以大力扶持。

（二）通过形成创新集群推动服务创新

除了为服务创新提供政策支持以外，许多成员国中还出现了一种新的趋势：运用创新集群的概念和手段推动服务创新，这些创新集群的出现不仅会提升服务业的创新能力，也会促成其他相关行业、部门、机构的创新活动，并最终建立一个面向某个区域的服务创新“生态系统”。根据创新政策趋势图表(INNO-Policy Trend Chart)2007年对服务创新的专题报告，以服务业为主体的创新集群近年来在欧盟国家搞得风生水起，这些集群要么已经运行良好，要么已经处于规划之中。目前，欧盟788个集群组织中，有182个集中于服务业，相关领域涵盖了信息与通讯技术、教育机构、科研机构、创意产业、医疗卫生、旅游业、交通运输业、物流业。与此同时，大多数成员国也制定了有利于服务创新集群的政策措施，这些国家包括奥地利、比利时、保加利亚、瑞士、塞浦路斯、西班牙、爱沙尼亚、芬兰、法国、爱尔兰、冰岛、意大利、卢森堡、马耳他、荷兰、挪威、葡萄牙、瑞典和英国。可以说，在欧盟27个成员国中，绝大多数已经意识到集群对于服务创新的重要性并并采取针对性政策对此模式加以扶持。

法国的产业集群中，有三个直接面向服务业部门，分别是塞纳-诺曼底物流业竞争集群、贸易产业竞争集群、法国创新竞争集群。法国创新竞争集群所涵盖的部门相当广泛，不仅包括诸如银行、保险、信托、基金为主干的金融服务企业，也有金融监管机构、金融和商业学校、大学、各类研究机构等其他非营利性部门。这一集群希望通过将法国各个行业中最优质资源集中在一个地区，发挥不同行业、机构、部门之间的互补性，最终发展成为“法国经济长远发展的发动机”以及具有“全球影响力的创新集群”。

在英国，一些地区发展机构也发展了服务业中的集群，如软件业、数字媒体产业和创意产业。中东部发展机构(East Midland Development Agency,

---

① See Cunningham, P. (2007): 52.

EMDA）的宗旨就是推动服务集群的发展。为了发展创意产业的集群，EMDA投入了400万欧元的经费，以及超过150万欧元的投资被用在林肯大学的媒体和技术中心。另外，英国政府非常注重物流业集群的发展。在西北部的物流业集群中就聚集了大约2.3万家企业，这些企业的员工总数为25万人，2007年所创造的营业额为2 640万欧元并且这一数字还在继续扩大。东北部的物流业集群在规模上稍小于前者，但是也集中了3 000多家企业和4.6万名员工。

与法国和英国相比，西班牙则大力发展创意产业的创新集群，通过提供良好的创业环境，吸引大量高素质、富有创造力的人才流入西班牙的城市，并将城市建设为创意产业的中心。如为了实施22@Barcelona计划，巴塞罗那专门为知识密集型商业服务业提供了450英亩的土地。今天，在22@Barcelona计划的推动下，巴塞罗那媒体公园已经成为了一个城市复合体，在这个城市中不仅汇集了全世界最具竞争力和发展潜力的时装服饰、媒体、信息和通讯技术、医疗技术、新能源等行业的企业，人们也可以看到充满现代感的研发机构、大学、新闻媒体以及ICT孵化服务机构。

三、 欧盟层面支持服务创新的政策手段

内部市场的统一对于服务业的竞争力和创新具有重要作用。这也是欧盟在其创新政策中所着力解决的问题。近年来，欧盟国家服务业市场壁垒逐渐被打破，服务型企业不仅可以自由地在其他国家发展业务，也可以在市场、资源、人员等方面实现自由的流通。欧盟服务市场的自由化对于服务创新的生成虽没有直接的推动作用，但也成为间接的驱动因素。但是，正如本章之前所描述的，由于各国为了保护自身的利益不受损害，目前仍然有许多法律法规、行政措施等方面的障碍，欧盟服务业内部市场在总体上来讲还是支离破碎的，并没有发挥统一市场的潜在功能。2009年《欧盟服务业指令》的实施在这一方面起到了巨大的推动作用，法律框架的逐渐宽松与服务市场的高度整合将会帮助创新型企业探寻更多的边界贸易以及更多的机会进入他国的服务业市场。但是，如何协调成员国之间的利益，使各国完全放开服务业市场，对于欧盟来讲，还是一条相当漫长的道路。

除了建立内部统一市场之外，欧盟还格外重视服务部门的发展战略和研发工作。这一点早在1998年欧盟所提出的建设信息化社会的相关文件中就可以找到，如“E-Europe”项目就将其战略目标界定为使未来的欧洲在“信息化

社会所导致的种种变革中获益”[1]，并提出了“欧洲行动规划”，包括利用各种政策工具来调整和适应欧盟及其成员国的法律法规、促进经验的交流、支持企业研发等。这个行动规划也将服务业的发展与创新作为欧盟建设信息化社会的重要推动力。可以说，在20世纪末，欧盟就已经开始重视服务创新并采取了积极行动。

在研发领域，服务业在欧盟层面上所得到的支持与制造业几乎一样。这主要是由于大部分与信息与通讯技术相关的研发项目中都涉及到了服务业部门。比如，许多研究项目不仅直指最新的技术发展趋势，更关注服务观念的更新。在2007年，欧盟委员会启动了“产业和服务业”（Industries and Services）项目，对欧洲服务业部门进行详细的筛查以及竞争力分析[2]。此研究不仅分析了服务部门内部的整体竞争力，还深度研究了服务业如何与制造业良性互动，以提升欧洲的竞争力。

此外，i 2010 Communication项目也提出了一个框架，内容涉及欧盟如何应对信息社会所出现的主要挑战以及在2010年后的发展趋势。i 2010 Communication非常关注信息和通讯技术在一个开放、竞争手段和方式异常激烈的“数字经济时代”的重要性。因此，i 2010 Communication试图创造一个“欧洲信息空间”（Europe Information Space），即通过对ICT方面创新和研究的投入，打造一个在欧盟范围内不同国家、不同产业、不同部门的战略、政策、资源、信息自由交流和沟通的虚拟空间，从而通过网络平台的应用使欧盟真正成为一个“统一体”。为了“欧洲信息空间”的实现，i 2010 Communication还启动了另外一个辅助项目——“ICT政策支持项目”，通过财政手段对企业进行资助，尤其鼓励中小型企业应用ICT技术提升企业竞争力。

与各成员国对创新集群的持续升级关注一样，欧盟也启动了许多支持服务创新集群的策略。与单个成员国范围内的创新集群相比，欧盟推动的创新集群往往牵涉好几个国家，其影响范围更广，资金支持也更为充足，更重要的是，这也有利于成员国之间关于服务创新共同愿景的形成。“北欧-波罗地海创意产业创新平台”就是其中较为典型的例子，它为探索北欧地区创意产业的潜力及设计北欧波罗地海地区的创新项目发挥了重大作用。在该平台的支持下，北欧

---

① Commission Staff Working Report, Challenges for EU support to innovation in services-Fostering new markets and jobs through innovation, Brussels, 09. 09. 2009, p. 77.

② 同上。

成员国之间可以就如何发展创意产业，形成创意经济产业链、绘制区域创意产业发展图景、制定创意产业协作发展战略等重大问题进行沟通和磋商。

欧盟于 2008 年开始建设的“欧洲企业家网络”（Europe Entrepreneur Net，EEN)则是支持服务创新的另外一种方式[①]。EEN 主要为服务业提供有关欧盟最新政策、项目、资助等方面的信息，特别是帮助服务业部门发现在其他成员国中潜在的商业伙伴，以及鼓励中小型企业开发新产品和新服务，并努力提升中小型企业的发展潜力和创新能力。这只是目前 EEN 所发挥的功能，从长远来看，它不仅会成为中小型企业的技术咨询机构，如为中小型企业提供有关知识产权、市场标准、欧盟法律法规、成员国政策动态等方面的最新信息，也会扮演在欧盟的企业家与决策制定者之间“沟通桥梁”的作用，从而为欧盟中小型企业的创新服务。

可以看出，欧盟非常重视中小型企业在创新中的作用。与其他大型企业相比，处于成长阶段的中小型企业进行创新的意愿更为强烈，也非常容易接受新的市场观念和新的技术。因此，近几年来欧盟利用各种手段支持中小型企业的创新。除了上面所提到的政策扶持、鼓励中小企业研发之外，实际的资金投入也在许多项目中得以体现。如 2007 年至 2013 年，由欧洲投资基金（Europe Investment Funds，EIF）负责实施的，面向创新型服务企业的财政总预算就超过了 10 亿欧元[②]。EIF 按照企业自身生命周期的不同阶段（如初创、成长、扩张、业务转移），制定详细的有关服务企业发展、创新、技术转移等方面的投资。从目前的实施效果来看，尽管在资助方面仍然有一些偏见存在于制造业和服务业之间，但是对于服务企业，尤其是中小型服务企业的帮助还是非常大的。

为了制定新的服务创新基准并加强创新政策的绩效研究，欧盟创新趋势图表在 2009 年下半年计划对服务业和欧盟创新政策进行新的分类，并通过其所设机构对欧盟现有的各类创新活动进行观察，深入调查服务企业，特别是知识密集型商业服务企业的创新模式，以及服务业组织创新和服务业趋势预测的研究。

---

① Europe Entrepreneur Net，http://ec.europa.eu/enterprise-europe-network.

② http://ec.europa.eu/cip/eip_en.htm.

第三章　创新集群——促进欧盟国家创新的有效途径

第一节　创新集群：构建国家创新系统的关键

一、创新集群的内涵与特质

（一）创新集群思想的理论溯源

近年来，随着硅谷、班加罗尔等地区以信息通讯技术、纳米技术、新材料研发等高新技术产业集群的蓬勃发展，创新集群逐渐成为了产业界、政府和学术界关注的重点。“创新集群”一词最初来源于产业发展的实践领域，早在19世纪末至20世纪初，当时欧洲及北美地区的工业国就出现了大量产业部门在空间上的集聚现象，即随着工业生产中规模经济的出现，许多在生产、销售等环节上存在密切联系的企业开始在同一个地区集中。集群使得企业更加容易采用最新技术并使生产流程进一步专业化，而企业间则由于集群现象的深化能够更好地开展合作。产业发展过程中的这一现象引起了当时研究者的极大兴趣，对于产业集群的研究也开始出现。早在1890年，英国剑桥大学经济学教授马歇尔(Alfred Marshall)在其《经济学原理》一书中，就考察了工业的地区分布、运输发展对工业的影响和规模经济的问题。他认为19世纪经济活动中所存在的空间集聚现象的优势就在于使企业获得高水平的劳动力并加强企业中各部门的专业分工，而马歇尔的这一观点也被认为是最早的产业集群思想[①]。1909年，德国经济学家韦伯(Alfred Weber)则对工业中的集群现象进行了更深入的研究，认为集群中的集聚特性体现了科技与经济在产业层次中的高度融合。生产分工的专业化在使企业生产率提高的同时，也带来了运营成本的增加。通过产业集聚，企业不仅可以节约生产成本，还能够使生产率得到提高，并能以网络形式重构信息沟通途径降低交易成本[②]。1912年，技术创新理论的创始人熊彼特(Joseph A. Schumpeter)在《经济发展理论》一书中就注意到创新具有在时间或空间上成群出现的特征。他指出，“创新不是孤立事件，并且不在时间上均匀地分布，相反，它们趋于集群，或者说，成簇地发生，这仅仅是因为，在成功的创新之后，首先是一些，接着是大多灵敏企业会步其后尘。其次，创新甚至不是随机地均匀分布于整个经济系统，而是倾向集中于某些部门或其邻近部门”[③]。在这之后，许多经济学家开始将对“产业

---

① Marshall, Alfred. Principles of Economics[M]. London, 1920.
② 钟书华.创新集群：概念、特征及理论意义[J].科学学研究，2008(2)：178－184.
③ 熊彼特.经济发展理论[M].何畏，等，译.北京：商务印书馆，1990.

集群”的研究逐渐转入了“创新集群”的研究。门斯(G. Mensch)于1975年提出了“技术僵局”观，杜因(J. J. Duijn)提出了“产业生命周期论”，克莱因科内西特(A. Kleinknecht)研究了创新与经济波动分类，曼斯菲尔德(E. Mansfield)的创新“适宜时间”说，弗里曼(C. Freeman)的“新技术系统”理论，杜绍兹(P. Dussauge)的“技术集群战略”，德布瑞森(C. Debression)提出了产业集群的成因理论①。这些学者对于创新集群发生的时间和影响因素进行了深入研究，并据此对产业集群的一般动因与形成机制进行了全面分析。可以说，这些早期的研究使人们对于集群现象有了更为深入的了解并为随后创新集群概念的出现打下了基础。

（二）当代创新集群概念

进入20世纪90年代，人们对于创新集群有了新的认识。其中，最为人们所熟知且流传最为广泛的对于创新集群的定义，来自哈佛大学商学院迈克·波特(Michael Port)教授。波特在其经典著作《国家竞争优势》一书中，分析了技术创新与竞争优势、技术创新与产业集群的关系。波特指出，一个国家的经济体系中，有竞争力的产业通常不是均衡分布的，国家的产业竞争优势趋向于集群分布。而创新集群，就是“在一个特定的区域内，通过通用技术及技能连接起来的、在空间地理上非常接近的一组企业及其他关联性组织。它们通常存在于一个地理区域内，并由此进行信息、资源、技术、人员之间的共享与交换”②。在欧盟专家组的最终报告中，这一定义被加入了一些新的内容：集群是一组彼此独立但相互之间有着紧密联系的公司及其他组织，这些公司或组织“竞争与合作并存、即使具有全球化扩张趋势但仍然在一个或几个地区中存在着地理上的集聚、以共有的技术与技能作为联结、既可以是制度化的也可以是非制度化的”③。2001年创新集群(Innovative Clusters)这一用语第一次出现在国际组织的官方文件中。经合组织(OECD)在其2001年的研究报告《创新集群：国家创新系统的推动力》中，首次提出了“创新集群”的思想，并对发达国家的创新集群进行了实证分析，研究了创新集群的模式、创新

---

① 李卫国，创新集群评价研究[D]. 武汉：华中科技大学，2009.
② 迈克·波特. 国家竞争优势[M]. 李明轩，邱如美，译. 北京：华夏出版社，2004：160-162.
③ Final Report of the Expert Group on Enterprise Clusters and Networks，http：//www. sea-mist. se/tks/ctup. nsf/(WebFiles)/728464CC5D72546BC1256F4A00590E1B/ $ FILE/EuropeanClusters%20eu. pdf.

集群的竞争力、创新集群的演进机制、创新集群与国家创新系统之间的关系。在这份报告中，OECD认为创新来源于产业部门、公共机构、教育科研组织不断的相互作用；创新集群可以被视为一种简化的国家创新系统，这有利于国民经济领域中各部门的创新[①]。在这个基础上，创新集群可以被看做是由企业、研究机构、大学、风险投资机构、中介服务组织等构成，通过产业链、价值链和知识链形成战略联盟或各种合作具有集聚经济和大量知识溢出特征的技术-经济网络。

（三）创新集群的内涵与特质

通过对创新集群这一概念渊源的辨析，我们可以看出，很难给创新集群下一个统一的定义。但是，与一般的产业集群不同，创新集群是一种“以创新为目标的集群”[②]。这就决定创新集群具有独特的内涵与特质。

在创新集群中，企业以生产技术密集型、知识密集型产品为主，经济活动的附加值非常高，集群所特有的技术和知识是竞争优势的主要来源。作为一种经济组织形式，创新集群内的企业、研发机构与中介服务机构组成了一个完整的创新网络，从而可以发挥创新的协同效应；创新集群内部的组织机构属于学习型组织，具有很强的学习能力和创新能力；同时，高度的开放性使得创新集群内部的各个组成部分可以不断地与外界进行信息交换从而提高自身的知识水平。

从结构和功能看，创新集群具有五个典型特质：一是以企业为主体，研究机构、大学、政府和中介组织等共同参与了创新活动；二是企业、研究机构、大学和消费者在创新活动中形成了各种战略联盟与合作关系；三是高强度的研发经费投入，其中大型创新企业的研发投入起举足轻重的作用；四是大量的知识转移和知识溢出，其主要形式是专利和将新知识物化的新产品；五是快速增长的集聚经济[③]。

二、创新集群的构成要素

虽然到目前为止，学术界、产业界对于创新集群尚未有一个统一的定义，

① Innovative Clusters, Drivers of National Innovation Systems[R]. OECD Paris, 2001, 151.
② 同上。
③ 钟书华. 创新集群与创新型国家建设[J]. 科学管理研究，2007(12)：1-5.

但是按照OECD对于创新集群的描述，创新集群是一系列供应商、消费者和知识中心(大学、研究所、知识密集型服务机构、中介组织)组成的以创新和技术开发为主要目标的区域协同网络①。

可以看出，创新集群是一个由多种要素构成的集合体，企业、政府、研究机构、金融机构以及各类服务组织在其中发挥了重要作用，而产业联盟、行业协会、技术转移的服务机构、智库等则发挥着协调作用。科特尔斯(Christian Ketels)就将创新集群中的行动者(actor)分为以下10种：

1. 企业，主要是指私营企业以及经济活动中的其他主体；

2. 公共部门A，主要包括了国家层面的行政机构，其功能在于促进中小型企业的发展、激励社会中的创业精神以及制定集群战略和政策；

3. 公共部门B，地区层面的国家行政机构以及中央部门在地方的直属机构；

4. 公共部门C，基于地方委员会合作机制而建立起来的各种地方机构；

5. 私立或公私合办的地区组织或机构；

6. 大学、科研机构、科技园区；

7. 集群组织；

8. 传媒；

9. 知识密集型的服务组织(如咨询机构、独立审计机构等)；

10. 上述部门或机构的分支组织②。

帕特(Part)和吉博森(Jibosen)则提出了三要素六因素来解释创新集群的构成要素，他们分别从环境要素(包括资源和基础结构设施两个因素)、企业要素(包括供应商和相关产业两个因素)以及企业战略和市场要素(包括外部市场和内部市场两个因素)三个方面构建创新集群系统③。沃利(Whalley)和赫特格(Hertog)认为不同的集群存在着数量不等、类型多样的行动者，这主要可以分为三类：研究和教育机构，这包括大学、知识密集型商业服务企业以及研究和技术组织(RTOs)，这些组织对集群的创新过程有一定的贡献；"环境形塑型"行动者(environment shaping actors)，这类行动者既可以是政府部

① OECD Innovative Clusters, Drivers of National Innovation Systems[R]. OECD Paris, 2001, 151.

② Clusters and Cluster Initiatives[EB/OL]. http://www.clusterobservatory.eu/upload/ClustersAndClusterOrganisations.pdf.

③ 魏江. 产业集群：创新系统与技术学习[M]. 科学出版社，2003：45-46.

门，也可以是相关的国际组织或机构；公司，这包括了国内公司和跨国性质的企业[①]。瑟尔文(Solvell)在《集群动力绿皮书》中提出了集群行动者的四个主要类型，即公司、政府、研究共同体和金融机构，还有一种很重要的行动者是为协作而创设的机构(institutions for collaboration, IFCs)[②]。安德森(Anderson)等学者对于这种分类方法表示了认同并且在《创新集群政策白皮书》中进行了详细阐述：IFCs代表了已经存在的行动者，诸如商业会所、产业协会、专业协会、工会等各种组织机构[③]。可以说，创新集群的组织构成是种类多样的，对其进行分析只能选择其中具有关键作用的因素。按照伯格曼(Bergman)"创新集群是简化的国家创新系统"思想来分析创新集群的组织构成，几乎所有有助于提高创新绩效的组织都在这个系统范围内[④]。库克(Cooke)等论述国家创新系统、地区创新系统(NSI/RIS)时就认为一个创新系统的关键组织有大学、研究所、技术转移机构、咨询人员、技能发展组织、公私基金组织，当然还有大大小小的公司以及涉及创新过程中的其他非公司组织[⑤]。我国系统提出创新集群构成要素的是魏江教授，他将集群创新系统构成要素按层次分为三类，分别是核心价值链要素、可控支持要素和不可控支持要素。其中，核心价值链要素包括供应商企业、竞争企业、用户企业和相关企业，可控支持要素包括硬件技术基础设施、集群代理机构和公共服务机构，不可控支持要素包括政府、规章制度和外部市场关系。魏江提出的集群创新系统要素构成取得了学术界的共识，其后的学者大多在此基础上提出了自己的观点，但没有改变其基本结构[⑥]。

总之，创新集群的构成要素中包含了各种正式的非正式的甚至是临时性质的创新网络合作关系。集群内部的企业、政府、研发组织、金融服务机构、各类社会性组织等为了实现创新而进行了各种联系，这包含了大量的知识创造、知识转移和知识溢出的过程，并在互动学习的过程中形成这种正式和非

---

① Whalley J, den Hertog P. Clusters, innovation and RTOs[R]. Glasgow, UK: University of Strathclyde, Work package Synthesis Report, 2000. 1-78.

② S'lvell, Lindquist G, Ketels C. The cluster initiative green book[M]. Stockholm, Sweden: Bromma Tryck AB, 2003. 15-24.

③ Andersson T, Serger S S, Sorvik J, et al. The cluster polocies whitebook[M]. Malmo, Sweden: IKED.

④ Bergman EM, CharlesD, den Hertog P. In pursuit of innovative clusters[A]. Innovative clusters: Drivers of national innovation systems[R]. Paris: OECD, 2001. 7-15.

⑤ Cooke P, UrangeM G, Etxebarria G. Regional innovation systems: Institutional and organizational dimensions[J]. Research Policy, 1997, 26: 475-491.

⑥ 魏江. 产业集群——创新系统与技术学习[J]. 北京：科学出版社，2003.

正式关系的综合，从而充分利用组织之间的丰富资源实现集群功能的优化。在种种构成要素中，企业无疑是创新活动的主体，主导和支配了种种创新活动，成为集群的核心部分；政府在集群中发挥着引导、组织和协调作用；研究机构和大学则通过参与企业创新活动为其提供智力支持；而各类知识密集型服务机构则为集群的创新活动提供了专业化的保障。这些要素之间通过以创新为目标所建立起来的区域网络合作体系构成了创新集群这一提升国家或地区竞争力和创新能力的组织形态。

三、创新集群的演进机制

创新集群作为一种介于市场和企业之间的组织形式，有其发展规律和生命周期，要经历产生、发展、成熟、衰亡的阶段。很多的创新集群并未经历完整的过程，或者跳跃式发展，从一个阶段跨越中间层次，到另一个阶段；或者交替式发展，旧的还未消亡，新的就已经出现。

无论是在19世纪的产业发展阶段，还是在现代以知识为基础的经济中，我们都可以找到经济活动中出现的各种集群现象，这样的例子在全球经济范围内都屡见不鲜。比如金融服务产业集群(伦敦、纽约)、电影产业集群(好莱坞、宝莱坞)、汽车工业集群(底特律、摩德纳、沃尔夫斯堡、丰田市、斯图加特)、眼镜产业集群(瑞士和日本)、计算机软件集群(硅谷、班加罗尔)、移动通讯技术产业集群(斯德哥尔摩、赫尔辛基)、生物科技与生命科学产业集群(马来西亚的生物谷计划、哥本哈根的医药谷)等等。在知识经济时代，这些集群已经明显地表现出以创新为导向的特征，从而发展成为创新集群。那么创新集群又是如何形成的呢？理论界对于产业集群、创新集群的演进过程有着不同的解释。如认为集群的产生有赖于某些特定因素的优势(factors advantage)，如气候、自然资源、交通状况等；或者是某些标志性的历史事件(historical accidents)或历史人物推动了集群的萌芽产生[①]。如果我们从历史与现状的角度来分析创新集群的产生，可以看出，许多创新集群的形成最初都与城市的发展息息相关。伴随着城市规模的扩大、功能的扩展与增强以及资金、人才、信息等向城市的集中，企业也开始向城市中迁移并逐渐出现了某个

① The concept of clusters and cluster policies and their role for competitiveness and innovation. [EB/OL]http://proinno.intrasoft.be/admin/uploaded_documents/2008.2494_deliverable_EN_web.pdf.

特定区域的集聚现象。伴随着区域内企业的增多，许多具有产业相似性或关联性的企业开始出现了合作、产业链的重组与分化，并最终导致了产业集群的形成。进入知识经济时代，建立在产业集群发展之上的创新集群，开始作为区域知识创造与创新的核心而出现。

我国学者龙开元提出了创新集群形成的基本条件：大量创新型关联企业的聚集是创新集群的组织基础，企业家精神是创新集群发展的必要条件，系统的创新政策体系是创新集群发生的制度保障，完善的创新服务体系是创新集群产生的物质基础。根据创新集群形成的主要推动力的不同，可以将创新集群的发生与演进进程分为四种：科技创新引导型创新集群，一般分为前期科技创新阶段技术转化与持续创新阶段产业集聚阶段。企业竞争升级型创新集群：企业竞争阶段与创新升级阶段。出口需求拉动型创新集群：由占有强大技术优势的跨国企业通过全球采购和原始设备制造商(OEM)等形式与本地企业构建产业链、形成等级制价值链网络，并通过产品要求、技术标准、生产规范等强迫本地升级与创新，也有可能为了加强本地企业对跨国企业自身的配套能力而支持本地企业的工艺、产品等升级，而本地企业也通过与跨国企业的学习与合作，开展技术创新，提高企业创新能力和竞争力从而转化成为创新驱动型的创新型企业，并进而形成创新集群。地方政府政策驱动型创新集群：地方政府通过政策以及其他方式吸引大量企业集聚，并提供后续的支持与帮助，促进企业的创新与专业化发展，最后形成创新集群[①]。

腾堂伟则认为创新集群形成的条件包括：技术创新的内在要求、知识经济、全球化、电子时代(E-age)、时间因素的空前重要性、分工的进一步精细化[②]。

早在19世纪末，新古典经济学鼻祖马歇尔从三个方面论述了集聚的产生：劳动力市场的共享是造成经济活动集聚的基本因素，人才资源是创新活动的核心投入要素，集聚能够提供协同创新的环境，有利于技能、信息、技术、技术诀窍和新思想在集聚区内企业之间的传播与应用。林健、李焕荣将集群的形成机制归结为：(1) 集群效应驱动，如集群内组织间学习能力提高，产生集群创新效应，有利于集群组织间协同商务，形成协同效应，增强集群的

---

① 龙开元.创新集群的发生模型与演进过程[A].中国科学技术发展战略研究院调研报告.2.

② 腾堂伟.关于创新集群问题的理论阐述[J].甘肃社会科学，2008(5).

整体能力；(2) 有关组织的地理集聚；(3) 组织资源和能力相互依赖，资源共享，优势互补；(4) 集群内企业拥有独特的核心能力；(5) 政府的公共政策与催化剂[①]。贝斯特(Michael H. Best)总结了集群演化机制中的4种主要因素：集中专业化、知识外溢、技术多样性和水平整合后再整合，它们在集群中不同的层次时起到不同的作用，最终形成良性循环、自我驱动的演化机制[②]。许继琴认为，集群的形成是多种聚集机制共同作用的结果，随着知识经济的来临以及产业集群自身从低成本集群向创新集群的转变，产业集群的聚集机制正在从传统的聚集经济向技术创新效应转变，聚集经济的概念应从传统的外部规模经济和外部范围经济的复合体拓展到技术创新效应。产业集群的技术创新以合作创新为主要形式，是一种建立在创新集群基础上的集群式创新。建立在技术关联基础上的创新集群是产业集群技术创新规律所在，合作创新是技术交易高成本、高风险和网络互动条件下企业技术创新的组织选择，集群的地理集中性、网络结构、技术关联等为集群内的企业开展基于技术关联的合作创新提供了优越的生态环境，集群中的企业及其支撑机构开展基于技术关联的合作创新呈现出一种新的技术创新组织形式集群式创新[③]。杨惠馨、刘春玉借助Klaus模型，在分析知识溢出影响因素的基础上，发现技术接近性与空间局限性一起促进了企业间知识溢出效果。她们从知识溢出联合创新效应、知识溢出时滞和企业成本敏感性三方面考察对企业集聚定位决策的影响[④]。

从系统的观点来看，创新集群的形成路径反映了特定组织在不同力量引导下所进行的升级，包括经济集群、工业综合体、社会网络模型等三种典型的集群。为了描述创新集群的形成路径，可以从如下两个维度进行刻画：(1) 从上而下的维度，这一维度反映了政府在集群形成路径中发挥的作用大小；(2) 从内到外的维度，这一维度反映了创新集群发展的力量是来源于集群内部还是集群外部[⑤]。

欧盟委员会工作小组则将创新集群的出现与演进分为六个阶段：

1. 一个集群的产生通常可以追寻到它的历史背景当中，比如说原材料的

---

① 林健，李焕荣. 企业集群形成机制研究[J]. 商业研究，2004(15)：25-29.
② Michael H Best. The New Competitive Advantage：The Renewal of American Industry[M]. London：Oxford University Press，2001：60-85.
③ 许继琴. 基于产业集群的区域创新系统研究[D]. 武汉：武汉理工大学，2006.
④ 刘春玉，杨惠馨. 产业集聚与经济增长的"后向连接"效应分析[J]. 理论学刊，2005(10)：49.
⑤ 姜彩楼，徐康宁. 创新集群的内涵与形成路径研究[J]. 现代管理科学，2008(12).

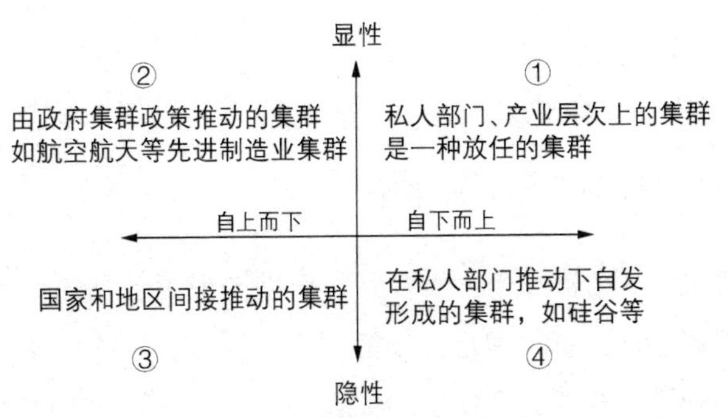

图 3.1　创新集群的形成路径

资料来源：Martina Fronmhold Eisebith & Günter Eisebith（2004）。
转引自 p.86 脚注⑤

可获得程度，在研发组织或传统的知道怎样做(know how)的专业知识，特定顾客群体或企业的专业化或复杂化需求，以及企业的位置或者企业家引入了某种重要的新技术创新刺激了其他的成长。集群发展的第一阶段通常伴随着新的企业的分离从而导致了企业在地理位置上的集中。

2. 一旦企业的集聚开始得以确认，更多的扩张性的外部经济体就会被创造出来，形成一种渐进的过程。第一个外部经济活动体通常包含了一系列专业化供应商和服务企业的出现，这主要来源于企业在纵向程度上的不断分化、瓦解，还有专业化劳动力市场的形成。

3. 在增长的集群中服务企业的新组织的形成。比如说知识组织，专业化的教育机构确立与商业部门之间的合作关系。

4. 外部经济体的发展与新的地区组织的出现，增加了集群的凝聚力、声望和吸引力。这会导致更多的企业和有技能的员工进入到这个集群，并由此而进一步提升该集群的吸引力，同时也为集群内部新企业的培育提供了丰富的土壤。

5. 发展到成熟阶段的集群内部的联系更多的会采用非市场模式，即通过组织的合作，实现集群内部个人之间、组织之间、个人与组织之间关系的专业化、差异化和区域化。

6. 尽管一个集群会在几十年内将它的成功模式不断复制或者是发展成为另外一个新集群的一部分，但是许多地区的集群迟早都会进入到一个衰退期。集群的衰退通常反映了在产业结构转型背景下的经济、科技、组织、社会、文化等多方面的因素。

第二节 欧盟一体化进程中的创新集群

一、欧盟创新集群的总体发展水平

如前文所述，从最初的产业集群到如今以知识为基础的创新集群，其存在都是为了不断通过创新来满足市场的需求，并通过集群自身的竞争优势和对市场机遇的把握来获得成功。自20世纪90年代以来，欧盟各成员国逐渐意识到创新集群在未来知识经济时代的重要性，大量的以创新集群现象为主题的案例研究开始出现，欧盟以及各成员国也加强了发展创新集群的政策工作，并鼓励企业和一流的大学、科研机构加强联系，从而形成强有力的创新集群，从而使其作为释放各个地区经济和科技潜力的催化剂。总之，创新集群在欧盟各国的经济活动中已经成为非常重要的组成部分。根据“欧洲集群瞭望”(European Cluster Observatory)对于欧盟各成员国产业部门、服务部门地区集聚程度的调查，整个欧洲大约有2 000个左右的集群，这些集群内的企业所雇佣的人员占欧盟劳动力总数的38%。集群对于欧盟经济的重要由此可见一斑。

同时，欧盟也非常重视培育新的集群并使之发展成为创新集群。自从20世纪80年代初期开始，欧盟各国负责经济发展的部门就采用了凝聚政策(Cohesion Policy)来发展创新战略，这其中就包括了对创新集群的培育。为此，欧盟在关于经济增长和就业改革的议程表中特别拨出了总额高达860亿欧元的经费用来支持欧盟地区在2007—2013年之间创新集群的发展[①]。2006年10月，欧盟理事会又通过了欧盟凝聚力战略指南(The Community Strategic Guidelines on Cohesion, CSGs)，鼓励各成员国和地区在经济改革的战略中将创新集群的培育列为推动创新的九大优先战略之一[②]。

从欧盟集群发展的轮廓来讲，在过去几年中大约有三分之一左右的成员国通过行业研究和统计分析来描述创新集群的发展状况。但是，由于没有持续、全面的数据，因此目前还无法追踪调查欧盟范围内创新集群的发达程度

---

① Regions delivering innovation through Cohesion Policy, Commission Staff Working Document[EB/OL]. http://ec.europa.eu/regional_policy/sources/docoffic/working/doc/SEC-2007-1547.pdf.

② Conclusions of the Council meeting of 4 December 2006, http://www.consilium.europa.eu/uedocs/cms_Data/docs/pressdata/en/intm/91989.pdf.

和绩效水平。但是，在一份对欧盟34个区域集群的调查中，可以看出欧盟集群发展的若干一般性特点：首先，欧盟的许多集群都是由中小型企业所组成，这些中小型企业构成了集群的核心并且其在集群发展过程中的重要性还在增强。第二，大部分被调查的集群都将目标定位于全球市场，这些集群通过跨国的联系，将整个欧洲作为其产品和服务的出口平台。第三，这些集群非常重视研究与开发和优质的服务体系。第四，大部分被调查的集群都非常“年轻”，这些集群不仅处于成长期而且在各自的领域内都开始显现出领导地位[①]。

经合组织在其关于全球竞争力报告中，对包括欧盟所有成员国在内的75个国家的经济发展现状、竞争力水平、创新能力等方面进行了调查。其中关于各国集群发展方面的调查，有助于我们了解欧盟各成员国在集群发展趋势、集群整体现状、总体商业环境和微观经济活动等四项指标上的世界排名。

表3.1　全球竞争力报告中的欧盟集群状况

75个国家中的排名	集群发展趋势	集群整体现状	整体的商业环境	整体的微观经济
芬　兰	4	7	2	2
英　国	5	5	3	3
德　国	7	3	4	4
瑞　典	9	14	8	6
荷　兰	14	10	10	7
丹　麦	22	21	9	8
奥地利	16	11	12	12
比利时	25	16	15	13
法　国	21	13	21	15
爱尔兰	10	26	22	20
意大利	1	4	24	24
西班牙	30	18	25	25
葡萄牙	32	38	32	36
希　腊	67	58	41	43
欧盟平均	19	17	16	16
欧盟(按GDP加权)	14	11	13	12

资料来源：全球竞争力报告，2002/2003。

① Innovation Clusters in Europe：A statistical analysis and overview of current policy. [EB/OL]http：//www.europe-innova.eu/c/document_library/get_file?folderId=26355&name=DLFE-6438.pdf.

从欧盟整体来看，四项指标的排名并不与其总体经济实力相符，这可能与欧盟各成员国之间经济发展水平差距较大、集群发展不均衡有关。对各项指标的分析表明，欧盟在集群发展和集群优势两项的排名略低于微观经济竞争力，但是彼此间的差异很小。从平均值来看，除了希腊排名较为靠后，其他被调查的欧盟成员国在该调查中的排名都居于中等偏上的位置。其中，意大利、芬兰、英国、德国、瑞典和爱尔兰的四项指标排名都较高且彼此之间的差距不大，表明上述国家的集群整体发展水平较为均衡。但是，从各成员国的具体情况来分析的话，其四项指标的排名则差异较大。比如说意大利，在集群发展的指标中排名第一，但是在微观经济竞争力排名中却是第24名。又如希腊和丹麦两国，它们在微观经济竞争力方面的世界排名就远远高于集群优势这一指标。

“欧洲集群瞭望”按照地区的不同，选择了2 000个集群作为样本对目前欧洲具有代表性的集群进行了调查，以分析这些集群的发展程度及其创新能力。该调查以就业率作为参考，并确立了集群规模、集群专业化程度、地区推动集群发展的聚焦程度等三项标准。在一个集群内，企业之间知识共享、知识溢出的范围和质量取决于该集群的规模、专业化程度以及该地区聚焦各种资源来形成集群的能力，即聚焦程度。这三项标准可以被用来分析某个集群已经达到的水平和程度。该研究对每一个被调查的集群达到各项标准的程度进行评测并将其分为三个等级，最终评选出这2 000个集群中的三星级集群、二星级集群和一星级集群[①]。调查结果如表3.2所示：

表3.2 星级集群的相关统计

	地区集群的数量	占地区集群总数的百分比	占潜在地区的百分比
三星集群	155	7.68%	1.58%
两星集群	524	25.98%	5.34%
一星集群	1 388	66.34%	13.65%
地区集群的总数	2 017	100%	20.57%
集群发展的潜在地区的总数	9 804	n. a	100%

① 注：如果一个集群内的雇员总数不超过1 000人，那么就不对该集群测定等级。The concept of clusters and cluster policies and their role for competitiveness and innovation[EB/OL]. http://proinno.intrasoft.be/admin/uploaded_documents/2008.2494_deliverable_EN_web.pdf.

在被调查的2 017个地区集群中，只有155个集群被认为完全达到了上述三个标准而成为了三星集群，其数量约占被调查集群总量的8%。因此，欧盟现有的集群还有很大的潜力来扩充自身的规模、加强集群中产业链和价值链的完善以及加强那些薄弱的地区集群进行创新活动的能力。值得关注的一点是，除了该调查所选取的有代表性的2 017个地区集群之外，整个欧洲有潜力发展成为集群的地区多达9 800个。因此，欧盟近些年的创新战略始终强调通过更多和更好的跨国、跨地区合作来帮助那些在创新能力上较弱的成员国和地区培育出适应经济发展需要的创新集群。欧盟委员会在2007年通过的《欧盟创新战略》中就提出要创建世界级“欧洲集群”的愿景，从而支持集群间的自主合作。

二、 创新集群与欧盟的区域发展

创新集群有别于传统产业集群的重要区别就在于它是一种“开放式创新”的集群，这与产业集群单纯依靠一定数量的、具有关联性的企业集聚在某个区域，通过产业链的形成和分工从而降低企业成本的发展模式迥然不同。虽然传统模式下的产业集群也存在着观念、技术、产品等方面的创新活动，但是这种创新更多的是在企业内部完成。而创新集群中的创新活动不再是由独立的企业所创造，大部分是在一个“动态”的复杂环境中完成。集群中的企业、科研机构、大学、政府等各种组织通过一种建设性的、互补性的方式进行互动从而消化已有的知识和技能并形成新观念和新产品。创新集群的这种模式被称为“三螺旋模型”。

早在1996年1月，在荷兰阿姆斯特丹召开的由美国国家科学基金会、欧盟和荷兰教育文化与科学部等机构发起的专题讨论会上，美国等西方工业化国家的代表提出：为实施国家创新战略，应该采用三螺旋的运行模型，加强学术界、产业界和政府之间的合作，形成上述三种力量交叉影响、螺旋上升的三螺旋创新集群关系。基于三螺旋的创新集群是指大学、企业和政府三方在创新集群的合作与互动中，各自都能够体现出其他两类组织的某种能力，但同时又能够保持自身的独立性，在三类组织互动的过程中，代表这些组织的每一个螺线都能够获得成长并进一步相互作用，支持螺线中的其他组织。因此，创新集群不仅能够推动企业的发展，也对集群所在的地区产生积极的影响，促进了一定区域内各种组织之间的融合。

欧盟的创新晴雨表分别于2004年和2006年以“创新型企业”和“集群环境下的企业”为主题对创新型企业的特征、创新型企业与集群的关系等方面进行了广泛的调查和研究。结果表明，创新集群中的企业不仅具有比非集群内的企业更强的创新能力，而且整个集群内企业的创新能力还会随着集群的日渐成熟而渐趋增强。2006年被调查的集群中有78%的企业引入了新的产品或者是改进了服务，而在2004年这一比例为74%；与2004年的20%相比，在2006年有40%的企业与其他企业、大学或研究机构签订合同[①]。此外，集群内的企业在专利申请数量上也呈现递增的趋势。图3.2显示了这样的一种趋势：

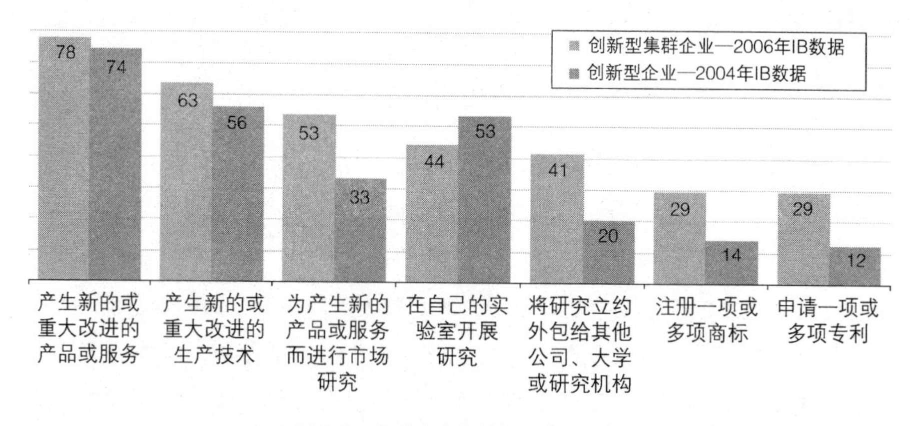

图3.2　集群内企业创新活动的比较

资料来源：European Commision (2006d) 2006 Innobarometer on cluster's role in facilitating innovation in Europe.

通过集群的形态培育企业创新能力、提升企业竞争力已经逐渐成为欧盟企业界的共识。根据调查，大约70%的企业已经意识到集群有利于自身的发展，53%的企业认为进入到以创新为主要活动的集群中可以大大拓宽它们的发展空间[②]。但是，创新集群对于企业发展所带来的好处绝不仅仅限于上述方面，它与传统产业集群最大的区别就在于：创新集群鼓励企业之间、企业和其他组织之间的知识共享并通过组织之间的相互联结激励企业的创新活动。集群在解释地区经济绩效方面的作用已经得到证明。由温伯格(Wennberg)和

① 2006 Innobarometer oncluster's role in facilitating innovation in Europe：Analytical Report，[EB/OL]http：//cordis. europa. eu/innovation/en/policy/innobarometer. htm.

② 同上。

林德奎斯特(Lindqvist)于2008年对瑞典知识密集型产业部门中4 000家企业进行的一项研究表明，创新集群内的企业能够创造更多的就业，优化产业结构，并起到中小型企业孵化器的功能[①]。

2006年欧盟创新记分牌进一步向我们表明了在创新集群与地区创新优势之间存在着正相关。在其所调查的19个地区中，7个地区有着发达成熟的创新集群，而这些地区的的创新排名也位居前列[②]。由欧盟委员会于2002年发布的“欧洲地区集群”的报告也有力地支撑了上述结论。以欧盟生物科技产业为例，欧盟绝大多数的生物科技企业、研究机构都是以集群的形式存在的，尽管这些集群的数量并不多，但却具有很强的创新能力。根据调查，在1996年到2006年的十年中，排名前20位的生物科技创新集群拥有欧盟地区70％的专利，而拥有这些创新集群的地区同时也是创新活动非常活跃、经济发展水平很高的地区。在“欧洲集群瞭望”对欧盟、美国以及一些其他国家集群与地区发展的联系进行的比较研究中可以发现，欧盟某些地区的发达程度与该地区中创新集群的存在有关：那些拥有较为成熟发达的创新集群的地区，其就业率就越高，而整个地区的经济也就更加繁荣。

但是，一个地区的创新绩效不能仅仅依靠该集群的专业化程度来衡量，还应该涉及该集群内部更为广泛的微观经济环境，如劳动力的质量、企业家精神、教育水平和科研能力、获得风险资本的难易度以及基础设施的发达程度等。

三、部分成员国创新集群的发展状况

2007年1月，随着罗马尼亚和保加利亚两国加入欧盟，前后经历了六次扩充的欧盟成为涵盖27个国家、总人口超过4.8亿的当今世界上实力最强、一体化程度最高的国家联合体。2006年，欧盟国内生产总值达到了13.6万亿美元，人均GDP约28 000美元，其总体经济实力已经超过美国居世界第一。欧盟的诞生使得欧洲的商品、劳务、人员和资本能够有更大的自由度进行流通并推动欧洲的经济增长。同时，伴随着欧盟一体化进程的加快，欧盟的经济实力将会进一步得到增强。尤其重要的是，欧盟不仅因为新加入国家正处于

---

① http：swoba. hhs. se/hastba/abs/hastba2008_003. htm.

② European Innovation Scoreboard 2006[EB/OL]. http：//www. proinno-europe. eu/doc/EIS2006_final. pdf.

经济起飞阶段而拥有更大的市场规模与市场容量，而且欧盟作为世界上最大的资本输出联合体和商品与服务输出联合体，再加上欧盟相对宽松的对外技术交流与发展和合作政策，对世界其他地区的经济发展具有重要的影响力。根据2000年“里斯本战略”的目标，欧盟将会通过鼓励创新，大力推动信息通讯技术的应用与发展，即以 Living Lab 为代表的创新 2.0 模式使欧盟在2010年前成为“以知识为基础的、世界上最有竞争力的经济体”。正是在这样的背景下，欧盟开始日渐重视创新集群并将其作为提升欧盟整体创新能力、完善国家创新系统的有效途径。

在知识经济时代，生产要素开始在全球范围内直接流动，技术成为重要的生产要素，也成为了经济发展的关键内生因素。国家竞争优势的基础即比较优势逐步被绝对优势所替换，而绝对优势是“技术进步”与“科技创新”的产物。技术与经济的密切联系使知识生产受经济集聚的影响，即创新集群不仅产生经济上的效应，它同时也影响知识的生产、转移和融合。一个发达的创新集群可以为构成集群的各种要素建立各种资源自由流动的通道，而这些要素也直接或间接地型塑了不同地区创新集群的独特性与多样性。由于欧盟成员国地理位置、产业结构、经济社会发展水平等方面的差异，因此各国有代表性的创新集群所处的产业也是不尽相同的。经合组织在对其成员国创新集群发展状况的报告《创新集群：国家创新系统的推动力》中，对欧盟一些成员国中发展较为成功的创新集群进行了实证分析，并对这些创新集群的竞争力和发展模式进行了研究：

● 英国较为重要的创新集群是以信息通讯技术产业为主的创新集群，该集群所涉及到的行业包括了办公设备和计算机、电子器械、通讯设备、精密仪器、航空航天、计算机服务等。英国信息通讯技术集群的研发投入相当惊人。1997年，该集群内的企业在 ICT 研发方面的投入为36亿英镑，占所有企业研发经费的38%；而同期英国化学和医药类企业的研发经费只有28亿英镑。

● 德国的创新集群主要分布在生物技术、环保技术、汽车和铁路装备制造技术等领域。这些创新集群充分体现了政产研一体化的特征：政府在创新集群中发挥了资源“调节器”的作用，通过科研经费的拨款、课题立项、制定各种激励政策等形式支持企业的研发活动，并且鼓励企业与大学之间开展密切的合作关系。同时，政府通过设置产品创新项目，为企业提供为期2年、额度为20万欧元的无偿资助以鼓励企业开展各种创新活动。

- 芬兰信息通讯技术集群核心产业是通讯装备制造业及其相关服务产业。芬兰的大学和科研机构在为创新集群的发展提供源源不断的优质人力资源的同时，也以极强的研发实力支持集群的发展。此外，由相关产业提供的内容数字化服务，也被看作是未来芬兰信息通讯技术集群成长提供基础设施的重要因素，成熟的风险资本市场则为创新集群内新企业的产生和发展提供了强有力的资金支持。1998 年芬兰信息通讯技术集群的产业增加值达到了 175 亿欧元，1992 年到 1998 年的产业增长率为 35%，集群产值占芬兰 GDP 总量的 6.6%，集群就业人数占全国就业总人口的 3%。其中，仅诺基亚一家企业就雇佣了 21 000 名员工，占整个集群员工总数的 30%[①]。

- 西班牙较为重要的创新集群则是电信集群，其内部又可分为电信服务、电信设备、消费电子、电子配件等次一级集群。西班牙电信集群以创新突出而闻名，集群具有较高的研发投入，集群企业的研发费用投入占创新总经费的 73%，远远高于西班牙非集群企业 43%的平均研发投入比例[②]。

- 爱尔兰创新集群主要是电子技术集群和软件集群。1991—1997 年间，爱尔兰电子集群的公司数量增长了 60%，就业人数年增长 14%，达到35 000 人，超过了化工业和制药业，成为了爱尔兰制造业产业中最大的雇主[③]。

第三节　欧盟创新集群发展的政策路径及其特征

一、集群政策的概念与形成

由于发展的不平衡是区域经济发展的主要特征，而非正态分布又是创新的基本特性，因此，培育“创新集群”受到了各国创新政策的高度重视。在 2001 年经合组织的报告《创新集群：国家创新系统的推动力》中，“创新集群”首次被作为政策工具提出，这表明国际社会已经意识到创新集群在国家创新系统中的重要作用。随后，国际知识经济与企业发展组织(IKED) 在 2004 年也发布了《集群政策白皮书》，从集群的概念、政策的功能定位、政策依据等多方面对集群政策做出了全面的定义。2001 年 1 月，经合组织、联合国工业开发组织(UN IDO)、国土规划与区域行动会议(DATAR) 等国际组织代

---

① OECD Innovative Clusters, Drivers of National Innovation Systems[R]. OECD Paris, 2001.
② 同上。
③ 同上。

表和法国经贸部等政府高级官员在巴黎就发展地方集群这一各国公共政策中的热点话题进行研讨。2003年1月，150多名学者在丹麦召开欧洲集群政策国际研讨会，就以往竞争力政策给集群政策积累的经验教训、集群政策如何发挥作用等问题进行了讨论。当年5月欧盟在卢森堡研讨“欧洲的创新热点：为促进跨越疆域的集群创新活动提供政策支持”议题。9月，意大利摩德那大学与联合国大学(荷兰)又各自举办了关于集群研究的国际学术会议。由于集群有利于企业创新活动的产生并通过企业、大学、科研机构等组织的相互联系营造一个有利于企业成长的理想环境，因此欧盟及其成员国逐渐意识到需要对已有的产业政策进行调整并将国家政策实践从集权走向分权，充分发挥区域和地方在促进集群形成和发展方面的作用，强调创新政策在地方政策制定中的主导地位，从而促进资源、信息、人才在产业内自由、合理的配置，最终推动成员国的产业集群升级为创新集群，实现国家产业机构的升级。可以看出，集群政策是建设欧洲各国国家创新系统的关键，这一点已经得到了广泛的认同。此外，各成员国制定集群政策还基于以下四点考虑：

- 认为集群可以造成某个地理空间内掌握不同知识和技能的主体的相对集中，从而加速知识的流动和转化。因此，集群可以作为区域“创新中心”(hubs of innovation)而发挥作用。

- 集群可以形成规模经济并且扩大经济活动中主体选择的范围，促进知识的扩散，利于学习型组织的构建，因此可以通过发展集群提升区域竞争力。

- 在一些特定情况之下，应当鼓励以技术研发为基础的创新集群以带动其他产业集群的升级。

- 集群可以帮助国家、区域或地方形成对于创新活动诉求的“共同愿景”并引导这些区域采取相应的具体行动①。

但是，由于欧盟各国在经济发展水平、产业结构、政治制度等方面存在着非常大的差异，因此各国之间的集群政策也不尽相同，而集群政策从设计、执行再到评估的一系列过程中也都体现了这种多样性色彩。比如说，某些国家或地区会采用将集群政策内嵌在科技政策中的方式来推动创新集群的发展，那么该国或该地区的集群政策就会侧重于鼓励企业之间在研发方面的合作、

---

① Thematic Report Cluster Policies. http://www.proinno-europe.eu/node/extranet/Upload/deliverables_/TCcluster_DE_070906.pdf.

为企业提供研发方面的财政支持等等。而那些将集群政策侧重于在传统产业中发展中小企业的国家或地区则会更多地倾向于为这些企业提供有利于集群发展的空间或平台。

集群政策表明了一个国家或地区愿意把自己置身于全球竞争当中，并在充分利用自身优势的基础上，整合各类资源朝着正确的方向前进。因此，我们可根据集群政策的目标以及制定政策背后的“推动力”将欧盟各国集群政策分为三大类：第一种集群政策被称之为促进政策(facilitating policies)，这是各国最为常用的集群政策类型，其主要特征是注重总体经济状况的增长和创新活动的繁荣，通过种种具体的政策手段营造一个有利于集群发展的外部环境，从而间接地刺激集群的形成和动态发展。第二种类型的集群政策主要包括产业政策、研发和创新政策以及地区发展政策等政策手段在内的所谓“传统的框架政策”，欧美等发达国家早在20世纪就已经开始通过使用这些政策来推动产业集群的发展。但是随着20世纪90年代以来知识经济时代的到来，欧盟各国也开始采用上述政策方法来增强某种具体措施的实施效率。集群政策的第三种类型即“发展政策”(development policies)，这一类政策的主要目标旨在创造、促进和增强某一个或某一类产业集群并使其逐步升级为创新集群。根据“欧洲集群瞭望”的一份调查报告，大部分欧盟成员国通过政策手段促进集群发展的时间段肇始于20世纪90年代初期，其中以1990—1994年和2000—2004年的两个阶段最为明显。自2005年起，更多的欧盟成员国开始意识到集群政策的作用。但是，由于相当数量的欧盟国家只是从2000年才开始采用各种类型的集群政策，因此对这些国家来讲，集群政策的运用还没有达到成熟阶段，至少需要10—15年的时间才能够通过创新集群发展的规模和经济成长的结果来对这些集群政策和项目进行评价。欧盟现有的集群政策及其具体项目还具有一些主要特征：首先，在欧盟27个国家的69个已有的支持集群发展项目中，接近一半的项目涉及到产业政策和中小企业政策，另外一半则与科技政策有关；其次，在各国的集群政策中，几乎所有成员国都将政策扶持的首要目标选定为中小型企业，其次则是大学和科研机构；第三，这69个创新集群发展项目都集中在集群的形成和萌芽阶段，对于已经发展到一定阶段的创新集群则没有过多的关注。

通过对欧盟现有的集群政策进行分类，我们可以看到，各国为发展创新集群而采用的集群政策手段丰富且形式多样。从集群政策设计和实施的主体来看，既可以是“自下而上”(bottom up)的政策。也可以是“自上而下”(top down)的政策。从政策形式上来看，这些政策既可以通过非常明确的政府文件、规划纲要以及相应的政策措施，也可以通过非正式、间接的方式来影响创新集群的发展。从集群政策所借助的具体政策来讲，不仅可以通过产业政策促进创新集群的生成和发展，也可以利用区域发展政策、科技政策、中小企业政策、投资政策等一系列政策手段将原有的产业集群推进为创新集群。从集群政策所希望达到的终极目标来看，既有像欧盟委员会这类超国家组织所极力主张的为提升欧盟整体竞争力和创新能力而形成的超越国界、涉及多个产业部门和公共研发机构的“超级集群”(Mega Cluster)，也包括了一些成员国试图通过集群政策形成的地区集群网络，也有许多集群政策仅仅是为了形成某种地方性的网络。

二、 欧盟层面支持创新集群的政策机制

欧盟及其成员国逐渐意识到创新集群的重要性并逐渐开始制定各种政策，为集群的形成创造有利的制度环境、支持机制和发展平台，从而深刻影响创新集群的存在方式、演进机制和特征。根据对近年来欧盟支持创新集群的政策关注点的研究，我们可以发现，欧盟推动创新集群的政策框架聚焦于三个方面：首先是建立一套支持欧盟、成员国、地区设计集群政策的机制；其次是出台一系列支持各成员国发展集群的具体措施；第三是通过跨国集群合作和交流机制的建立，支持欧盟范围内集群之间的合作。上述政策措施都强调以欧盟层面的公共政策来推动、促进和激励各成员国及地区创新集群的产生和发展，这也表明欧盟将会在创新集群的建设方面发挥重要的引领作用，指导并帮助各成员国发展与创新集群有关的战略、政策和项目。

● 建立一套帮助欧盟、成员国、地区设计集群政策的机制(即集群创导，Cluster Initiatives)

对于许多成员国来讲，集群政策是地区发展政策中最常用的手段，其目的旨在发展地区优势并创造新的或更多的就业机会。法国、德国、瑞典等一些发达的欧盟成员国都已经实行了国家集群支持项目，但是对于那些不太发达的成员国来讲，如何设计出能够真正推动创新集群形成并发展的政策框架，始终是一个不小的困难。为此，欧盟通过启动“欧洲集群瞭望”这一项目，对欧洲范围内不同地区集群的现状以及卓越集群的表现进行持续的和客观的数

据收集和分析。该项目的优势在于它是以使用一个共同的数据统计模型为基础的，这不仅可以帮助成员国在最初的时候界定出哪些产业部门具有集群的特征，还可以对随后这些集群的表现进行评价。当然，一个开放的、互动的政策学习平台也同样有利于各成员国彼此之间学习如何设计集群政策。如欧盟自1994年起就一直在实施的“地区创新战略”（Regional Innovation Strategies，RIS）计划[①]，已经帮助了许多成员国升级自己的创新战略，并使之符合里斯本进程的要求。在欧盟凝聚政策的框架范围之下，欧洲地区开发基金（European Regional Development Fund， ERDF）和地区经济改革计划（Regions for Economic Change）联合融资启动了名为“2000—2006年创新行动”（the Innovation Action：2000—2006），该项目通过将部分发达成员国或地区在创新集群政策制定中的成功案例或经验，如集群创导、创新融资、技术转移、企业孵化器建设、企业家精神培育等，传播给其他的成员国和地区，帮助其在制定集群政策时做到有的放矢[②]。

- 支持各成员国发展集群的具体政策措施

为了帮助各成员国创新集群的发展，欧盟还通过政策手段直接帮助各成员国发展创新集群。近些年来，欧盟理事会、欧盟委员会等欧盟常设机构已经制定了一系列政策措施用于弥合成员国之间在创新能力上所存在的差距，其中的一些政策已经取得了良好的效果。

凝聚政策（Cohesion Policy）：欧盟成员国虽然都是发达国家，但27个成员国之间以及各国各地区之间在发展水平及收入方面仍然存在很大差距。欧盟通过凝聚政策对落后地区进行开发援助。这一政策实施25年来对于缩小成员国之间的差距发挥了重要作用。该政策主要是通过结构基金进行的。欧盟先后设立了4个结构基金，从不同的方向实施援助计划。这几个结构基金分别是：欧洲地区开发基金（European Regional Development Fund， ERDF）、欧洲社会基金（European Social Fund），欧洲科学基金（ESF）和欧洲农业保证及指导基金（其中的指导部分）。因为任何地区经济的落后和困难都是由于原有的经济结构与经济发展的需要发生偏差造成的，因此要改变这种偏差就必须对经济结构加以调整。1993年后欧盟又设立了凝聚基金（Cohesion Fund），专门援

① http：//www.innovating-regions.org/network/regionalstrat/index.cfm.
② http：//ec.eruopa.eu/regional_policy/innovation/intro_en.htm.

助欧盟收入最低的成员国。

结构基金采取对开发项目给予财政补贴的方式进行援助。以下四个领域的项目可优先获得援助。

一是生产性项目。这些项目必须能对当地的经济发展产生至关重要的作用，有利于创造较大量工作职位的项目，或有利于巩固现有就业水平的项目。

二是基础设施项目。由于基础设施落后，提高了投资成本，对资本缺乏吸引力。欧洲地区开发基金在基础设施项目方面的资助特别致力于环欧网络建设，即环欧运输网络，包括公路网和铁路网络，以及能源网络和电讯网络的建设。

三是地区内在潜力的开发。中小企业的发展可以充分调动民间的积极因素发展经济。欧盟结构基金政策重视经济落后地区的中小企业的发展。结构基金通过提供国内外市场调研咨询、通讯手段、与科技开发单位牵线搭桥、提供高技术开发启动资金、培训中小企业管理人员等来为中小企业创造良好的生存和发展条件。

四是人力资源。欧洲社会基金的宗旨是开展职业培训和再培训，培训的对象包括刚刚走出校门的年轻人、由于经济结构变化而失去工作职位的人、长期失业者、就业条件有欠缺者、以及女性求职者等。

2007—2013 年，结构基金总量中的 24%，即 3 080 亿欧元的资金会用于帮助各成员国发展以创新为导向的产业集群。因此，结构基金可以被用来改进地区之间所采用的教育和培训项目，促进各国对集群的研究，也可以用来加强科研机构与集群内企业之间的联系。此外，结构基金还可以用来加强欠发达成员国国内集群基础设施的建设，这包括了研究基础设施的升级、集群支持服务的发展以及包括科技园区在内的中小型企业孵化器的建设等。

新的国家援助框架(The new State Aid Framework)：2006 年新修订的国家援助框架协定在研究、发展和创新方面为成员国支持集群发展提供了新的可能性，其中包括了集群投资援助和集群运行援助。该援助框架的资金按照集群发展的阶段进行投资。这些资金既可以拨给任何用于建立或扩展创新集群的项目或机构，如企业、培训机构、研究用的基础设施、集群数据搜集等，也可以用于对那些与集群运行有关的项目进行援助，如集群管理、集群营销、培训项目有关的人员和行政成本等。

集群政策影响评价工具的开发：随着集群政策和其他以创新集群为基础

的经济政策在欧盟成员国之间成为一种常态，对这些政策实施的效果进行系统性评价也就成为了一种必需。奥地利、瑞典、西班牙的加泰罗尼亚和英国的约克郡等地区已经着手进行这方面的努力。“欧洲集群瞭望”则提供了与集群组织、集群项目、机构与政策等方面的原始数据，用于帮助欧盟和成员国评价不同的集群政策。

● 通过集群合作与交流机制的形成，支持欧盟范围内不同集群之间的合作

集群之间的合作是非常重要的，尤其是对于那些没有足够人力和财力资源进行市场分析和调查的中小型集群来讲，彼此之间的合作有助于促进共同的学习和成功经验的交流，也有助于拓展潜在商业机遇以及制定共同的发展战略。此外，合作还可促进资深员工之间的合作以及集群之间共享研发设施的可能性。目前，欧盟帮助建立集群合作与交流机制的措施主要包括：

促进集群政策之间交流网络的形成：PRO INNO 计划的实施就体现了这一思路，其目标旨在促进创新领域内的跨国政策合作。目前，欧盟已经建立了四个这样的集群政策交流网络。

促进区域之间创新集群合作网络的形成：比如说作为欧盟第七次研究与发展项目的一部分，“知识的区域”计划(Regions of Knowledge)的重点就在于加强欧盟各区域的研究潜力和竞争力，特别是通过鼓励和支持不同地区之间以研究为驱动的集群进行跨国合作并致力于此类合作的建设。

促进实践领域中集群之间合作网络的形成：这些行动目前得到了欧洲创新(Europe INNOVA)计划的资助，该计划的目标是帮助集群之间进行有效的合作，探索彼此之间战略合作的可能性从而发展战略伙伴关系，最终使得这些集群中的商业活动更有效率，降低企业的成本并维持欧盟企业在全球市场中的竞争力。目前，来自欧洲产业领域中的 11 个集群合作网络得到了该计划的支持。例如，45 个汽车生产地区已经同意在一个名为“欧洲汽车战略网络”(European Automotive Strategy Network)中进行合作。类似这样的网络将成为政府与集群之间沟通的桥梁。

除了上述促进欧盟集群合作网络的措施之外，欧盟的作用还在于通过对情报的收集，对欧洲集群之间差异性和互补性的分析来支持各国的决策过程。如 PRO INNO Europe 和 ERAWATCH 计划就是为了使成员国在集群政策的实施策略、辅助项目等问题上能够得到更全面的信息。

欧洲技术平台(European Technology Platforms, ETPs)将各成员国的政府机构、企业界、科研机构、公共组织等方面的代表聚集在一起来讨论和分析欧洲的研究和创新活动。因此,欧洲技术平台不仅有利于激励区域集群之间的跨国合作,也成为了整合欧盟内部研发基地和产业部门研发活动之间联系的重要工具。

另外,作为欧盟常设机构的欧盟委员会在欧洲范围内集群发展过程中也扮演了重要的角色。

首先,为各国集群政策的发展和完善提供各方面的指导,逐步消除欧盟范围内的贸易、投资和移民等领域中现存的障碍。由于集群的发展依赖于欧盟各地区开放的竞争环境,因此欧盟还必须为建立真正统一的欧盟大市场而重新配置资源、提高产业部门的集群化发展程度。

其次,通过支持跨国、跨区域的合作来激励和增强各成员国、地区的集群政策。目前,集群政策已经成为欧盟委员会中小企业政策中的重要组成部分。为了将欧洲不同国家和区域的集群紧密联系起来,欧盟委员会还成立了专门机构负责此类事项,并邀请各国官员、企业界人士就发展跨国、跨地区集群进行讨论。

最后,通过建立面向全欧洲的知识基地(knowledge bases)和提升创新能力来支持国家和地区集群的创造力。比如说研究与发展框架计划(the Framework Programme for Research and Development)、领先市场倡议(Lead Market Initiatives)以及凝聚政策等。以20世纪80年代初开始实施的凝聚政策为例,当时的欧共体组织就已经通过此政策来推动包括培育集群在内的创新战略的实践。目前,凝聚政策也是欧盟经济增长与就业改革议程中重要的一个政策措施。其投入金额约为86亿欧元,在2007—2013年的项目阶段中占凝聚政策总额25%的资金将被配置到用于支持建立跨成员国范围的、统一的研究和创新平台。由欧盟理事会于2006年10月6日所采纳的欧盟凝聚政策战略纲要(the community strategic guidelines on cohesion, CSGs)也进一步明确鼓励成员国和地区在2007—2013年之间以促进卓越的创新集群作为其经济改革战略的一部分①。

① Towards world class clusters in the EU[EB/OL]. http://ec.europa.eu/maritimeaffairs/pdf/clusters/workshop_presentation_izsak_en.pdf.

三、各成员国集群政策的特征

表3.3描绘了目前欧盟各成员国创新集群政策的状况，同时也进一步证明了上文所提到的由于国家之间差异而造成的集群政策多样性。从表中可以看到，大部分成员国并不倾向于制定国家层面的创新集群政策，而是着重于发展区域一级的创新集群并对创新集群发展施加影响。该表表明大部分欧盟国家热衷于区域范围内某一种类的集群政策，唯一例外的是爱尔兰和葡萄牙没有关联性的集群政策，即使如此，仍然显示了这两个国家对这一领域的兴趣。

表3.3　欧盟15国集群政策的特征

	一级政策（实施的层面）	利于集群的环境		促进综合		支持性项目	
		集群－正式的政策	合作－研究与产业平台	区域/地方措施	集群特征营造	中小企业网络的合作项目	合作性的研发项目
奥地利	科技（国家）＋经济（地方）	●●（区域）	●（国家）				
比利时	科技＋产业（区域）		●	●	●●		●
丹麦	产业（国家）	●●	●				
芬兰	科技＋产业（国家）	●●	●●				●●
法国	研究（国家）＋土地规划（地方）		●（国家）	●●（地方）	●（地方）	●（地方）	●（国家）
德国	技术和经济（国家）＋经济（地方）	●（区域）	●（国家）	●（国家）	●（国家）	●（国家）	●（国家）
希腊	产业（国家）					●●	
爱尔兰	目前没有						
意大利	经济（区域和地方）	●●		●●		●●	
卢森堡	科技（国家）		●		●●		●
荷兰	科技（国家）	●●	●		●		●
葡萄牙	无集群政策						
西班牙	经济（区域）	●●		●●	●●	●●	●●
瑞典	区域发展（国家）		●	●●			
英国	区域发展（国家）＋经济（区域）	●●（区域）		●（区域）			●（区域）

●●　代表为集群政策而流线化政策方法

●　代表内含集群政策的成分

表3.3第一行首先表明的是哪些政策衍生出了集群政策。比如说集群政策所出现的政策领域来自哪里，技术政策、产业政策和地区政策的影响形成了欧洲范围内集群政策的出现。这些影响的混合在不同的国家是不一样的，比如说瑞典和英国的集群政策是建立在缺乏地方发展政策的基础上，而芬兰和荷兰的集群政策则带着强烈的技术政策的印记。

第一行也表明了这些政策是否在国家、地区或地方层面予以执行。这种情况反映了欧洲机构设置的多样性：在比利时、意大利和西班牙，集群政策的责任完全在于地方，英国近来也更多地强调地方的作用，而德国和奥地利的集群政策中则融合了国家和地区的责任，丹麦、芬兰、希腊和卢森堡则强调中央政府担当强有力的角色，荷兰和法国也是如此。瑞典则处于转型期，目前还是中央政府推动但若干年之后则由地方来决定。

在表3.3中，集群政策所要发挥作用的方向被划分为三种广阔的目标：

● 营造利于集群发展的环境：这一类别的政策就强度和数量而言集中了来自政府及其他公共部门的最多支持。其中第一种类型的政策包括了大量正式的或即将付诸实施的政策。就集群政策的强度而言，这一类别集中了来自公共部门的最多支持。第二种类型是以研究-产业合作平台作为知识基地并推动集群发展的。

● 促进综合：这个政策分类包含了集群中公共部门比较少的政策干预，反映了一些政府的观点，即政策的干预应该被限制从而提供动力和扮演催化剂的角色，而不是在集群中成为动力或者掌握重要的资源。这种促进角色应该被扮演在领地的基础上(区域/地方的措施)或者更多的直接在集群层面，支持定位于集群特征和规划的形成。

● 支持性项目：集群政策也可以采用更多的集体项目支持的操作形式。这类项目的两种形式可以被鉴别出来：根据它们处理的一定范围内活动的事实(出口、市场营销、产品设施)或者聚焦于技术和研发。

有相当数量的欧洲国家热衷于将大范围的集群通知政策(cluster informed)作为主要的手段：丹麦、荷兰、芬兰在国家层面，奥地利、西班牙和英国在一些区域，意大利在地方。其他的国家或地区选择了其他的方法：瑞典、比利时和卢森堡专注于政府的激励角色。通过项目来促进中小型企业的网络是希腊主要的手段，法国和瑞典钟爱于支持地方或区域的措施，而芬兰集群政策的关键要素则是研究-产业界合作平台的提供和支持合作性的研发项目。西班牙和意大利区域发展战略在以上类型中都得以扩散，根据它们的自主性选择。

表3.4列出了一些成员国中，参与创新集群政策制定和设计的主要组织及部门，我们可以看出各国集群政策制定过程中在关键行动者(key actor)方面的差异。

表3.4　各国参与集群政策的部门与机构

参与集群政策的主要部门与机构	国　　家
产业部门、科研机构	弗兰德斯（比利时）、拉脱维亚、立陶宛、卢森堡、葡萄牙、斯洛文尼亚、瓦隆（比利时）
产业部门、研究机构	德国、法国
行政部门、地区发展机构	希腊、挪威
产业联盟等组织、机构和地区机构	瑞典、英国
其他部门和机构	奥地利、芬兰、希腊、匈牙利、意大利

芬兰是欧盟成员国中对于创新集群的发展始终保持热情的国家。芬兰产业界、行政部门、科研机构、公共组织等都介入到了集群政策当中，设计、实施、评估集群政策的机构范围不仅包括了如技术创新局、芬兰科学院等科研机构，还包括了几乎所有的行政部门，如交通和通信部、社会事务部、环境部和劳工部等。

在奥地利，集群政策在国家层面和区域层面都得到了有力的实施。奥地利联邦各州作为集群政策中的地方行动者表现得非常积极。在各州加强集群政策的同时，联邦政府也启动了许多项目来帮助各州将政策焦点关注于企业的研发活动。奥利地第一个由政府推动建立起来的地区集群是1995年建立的斯蒂利安汽车产业集群。

意大利集群政策的实施状况与其他欧盟国家相比则显得较为特殊。意大利各地方政府倾向于在每个集群内部或者是具有同质性的集群之间建立一种成员广泛的委员会。委员会成员由企业界代表、贸易联盟、地方行政机构的代表以及其他积极参与地方产业政策的公共机构的代表组成，成员总数不能超过15名。一般来讲，委员会除了发挥对区域集群发展中所出现的问题进行沟通和协调的功能之外，还通过定期举办论坛的方式吸引公众参与地方产业政策的发展。

瑞典大部分的集群政策都是通过地区行政部门来实施的。当然，国家也会为各个地方的集群发展提供资金方面的支持。英国贸工部在创造各种条件鼓励创新集群的形成与发展的同时，为地方发展机构保留了一定的权力。德国教育与技术部为许多地区制定了培育集群的政策措施，但是也把管理和发展集群的权力留给了地方。

从表3.5中的内容来看，有相当数量的欧盟成员国既没有在国家层面也没有在地方层面显示出非常明确的集群政策。许多国家的集群政策以地方为主，这些政策也经常是作为达到经济增长目标的手段来使用而并非将集群政策本身看作可实现的目标。如西班牙在国家层面并没有制定任何推动创新集群的政策措施，但其地方一级却对集群政策充满了热情。比利时也是一样，其集群政策主要依赖于如瓦隆、佛兰德斯和布鲁塞尔等地区的区域集群政策来实施。

表3.5 欧盟各国集群政策的实施状况

国家集群政策为主	地方集群政策为主	在国家集群政策框架内注重地方政策	没有明确的集群政策
法国、卢森堡	比利时、西班牙	奥地利、德国、意大利、瑞典、英国	丹麦、希腊、冰岛、爱尔兰、以色列、荷兰、挪威、葡萄牙
拉脱维亚、立陶宛、斯洛文尼亚		匈牙利	保加利亚、捷克、爱沙尼亚、波兰、罗马尼亚、斯洛伐克

正如上文中所提到的，欧盟各国之间的集群政策在许多方面存在着差异，一些国家的创新系统采用了三螺旋的运行模式，加强学术界、产业界和政府之间的互动与合作，尤其是产业界和科研机构、地区发展机构与科研机构之间的合作。作为集群发展战略中重要的一环，英国的地区发展机构将成为中小企业孵化器的科技园区。匈牙利、拉脱维亚和以色列也持同样的观点。

第二类集群政策关注的范围则较为狭窄，这些政策措施注重的是推进企业之间、企业与公共研究部门之间在研发方面的合作，比如荷兰、比利时的佛兰德斯和瓦隆地区以及法国的CNRT集群，都属于此列。

第三种类型的集群政策也非常注重加强企业之间的合作，但关注的焦点并不在研发领域，而是通过完善区域内各类企业之间的组织联系，形成集群内部的产业价值链。可以看出，这一类型的集群政策着重于形成一定规模和效益的产业集群，通过产业集群的发展带动本国经济的发展，而这些产业集群还没有发展到以创新作为集群的目标。奉行这一类集群政策的国家主要是欧盟成员国内经济较不发达的国家或地区，如2003年才正式加入欧盟的匈牙利、波兰、保加利亚、罗马尼亚、立陶宛、斯洛伐克等国。

四、 区域集群政策的特点

世界上在经济政策中首先关注到集群发展的地区是西班牙的巴斯克省。早在20世纪30年代的经济危机中，这个地区传统制造业部门的领导者就已经采取集群的手段来改变本部门的发展模式。之后十年，这一地区一跃成为了西班牙最富有的地区，人均GDP也达到了当时欧洲的平均标准。今天，集群这一名词对于欧洲的许多地区来讲已经不是什么新鲜词汇，许多地区都已经发展出各有特色的产业集群，如西班牙加泰罗尼亚地区的汽车制造产业集群、奥瑞松德的制药产业集群、奥地利斯泰利亚的汽车制造集群以及苏格兰的电子游戏产业集群。这些集群很多都跨越了几个地区，甚至涉及两个甚至三个国家。从这些集群的产生来看，地方政府的推动起到了重要的作用。有研究表明，当地方政府机构拥有很强的独立决策权时，该地区的公共部门与私营产业部门之间的合作就会更富有成效。因此，在一些联邦制的国家，如德国、比利时、意大利等国家，其地方政府可以控制影响行业环境的关键决策权利，而由地方政府主导的区域集群的发展会很明显。而那些中央集群色彩更为浓厚的国家或地区，由于产业部门的领导者通常会忽略地方政府机构的官员而直接与掌握着最终决策权的中央政府官员打交道，因此这些国家中极少会出现由地方政府主导的区域集群。无论是中央政府还是地方政府，在推动区域集群发展的过程中所扮演的角色应该始终是一个战略规划的制定者。通过政府和私营部门的合作来推动区域集群的发展，提升地区创新能力。

欧盟的区域集群政策中有两点值得注意：首先是集群中专业化的组织在区域集群政策中起着非常重要的作用；其次是政府的作用仅仅是促进区域集群政策的发展，而不是对集群的运行施加直接的影响。

根据一份对欧盟区域集群的调查报告，在被调查的34个集群中，有28个集群拥有专业化的组织[①]。其中，创新型集群中几乎无一例外都拥有这样的专业化组织，这类集群的主体通常都是知识密集型企业以及当地的大学和研究

---

① Regional Clusters in EU[EB/OL]. http://ec.europa.eu/regional_policy/innovation/pdf/library/regional_clusters.pdf.

机构，因此会很容易出现知识转移和知识溢出的现象，而大学和研究机构也在企业的技术进步和员工培训中起着持续的影响作用。区域集群中的专业组织在创新型集群和传统产业集群中的数量差距并不明显，都在集群运行的各项环节中发挥着重要的作用，如企业的研发、产品制造、投入、培训、市场营销、物流、与政府的关系等等。其中，专业组织最重要的职责就是充当区域集群与地方政府之间沟通和联络的平台，使集群和政府之间保持良好的关系。这一点在创新型集群中会表现得更为明显。我们可以在表 3.6 中看到不同类型集群中专业组织的主要活动。

表 3.6　区域集群中专业组织的活动类型及其数量

		创新型集群	传统产业集群
研究与开发	基础研究	5	5
	应用研究	9	8
产　品	产品制造	3	1
	不同企业中产品与服务的综合	6	3
投　入	联合采购原材料	3	0
	联合进行采购及其他活动	5	4
培　训	管理培训	9	8
	其他教育或培训活动	13	11
	技术调查	7	8
市场营销	市场研究	5	7
	联合进行品牌生成	6	5
	联合进行营销活动	2	3
物　流	联合仓储	0	2
	联合运输	2	2
与政府的关系	游说政府	15	12
	公共-私营部门投资项目的合作	12	8

数据来源：Regional clusters in Europe.

西班牙瓦伦西亚地区的“技术机构”(Skill Organization)就是集群中专业化组织的典型代表。早在 20 世纪 80 年代中期，瓦伦西亚地区就出现了这种技术机构。它们最重要的任务，就是帮助瓦伦西亚地区的中小型企业进行技术创新从而推动整个产业的升级。目前在这一地区有 16 个技术机构，其中的 13 个仅仅服务于某一个单独的产业集群，如家具业、陶瓷业、纺织业等。这些产业中通常有大量的中小型企业聚集在瓦伦西亚的产业带中，而技术机构则为这些集群中的中小型企业提供必要的技术服务以改进其创新能力。这些机构的一个优势就在于它们能够嵌入到区域集群的中小企业中并与企业紧密合作，建立合作研发的基地。这些机构一方面获取其他地区集群中技术进步和创新的宝贵经验，另一方面通过与本地企业的合作将这些经验成功地内化为企业自身的竞争力。今天，该地区大部分的企业已经在技术机构的帮助下从对其他产品的模仿者变成了西班牙最富创新能力的企业。

对于地方政府来讲，其作用主要是促进集群政策的制定和完善，从而推动区域集群的发展。表 3.7 列出了不同类型的政府政策在促进地区集群发展上的重要性。

表 3.7 不同类型的政府政策对集群发展的重要性

		不重要	重 要
面向企业的支持政策	对企业项目的财政支持	11	18
	为企业提供咨询和建议	16	11
扩展集群范围的政策	吸引外部企业进入集群	14	15
对基础设施的支持政策	场地、建筑、设备等基础设施	9	20
	以大学、教育机构等为代表的知识基础设施	13	16
	具体的服务或技术中心	12	18
	其他的集群组织机构	12	10
提供信息服务的政策	技术领域	16	11
	一般性的商务领域	18	8
	市场/出口领域	18	9
支持培训与研发	教育与培训项目	10	19
招聘	研究项目	10	18
	动员计划表	18	6
支持合作	合作项目	14	16
	增进社会性的互动	17	7

数据来源：Regional clusters in Europe.

可以看出，尽管某一具体的政策措施可能并不会聚焦于任何具体的集群，但是这些政策措施的最终目的都在于促进本地区集群的发展。因此，对于不同的集群应该采取不同的政策。比如一个已经发展很成熟的集群，政府或其他公共机构的作用可能只在于充当催化剂的角色，确保集群内外各要素之间的协调、合作与信息传播。而一个正在形成的集群，可能需要政府更多的直接支持或干预，如基础设施资源的分配、研究机构与企业的合作机制等问题。

总之，政府机构在区域集群政策中的作用主要表现在四个领域中：第一是对个体企业的财政支持项目；第二是对基础设施的支持，包括物质和知识方面的基础设施；第三是对教育、培训和研究项目的支持；第四是合作网络的建设。

第四节　集群创导：发展创新集群的主要手段

一、集群创导：概念、功能与特征

（一）集群创导的内涵

自20世纪90年代末开始，“Cluster initiatives”（CIs）这一概念逐渐成为各国集群政策研究中的热点话题并在国外与集群研究有关的文献中得到广泛应用。目前，国内学术界对于这一概念的翻译有着多种名称，如“集群战略”、“集群倡议”、“集群创导”、“集群策动”、“集群动议”等。我们根据国外文献的相关定义，采纳“集群创导”一词作为此概念的中文名称。2003年，美国竞争力研究所和瑞典创新系统机构在对包括欧美发达国家以及转型期国家的250个集群创导项目进行案例调研的基础上，对“集群创导绩效模式（cluster initiative performance model）”进行了详细论证并发布了《集群创导绿皮书》（*The Cluster Initiatives Green book*）。在这份绿皮书中，色威尔（SElvell）等人就认为集群创导是“各种行动者集群内的相关企业、政府和研究机构为了创建集群或者发展集群以提高其竞争力而采取的有意识、有组织的行动”[①]。哈佛商学院的凯特尔（Christian Ketels）教授则认为，集群创导是“由一组公司、公共部门实体以及其他相关机构，为在一个特定的区域提高一组相互联系之经济活动的竞争力所采取的集体活动”[②]。

---

① rjan SÊlvell，GÊran L indqvist，Christian Ketels. The Cluster Initiative Green book[R]. http：//www.cluster-research.org/greenbook.htm.

② Ketels，Christian. Competitiveness in Developing Economics：The Roles of Clusters and Cross Cutting Policies[C]. Workshop held in Bagamoyo TZ，19－21 January 2006.

结合上述界说，我们认为，集群创导是采用网络组织的方法将一定区域内的企业、政府和研究共同体结成互动的伙伴关系，共同促进集群发展的动态过程。一般来讲，集群创导的过程主要包括发动倡议并对集群做出规划、确定对集群的资助方案并就此达成共识、对集群的发展进行监督和管理、实施绩效评估[①]。

首先，集群创导的发起者既可以是企业或行业协会，也可以是政府部门或其他公共组织，并由正式的组成人员对此进行合理的规划和设想，并逐渐形成有关集群发展的蓝图。其次，集群创导的初期离不开外部投资，所以集群创导还需要争取到建立集群所需要的资金。第三，集群创导的过程中还需要外部机构(亦称合作组织或协作组织)的监督与合作。这些外部机构的人员主要来自于私营产业部门、科研机构、政府机构、学术机构和其他非营利性组织。第四，集群创导的绩效评估根据集群在三个方面的表现：创新和国际竞争力；集群“生长”的规模、速度与质量；初始目标的完成情况。

(二) 集群创导的功能

目前，集群创导与集群政策不同，后者往往是由政府所发起并强调集群发展中宏观问题的一系列战略与措施。而集群创导更多的是一种自下而上的路径并在微观经济环境中发挥作用，如强调地方或区域范围内健康的营商环境的塑造；采取种种措施有针对性地提升区域内集群的整体竞争力；促进集群内部企业之间的合作与信息交流，强调通过对知识的分享形成溢出效应；为集群的初期发展寻求资金源(如政府的资助、企业的融资、集群种子基金等)；保持政府和产业部门在集群发展过程中资源投入方面规模和结构的均衡，并借此形成政府-企业-科研机构之间的伙伴关系；有针对性地提升集群整体的竞争力；强调微观经济活动中健康的营商环境的塑造。概括来讲，集群创导过程中主要涵盖人力资源提升、集群扩张、业务发展、商业合作、创新与技术研发、营商环境改进等六大功能。

根据《2005年全球集群创导调查》的结果，目前全世界范围内与集群创导有关的行动多达1 500多项，其中有72%的集群创导项目是在1999年之后

---

① cluster and cluster initiatives, [EB/OL]. http://www.clusterobservatory.eu/upload/ClustersAndCluster-Organisations.pdf.

才开始进行的[①]。集群创导的项目不仅在数量上迅速增加，还反映了不同经济发展水平的国家和地区在促进集群发展的过程中所显示出的多样性。但是无论这些集群创导是处于初创阶段，还是处于成熟阶段，都为各国和各地区集群的成长和竞争力的提升起到了关键性的作用。比较成功的集群创导计划有英国苏格兰数字媒体与创造性产业集群创导、西班牙加泰罗尼亚消费电子集群创导、奥地利施蒂里亚汽车部件集群创导、意大利艾米利—罗马纺织集群创导和斯洛文尼亚集群创导。其中斯洛文尼亚集群创导是转型经济体中的集群创导，它是由该国政府挑选出汽车、工具制造、运输与物流三个产业，通过政府的资助和提供各方面的优惠条件，将其培育成具有较强竞争力的集群。它的成功向我们表明，集群创导不仅能够在经济已经非常发达的欧美等国顺利实施，而且也适用于发展中国家。

总之，集群创导对于集群的产生、发展和升级发挥着积极的作用。集群创导绿皮书在对2003全球集群创导调查的250个集群创导活动的结果进行分析的基础上认为，85％的被调查者认为集群创导提升了他们集群的竞争力，89％的人认为集群创导有利于集群的增长，81％的受访者认为集群创导达到了最初的目标[②]。

（三）集群创导的特征与评判标准

集群创导有两种基本思路。一是自下而上的方法，针对市场自发形成的集群，政策的关注点是如何发挥市场机制的动力，消除市场失效，政府的角色是产业集群的推进者和仲裁人；另一种是自上而下的方法，即政府为产业和研究机构的对话设定未来发展的重点框架，确定参与对话的各方并开始对话过程。在设定国家优先顺序、启动产业集群内外的对话后，主要按照市场引导的过程进行，不需要更多的政府介入。一般来讲，集群创导具有如下几个特点：

第一，不同国家和地区的集群创导具有极大的差异性。发达国家、转型期国家和发展中国家的集群创导各不相同，集群创导的目标也会随着国家和地区经济政策的变化而发生改变。这一方面比较典型的例子是集群创导发起者

① Global Cluster Initiatives Survey 2005，http://www.cluster-research.org/.

② Improving the Cluster Infrastructure through Policy Actions，[EB/OL] http://www.proinno-europe.eu/extranet/NWEV/uploaded_documents/ECA_FINAL_REPORT_060709.pdf.

之间的差异。色威尔等人对全球500个集群创导的调查表明，不同国家和地理区域内集群创导的模式是各不相同的[①]。亚洲国家和地区的集群创导活动更多的是由政府或公共机构发起，而美国和欧洲的集群创导活动大部分则是由私营部门发起。

第二，发达国家和转型期国家的集群创导无论是在数量、规模，还是在效率方面，都远远超过其他发展中国家。而这些集群创导往往集中在技术密集型的集群当中，如IT、医疗设施、生产工艺、通讯设施、生物制药、汽车制造等产业部门。

第三，集群创导的发生往往是有侧重点的，并非所有的集群都适合进行集群创导。一般来讲，创新型集群或者是对国家和地方都非常重要的集群，往往更容易实施集群创导，而集群创导的绩效水平也相对较高。

第四，在集群创导的构成要素中，企业，尤其是知识-技术密集型的中小型企业发挥着关键性的作用。这些企业时刻关注着集群创导的监督、运行和绩效评估。这一点在以建设创新集群为目标的集群创导中表现得更为明确。

第五，集群创导必须有一个机构对其运行过程中的各项活动进行管理、协调、激励、监督。一般来讲，在集群创导中承担此功能的是集群组织(Cluster Organization)。据统计，大约95%的集群创导中存在独立的、专业性很强的集群组织。而且，越是成熟的集群创导，其集群组织的专业化程度也越高。

集群创导绿皮书将评价集群创导成功与否的标准概括为以下三种[②]：

集群创导的背景——集群创导实施的背景中非常重要的一点，就是必须要有一个健康的营商环境，这包括了优良的产业发展传统、成熟的法律体系、高效率且可信任的地方政府，同时，集群创导还必须要成为区域创新战略中的一部分。

集群创导的目标——集群创导的目标在基于对未来产业发展准确判断的基础上还应该考虑集群的具体需求，通过对宏观与微观层面的分析确立一个可实现的目标。

---

① rjan SÊlvell, GÊran L indqvist, Christian Ketels. The Cluster Initiative Green book[R]. http://www.cluster-research.org/greenbook.htm.

② rjan SÊlvell, GÊran L indqvist, Christian Ketels. The Cluster Initiative Green book[R]. http://www.cluster-research.org/greenbook.htm.

集群创导的进程——集群创导的过程中需要具有宽广视野的管理者、高效运转的组织机构、办公场所和相应的财政预算以及清晰明确的战略规划。

二、集群组织：集群创导的引导者与推进者

（一）欧盟集群组织的发展特征

集群创导是被组织起来旨在提升区域内产业集群竞争力的过程。因此，它涉及包括国家层面到地方层面的各种类型的组织机构。但是，集群创导并不一定必须要基于正式的集群政策才能够实施，许多集群创导的项目都是沿着一条自下而上的路径进行的，而由专业机构即集群组织来对集群创导进行管理和监督的做法也逐渐成为集群创导中的一个趋势。充当集群组织角色的机构类型多种多样，如非营利性组织、大学、其他公共组织等。虽然大部分集群组织所负责的集群创导项目都来自于产业部门或政府机构，但他们通常是以单独的“集群企业家”（clusterpreneur）的身份来承担领导责任的。也就是说，这些集群组织具有很强的独立性和专业性，它们的工作职责一旦确定，就会以非常高效率和专业化的手段来推动集群创导的进行，并使之达成最终的目标。

集群组织被认为是创新支持提供者的一种新的和高效率的形式，这种创新支持提供者为集群内的企业提供了专业化的、定制化的商业支持服务，特别是对中小型企业来讲更是如此。目前，欧盟有超过 500 个集群组织。

欧盟的大部分集群组织都位于具有完备基础设施、拥有大量资源、企业数量众多的区域集群中，特别是诸如法国、德国、英国和意大利等较早实施集群政策、集群发展非常成熟的国家。当然，在欧盟其他的欠发达或转型期国家中，集群组织的形成也是方兴未艾。但是，集群组织在不同经济发达程度的国家和地区中，所发挥的功能也是不一样的。在大部分的发达经济体中，集群组织的工作重心是使集群创导倾向于创新服务和知识创造等活动中，然而在转型期国家的区域集群中，集群组织则强调提供产业链发展、促进出口或者简单的网络合作和培训项目。但是，伴随着其他一些国家经济的崛起，特别是 2007 年至 2013 年结构基金大量投入到欧盟转型期国家中，集群组织的功能也势必会得到拓展从而推动这些国家和地区的集群进行升级。

（二）集群组织的主要功能

集群组织的功能通常很广泛，涵盖了信息搜集、商业合作、创新支持，改

进营商环境，人力资源发展、业务发展、集群扩展等一系列的活动。根据对欧盟 34 个集群组织的调查，与政府的关系、培训、研发、联合营销、区域品牌形成是集群组织最主要的功能。

信息搜集。集群组织不仅要对与集群发展相关的市场与技术情报进行分析，还要将分析结果以报告和简报的形式公布出去。集群组织还可以集群的合作伙伴来推动集群的动态发展。也就是说，集群组织不仅注重静态的集群组织各要素之间(如产业部门、政府机构和研究院所)的合作机制的确立，还涉及集群之间，甚至是跨国集群动态化的交流过程。这一功能的实现主要依靠集群组织所采取的各种活动，如有组织的国际研讨会、多方参与的工作室、国际会议以及创建网页等。

人力资源发展。集群组织的另外一个功能就是组织培训项目来不断提升集群内部的人力资源水平。当然，它还会与其他专业化的教育培训机构合作，聘请这些机构来进行培训或者联合开发相关课程。一般来讲，集群创导中专业化的咨询、顾问与支持服务都是由集群组织来负责提供的。

商业合作。集群组织的其他功能还包括了促进不同成员之间的商业合作，如共同采购、物流共享、产品合作研发、促进出口与销售的技术交流等。从长远来看，集群组织还可以发展出一定区域内的品牌来吸引各类优秀人才进入到集群中。集群组织还需要负责包括实验室、测试中心、培训中心以及其他基础设施的共享。

由集群组织所提供的各类支持活动不仅对集群创导的初期进程会产生积极的作用，而且还会对实施了一定阶段的集群创导起到重要的推进作用。也就是说，集群组织在集群发展的不同阶段所起的作用是不一样的。根据 NetBioCluE(2008)的一份报告，发展成熟的集群，其科技园区和创新型企业孵化器的数量四倍于那些出于初创阶段的集群[1]。这份报告也表明了在生物技术集群的增长和成熟阶段中，对于集群组织所提供的基础设施和合作平台有很大的需求。

(三) 集群组织的专业化趋势

由于集群成员构成的复杂性以及与外部环境之间紧密的联系，因此集群

---

① http://www.europe-innova.org/index.jsp?type=page&lg=en&classificationId=5019&classificationName=NetBioClue&cid=5105.

组织的专业化必不可少。对于集群管理者来讲，需要结合多种能力要求，比如说要有远见，要有超强的激励能力，善于分析，在网络合作中表现卓越。一个典型的集群管理者需要鼓励协同作用并建立共识，维持短期和长期利益之间的平衡。同时，集群管理者的另外一个角色就是“集群工程师”（cluster engineer）。一个成功的集群管理者不仅要知道如何选择最有效率的方式来扩大集群创导过程内外的联系，还必须对集群创导的外部环境进行观察以发现潜在的威胁或机遇，从而保证集群得到更快的发展。

正因为集群组织在这些重要的活动中能够为集群内的企业提供高质量的服务，因此集群组织以及集群管理人员的专业主义成为一种趋势。在欧洲，许多成员国和地区对于学习成功的集群组织及集群专业化管理的成功经验的需求在不断增长。而许多已经实施的集群创导也开始通过集群组织培训项目来提升集群组织的管理水平，如奥地利的“集群研究院”（cluster academics）、西班牙的“巴塞罗那集群暑期学校”（the Barcelona Clusters Summer School）和芬兰的“PRO集群促进者工作坊”（PRO Cluster® facilitator workshops）。

如果我们对上面所提到的这些集群组织培训项目进行全面的了解，会发现一个有趣的现象：实施这种集群组织培训项目的大多数是欧洲的发达成员国或地区。虽然欧盟各国已经认识到一个非职业化、专业性不强的集群组织对于集群创导的成功，乃至发掘集群的所有潜力来提高集群国际竞争力方面会起到极大的负面作用，但是到目前为止，并非所有的欧盟国家都认同应该优先促进专业化的集群组织这一观点。理由有如下两点：首先，欧洲许多地区的集群创导与集群组织可能没有意识到学习其他集群组织成功经验的重要性。这种现象的出现很有可能是因为缺乏与其他国家和地区的集群创导、集群组织之间的有效合作。其次，由于影响集群创导的因素是多种多样的，所以集群创导过程中充满了复杂性和不可预测性，因此集群管理的质量就难以通过量化标准进行全面的评价。特别是对于那些集群尚不发达的区域，由于集群组织的数量较少，所以缺乏可以用作比较借鉴的对象。当这些地区实施集群创导之后，集群内的企业会发现它们很难去评估这些发展项目的绩效。从现实来看，集群组织之间进行主动的交流和沟通难度较大，特别是涉及跨国性质的合作。因此，这就需要一个更为宏观层面的机构负责此类事项，通过跨国的合作项目、交流与学习平台、国际会议等方式来建立跨国范围的集群组织学习机制。这项工作看起来只能由欧盟委员会来完成了。

三、欧盟对于集群创导与集群组织跨国合作的支持

虽然目前集群政策与集群创导的主要实施者还是各成员国和地区，但是欧盟也实施了许多项目和措施来增强集群创导与集群组织在跨成员国层面上的合作与交流。这些项目所关照的对象、实施的模式与发挥的功能各不相同，但目标只有一个，即通过各国、各地区之间集群创导与集群组织的交流合作，使欧洲的集群更加具有竞争力。其中较有代表性的项目主要包括：

"欧洲地域合作目标"，地域合作是一个全新的政策目标，其目的是促进各成员国和地区间政策实施的协调性，实现平衡、协调和可持续发展。该项目财政开支由欧洲地区开发基金承担。划分为三个部分：内部跨境合作、外部跨境合作以及合作平台建设。这一目标来源于欧盟的INTERREG工具，并且跨境合作涉及的参与方往往是多个成员国或地区，其援助实施由欧盟委员会主导。它的前身，欧盟委员会实施的INTERREG工具包括了许多个项目，这些项目都将注意力放在了通过商业集群来创新和繁荣新的观念。比如说，其中一个名为REGINS的项目就采用了集群管理来鼓励四个参与的伙伴所在地区之间的商业活动。REGINS涉及到的合作导致了28个子项目的产生，大部分子项目都旨在促进集群创导过程中的研发活动以及新技术的推广研究和发展，而鼓励集群组织之间的区域合作也是所有项目的重点。

知识的区域(Regions of Knowledge)是欧盟第七次研究与发展框架项目的一部分。该项目主要关照的对象是欧盟各个区域集群的发展，其目的是促进由地方政府部门、企业、研究中心所组成的区域创新集群与欧盟层面的研究机构之间的合作，建立彼此之间多元交汇、互动联络的交流网络。从长远目标来看，该项目期望逐渐弥合区域集群之间的差距，通过联合行动计划最终使欧盟的研发投入能够达到欧盟GDP总量的3%。在欧盟第六次研究与发展框架项目中，知识的区域计划就已经启动了32个试点项目，主要是借助各地区集群创导的技术审计、集群远景分析、集群发展标杆管理、集群路径绘制等手段增强针对区域集群创导的研究潜力。如已经实施的"欧洲区域研究与创新网络"(the European Regions Research and Innovation Networking, ERRIN)就是基于上述内容建立起来的平台，目前已经支持了超过200个区域集群创导项目。"欧洲食品创新网络"(Europe Food Innovation Networking)则将欧

洲范围内的8个非常有潜力的食品与食品加工产业集群紧密联系在一起，利用产业集群之间利益相关者的交流和合作来共同推动创新。

特别是“Europe INNOVA initiative”已经为处于运行层面的集群和为集群相联系的组织提供真实的学习经验之间提供了强有力的支持。《创建创新型欧洲》报告认为该计划“对于在全欧洲范围内对创新集群的认识达成一致具有重要的作用，它还可以促进集群的开放以及不同产业部门之间集群的学习和知识分享”[①]。自2006年起，Europe INNOVA已经提供了11个集群的跨国部门的网络，在8个传统的和高科技的产业部门中带来了超过200个公共与私营组织。自2006年起，这些网络使得项目伙伴可以识别、分析和共享在集群管理方面的良好实践，并表明从全球化中产生的种种挑战。一定数量的旨在促进跨国集群合作的联合活动已经得到实施，范围从集群访问计划、洽谈活动到集群开放部门的商业平台的创造。这个集群网络已经涵盖了汽车制造、生物技术、能源、空间技术、信息与通讯技术、食品加工等产业部门，并且特别关注与增强它们的区域创新系统。抱着在欧洲背景下进一步加速集群发展的观点，它也非常支持跨国合作。这个行动的目的是帮助组织机构管理集群，比如说集群组织与欧洲范围内其他与集群有关的组织之间的合作，来交换经验，探索彼此之间战略合作的可能性，以及为了增强力量而发展战略性伙伴关系。在经过两年的工作之后，集群网络的协调已经报告了集群合作的非常积极的结果。在第一阶段，伙伴之间良好的工作关系以及共同理解的确立，已经成为集群网络知识共享进程成功的关键要素。一旦达到这一目的，这个网络就会开放分享它们在集群管理方面的经验。在“Europe INNOVA initiative”支持的下一代集群项目中，将会把目标集中在“欧洲集群创新平台”(European Innovation Platform for Clusters)之下集群组织之间的战略伙伴关系的确立。

欧洲集群创新平台的产生来自于“竞争力与创新项目”(Competitiveness and Innovation Program， CIP)。在CIP的资助之下，该平台将在整合已经实施的Europe INNOVA计划的成功模式之下，进一步推动各国之间集群创导经验的交流。这个跨国合作平台的主要对象是欧盟各国创新集群中的集群组

---

① Creating an Innovative Europe，[EB/OL]. http://ec.europa.eu/invest-in-research/pdf/download_en/aho_report.pdf.

织。通过各个集群组织在此平台上的合作，来发挥彼此之间的互补性。目前，欧洲集群创新平台所提供的内容主要包括了各集群组织之间共享发达的基础设施，共同探索更为卓越的集群管理模式，联合进行集群创导，完善市场准入制度以及支持集群中创新型企业的国际化。

欧洲集群联盟(European Cluster Alliance)是一个为集群政策制定者服务的开放的跨国合作平台，于2006年在PRO INNO Europe项目启动之后开始建立起来。目前，欧洲集群联盟的成员已经包括了欧盟成员国、地方政府机构、负责设计和实施创新政策的专业组织、科研机构以及其他公共组织在内的70多名成员。在2006—2009年的第一阶段中，欧洲集群联盟的存在不仅促进了上述组织机构之间共同政策的学习，还推动了共同的行动议程与实践工具的发展，成为建立欧洲集群政策合作机制的主要载体。自2009年开始的第二阶段，该平台的目标进一步朝向建设具有国际化视野的欧洲集群，并因此进一步鼓励欧洲各国集群创导和集群组织之间的交流学习。

"欧洲集群瞭望"的主要功能是向欧盟的决策者以及各成员国和产业部门提供集群发展状况的数据，并勾勒出欧洲集群创导的发展态势。目前，该项目已经搜集了欧洲32个国家和38个产业部门集群发展状况的统计数据并建立了专门的数据库。此外，它还根据各个集群中就业率的相关数据来测量和界定区域集群的范围。"欧洲集群瞭望"的网站在提供集群政策案例研究以及其他信息的基础上，还于2009年开始进一步升级，对与集群创导有关的集群组织、服务体系、外部环境、配套设施等跨国合作的数据进行搜集，其目标是使"欧洲集群瞭望"发展成为一个功能更加强大和全面为欧盟及各国提供有关集群与集群创导信息的综合型服务平台。

"卓越集群组织欧洲试点项目"(The European Pilot Initiative for Excellence of Cluster Organizations)是在the Europe INNOVA计划之下发起的一个新项目，其目标是提升集群组织的专业化水准。该项目将致力于制定卓越的集群组织的质量标准，同时该项目还为成员国和地区集群组织中的人员提供集群管理方面的培训与指导活动。

四、集群创导典型案例

20世纪90年代以来，欧盟各国政府试图将促进集群发展作为促进区域经济发展的载体，并作为建立国家和区域创新系统、实现政府-企业-大学三螺旋模式的主要工具。为此，无论是那些已经有着成熟发达的创新集群的成员国，还是那些仅仅开始向发达国家和地区学习集群理论与实践的欧洲转型期国家，都进行了大量的集群创导活动，并依据集群创导的效果对相关的集群政策进行验证，形成了较为成熟和科学的政策理论与集群创导流程。欧盟各国、各地区已经实施的集群创导不乏典型的成功案例，这里对苏格兰数字媒体与创意产业集群创导、西班牙加泰罗尼亚地区消费电子产业集群创导的背景、内容与效果进行分析，以便对欧盟近年来的集群创导做出更为深入的了解。

(一) 苏格兰数字媒体与创意产业集群创导

1. 经济背景与集群创导的起源

苏格兰是大不列颠与北爱尔兰联合王国下属的王国之一，位于大不列颠岛北部，英格兰之北，以格子花纹、风笛音乐、畜牧业与威士忌工业而闻名。虽然在外交、军事、金融、宏观经济政策等事务上受到英国国会管辖，但苏格兰对于内部的立法、行政管理上拥有一定程度的自治空间，是联合王国内规模仅次于英格兰的地区。苏格兰的经济发展与其传统产业有着密不可分的关系。在格拉斯哥以及苏格兰西部，传统的烟草加工与出口、造船业、机车制造业等部门一直是这些地区支柱性的产业。在爱丁堡以及苏格兰的东部，印刷业和船务经济产业在当地的产业结构中也占有很大的比例。东、西两岸海洋渔业亦较重要。总体来看，石油化工、石油机械、造船、纺织、农业机械、电器过去一直是苏格兰的支柱产业。

但是自20世纪70年代开始，随着美国、欧洲等发达国家产业结构的升级，苏格兰地区的传统制造业部门也开始出现了衰退。同时，那些规模较小但是以追求新的创意、观念为主要特征的知识密集型服务业(KIBS)在苏格兰经济结构中所占的比例逐渐增大。在随后的二十多年中，为了适应这种产业结构调整对苏格兰经济增长和就业所带来的冲击，苏格兰地方当局开始做出种种努力来推动这些知识密集型服务业的发展，特别是以集群的形式提升上述产业部门的国际竞争力。为此，苏格兰于1991年将主要负责科研基础设施工作的发展规划局与负责劳动力技能培训的培训局合并，成立了苏格兰工商委员会(Scottish Enterprise)。这个新成立的机构被授予了更加广泛的权力来推动苏格兰经济的发展，其涉及到的职权范围包括了劳动力培训、企业监管与发展、科研基础设施建设、国际化与全球化战略等内容，并推动苏格兰现有的产业集群的发展。1997年，在与迈克·波特的咨询公司——Monitor合作的基础上，苏格兰工商委员会将创意产业作为未来五大产业集群发展的重点之一。这些创意产业主要包括了电影、音乐、电视和广播、表演艺术、出版和软件广告、建筑、古董市场、手工艺、设计、时尚设计、互动休闲软件、游戏等领域。进入新的世纪，为推动数字媒体与创意产业集群而实施的一系列集群创导项目，成为了苏格兰实现产业结构升级、寻求新的经济发展增长领域的一个主要政策领域。

2. 集群创导的实施与效果

在苏格兰，数字媒体与创意产业的集群创导主要是由苏格兰工商委员会负责推动。但是，其他的政府机构和组织也会涉及到此项工作中。如苏格兰工商委员会和位于伦敦的英国贸工部、交通部、企业与创新部等部门就集群发展的问题进行讨论和制定措施。同时，产业界的代表也会为工商委员会提供顾问与合作。为了使促进集群发展的各项计划顺利实施，苏格兰工商委员会还成立了一个"核心小组"(core team)以处理与集群创导有关的战略议程。这个小组由五名数字媒体与创意企业公司的代表和四名苏格兰工商委员会的成员组成。这个核心小组在集群创导过程中所扮演的角色其实就是本文前面讨论过的集群组织。在作为政府公职人员的工商委员会成员与集群内的企业及其他机构积极接触时，工商委员会并不作为集群的一份子，也不作为地方利益的相关者。苏格兰工商委员会只是通过外部的手段来引导和推动集群的发展，却并不对集群具体的事务进行管理。同时，苏格兰地区的教育机构与技术中心也会参与到集群创导中并与其他利益相关者相互作用，但是它们并不作为官方的代表。

苏格兰工商委员会还设立专门的基金来帮助中小企业的发展。很有意思的现象是，由于很多中小型创意企业认为自己所从事的行业并非纯粹为了商业目的，而是充满了"艺术性"或者是"文化性"的工作，所以为了避免造成一种政府支持企业就是为了追求利润增长的印象，苏格兰工商委员会与苏格兰文化委员会合作，以设立"文化企业办公室"(culture enterprise office)的形式，为那些中小型创意企业的发展壮大提供资助。当然，苏格兰工商委员会还在阿伯丁等地区重点发展创意产业聚集区，通过减免税款、设立发展基金、提供完善的基础设施、设立研发中心等手段将那些非常有潜力的数字媒体与创意公司吸引到这些地区，从而形成产业的空间聚集现象，为未来产业集群的形成打下基础。近年来，苏格兰还把大量投资放在了最先进的通讯基础设施方面，以确保集群形成与发展的顺畅。如 2001 年 4 月苏格兰工商委员会就启动了对创意产业的集群发展进行战略分析和研究的项目，计划在三到五年内提供 2 500 万英镑的经费实施一系列的集群创导来发展创意产业集群，培养数字媒体与创意产业领域的专门人才。一年之后，工商委员会发布了名为《创意苏格兰：形塑未来》的报告。该报告在对苏格兰地区创意产业集群的发展现状进行分析的基础上，提出了未来集群发展的主要路径和目标以及相应的集群创导计划。在这份报告中，工商委员会选取了包括创意产业集群在内的 9 个集群作为发展重心，并强调对集群发展的宏观调控，以避免重复性建设。报告中还提出了要实时追踪创意产业集群发展的数据并建立对创意产业集群创导的评估机制。

当然，除了工商委员会所做的努力之外，苏格兰地方当局近年来也通过一系列的手段推动了创意产业集群的发展：在格拉斯哥的太平洋码头开发世界级的传媒中心，在泰赛德市建设专门研究创意产业新科技的数字媒体学园，与阿伯丁大学合作推出“迈向数字时代”(Dare to be digital)的奖励以吸引优秀学生进入到与创意有关的专业中学习，并且在大学中开发有利于下一代的专业学位课程，为鼓励开发新研发项目的商业潜力而推出概念验证方案(the Proof of Concept)。

目前，苏格兰数字媒体与创意产业集群的产值每年增长大约 53 亿欧元，从业人数达到 10 万，已经超过了其传统产业部门从业人员数量。而数字媒体与创意产业集群也已初具规模：一大批的企业开始成为世界级的创意产业公司，如 Rockstar North、Digital Animations Group、VIS Entertainment、Creative Edge、Absolute Quality、Digital Bridges、Wark Clements、Ideal World。而邓迪市已经成为游戏开发中心，爱丁堡和格拉斯哥则成为影视重镇，设计产业则根据各自特色分布在苏格兰各区域。

（二）西班牙加泰罗尼亚地区消费电子产业集群创导

1. 经济背景与集群政策的起源

在欧盟创新记分牌的大多数测度指标中，西班牙的全部得分都低于平均数。尽管该国的工作时数较高，但其生产率却低于欧洲平均水平 20%。西班牙的平均企业规模较小，知识密集型企业不如其他欧洲国家多，创新体系发育程度也很低。作为西班牙17个自治区之一，加泰罗尼亚地区的人口数量为650万，约占西班牙总人口的15%。2001年，加泰罗尼亚地区的GDP占西班牙GDP总量的19%，其出口量占西班牙出口总量的28%。至于它的产业构成方面，医药、金属制品和食品是其最重要的产业，电子产品和设备产业的就业人数也占到了西班牙的10%。

在历史上，加泰罗尼亚地区就是西班牙电子产品的主要制造中心，该地区的主要产品是各类电子产品的配件，如真空管、冷凝器、扩音器等。在20世纪80年代，包括索尼、松下、夏普、三星在内的一批日本和韩国企业决定在靠近巴塞罗那的瓦雷斯地区投资。由于该地区强有力的吸引投资政策，到1995年，瓦雷斯地区的企业已经超过了50家，收入达到了6亿欧元，就业人数超过5 000人，集中了西班牙78%的消费电子产品。此外，这个集群还包括了其他的行动者，如行业协会、教育机构、实验室、科研机构等，其中发挥着较大作用组织是通用测试与研究实验室、国家电子产业协会、加泰罗尼亚模型与模具制造协会。

2. 集群创导的实施与效果

加泰罗尼亚地区是西班牙乃至整个欧洲较早开始以集群政策、集群创导推动经济增长和就业的地区之一。早在1995年，该地区就开始实施消费品电子产业集群的计划。之后，一系列旨在推动消费电子产业发展的集群创导计划得以实施。截止到2003年，该地区的集群创导计划已经达到24个。

根据加泰罗尼亚地区的产业政策，集群创导的总体目标是提升集群的长期竞争力，特别是改进集群内部的供应链体系。一般来讲，集群创导是由加泰罗尼亚的产业部负责实施，地方政府提供财政支持。然而，创导过程中的一些后续项目，特别是与培训有关的活动，会得到消费电子企业、地方政府、其他科研机构的共同支持。加泰罗尼亚地区的集群创导经历了不同的阶段，每个阶段都有非常具体的目标，而这些目标也体现了不同阶段中外部经济环境的变迁：

第一阶段的集群创导始于1995年。当时的主要目标是通过鼓励技术创新来改进消费电子类企业在设计与产品制造方面的能力，以此来提升集群的总体竞争力。第一阶段的项目主要强调对现有的企业进行能力提升，在3—5年内提高其产品的质量并降低成本。可以说，第一阶段的集群创导还只是针对提升企业竞争力的一些措施。

1997 年开始的第二阶段的集群创导项目在前一阶段项目结果的基础上，开始挑选一批有竞争力和发展潜力的消费电子企业聚集在一定区域内，形成集群效应。加泰罗尼亚地方政府还制定专门的培训项目，对这些企业进行战略合作、资源共享、成本控制、研发等方面的培训。

进入 21 世纪，全球产业竞争开始加剧，许多低成本的制造产业纷纷转移到其他国家和地区。在这样的大背景下，加泰罗尼亚地区原有的消费电子产业集群面临着巨大的挑战，过去那种单纯依靠降低企业成本、提高产品质量的做法已经行不通了。于是，2000 年开始的第三阶段的集群创导项目开始强调重塑消费电子产品集群的价值链，将产业集群向创新集群过渡，以新技术、新观念、新的经营业态提升集群的竞争力。

这一阶段的集群创导与过去相比所涉及的参与者更为广泛。不仅与消费电子集群有关的组织和机构在这一过程中发挥作用，其他产业的集群也要与其进行合作。在集群创导的初期研究阶段所投入的预算为 10 万欧元，时间长达半年，主要活动包括了消费电子集群发展战略与环境分析以及一系列的研讨会议。值得注意的是，加泰罗尼亚在集群创导的论证阶段并没有设立专门的机构，整个过程是由政府机构中对集群理论与实践较为熟悉的人员来负责的，实施机构仍旧是产业部。每个集群创导都建立了一个工作组织，即集群协会，有 2—3 个常务工作人员，该类组织是私有性质的非营利性实体。集群创导的管理通常由协会会员大会、董事会和协会的常务工作人员进行。加泰罗尼亚政府要求这些集群创导对所有的公司开放，这一行动是由三个具有里程碑意义的行动实现的。第一个阶段，对消费电子集群进行集群绘制（cluster mapping），确定其中的主要行动者以及促进集群发展的外部推动者。第二个阶段是关注于集群的战略分析，包括产业分析、企业业务分析、集群层面的战略目标演进等。该阶段的分析结果在有企业代表、公共组织、研究机构等成员参加的公开会议中进行讨论，最终形成消费电子集群的联合战略愿景。第三个阶段强调集群创导要与联合战略愿景保持一致，主要包括在集群内不同企业之间发展更好的协调与沟通机制，鼓励科研机构与企业联合开发新的信息技术工具，在大学中开设专业课程，培养未来集群发展所需要的 3D 工程师、实施以 CAD 工作室为主的培训项目、实施联合的产品认证制度等。

加泰罗尼亚地区消费电子集群创导虽然实施时间很短，但效果却很明显。从现有的发展状况来看，加泰罗尼亚地区实施的集群创导对其经济的促进作用是明显的，从1995年至2003年，该地区的人均GDP从欧盟人均GDP的91.2%增长到了107%。该地区的各城市之间已经建立起常规化的合作机制，开展了许多跨集群的技术合作项目。更重要的是，由于集群创导的项目一开始就以重塑价值链作为目标，以集群中企业核心竞争力的提升作为重点，因此这一地区消费电子集群已经开始朝高附加值、适应知识经济需要的创新集群发展。当惠普公司将其制造基地转移到匈牙利时，却决定继续保留并强化它在巴塞罗那的世界级研发中心。1995年索尼公司在加泰罗尼亚地区只有一个制造工厂，但是现在它已经将其欧洲数字电视研发中心建在了这里。

为了继续推动欧洲范围内创新集群的发展，欧盟已经实施了一系列跨国合作的机制和项目来推动各成员国创新战略的转向。为此，欧盟委员会还特别提出了创建世界级的欧洲集群的愿景。2007年欧盟成员国部长会议提出要加速实现各国地方政府机构、企业界及其他组织之间的实际交流活动，支持集群间的学习与合作，努力达成欧洲共同集群的议程。在集群政策方面，欧盟已经实施了“欧洲集群政策学习平台”、“凝聚”、“ERAWATCH”、“欧洲集群中期报告”等一系列的项目。欧盟委员会还计划建立“欧洲公共研究基地和产业部门知识平台”，以推动企业与科研机构之间的合作。在公共组织创新能力提升方面，欧盟实施了“建设大学现代化议程”，提出了一些促使欧洲大学提高其创新能力的重要步骤，包括如何使创新过程更有效率、给予大学更充分的自主权来发展自身的战略。为了加强企业和大学之间的战略合作，欧盟还鼓励大学与企业之间互换职员，培养企业家精神，在大学周边建立科技创新园区，并给予充足的财政支持以使大学的研究成果能够更快转化为商业产品，这种种措施都有助于消除大学的研发与企业需求之间所存在的脱钩现象。2007年10月，欧盟委员会提出要建立“欧洲科技研究院”。这将是欧洲范围内各国之间在企业、科研部门、教育系统的全面合作，这种联合研发的模式将成为创造新的交叉学科领域的重要推动力。

创新集群是创新存在的方式之一，它为创新过程中的每一个个体提供了生存范式、发展动力、目标导向与资源支持。同时，创新集群也为国家和区域创新系统的构建提供了一个最佳的发展平台。在欧盟创新集群的发展过程中，不同产业部门的企业、公共组织、政府机构以三螺旋的发展模式提供彼此需要的资源，这就使创新的过程能够获得所需的各种支持，实现创新的经济价值和社会价值。这一切都使得众多的创新集群如雨后春笋般的出现，这在芬兰、英国、德国、法国等西欧和北欧的发达地区更为明显。但是，如何制定出更能照顾到转型期国家和地区创新集群发展的政策？如何更有效地建立跨国集群合作机制？如何推动更多的中小型企业进入到区域集群中？种种挑战和问题的解决还需要欧盟-成员国-地方三个层面上更多也是更有效的沟通与合作。

第四章　国际视野中的创新生态系统研究

第一节　创新生态系统：理论框架与运行机制

自从1912年奥地利经济学家熊彼特在《经济发展理论》一书中提出“创新”理论之后，许多著名的经济学家如弗里曼(Freeman)、克拉克(Klark)等人利用现代统计方法验证熊彼特的观点，进一步发展和丰富了创新理论并使创新这个概念从经济学领域中扩散到了政治、文化、社会、艺术等多个领域之中。现在，创新理论不仅成为一套完整的理论体系，用来解释社会和经济进步的动力、演进机制、应用效果，还伴随着知识经济时代的到来，出现了许多新的研究热点，如国家/区域创新系统、创新集群、创新2.0模式、创新网络等。在此基础上，动态的、非线性的交互创新模式突显了创新的多层次、多环节及多主体参与的本质。创新进一步被放置于复杂性科学的视野之下，被认为是“各创新主体、创新要素交互作用之下的一种复杂现象，是创新生态下技术进步与应用创新共同演进的产物”[①]。构成创新过程的种种要素及其发生环节已经成为了一种共存共生、协同进化的创新系统，具有类似于自然生态系统的基本特征，因此也被称为“创新生态系统”(Innovation Ecosystem)。正如哈佛大学教授、商业生态理论创始人马可·伊恩斯蒂在《关键优势：新型商业生态系统对战略、创新和持续性意味着什么》一书中所提到的，“今天，任何不同的组织或个人都必须直接或间接地支持或依赖于特定的业务、技术或标准，所以传统的更强调企业内在能力的商业范式已经不能适应现在商业生态系统广泛联系的世界了。成功的企业都是利用了他们的‘关键优势’，通过整个商业网络的合作来获得竞争力。尽管零售业王者沃尔玛和软件业霸主微软的成功可以归功于很多因素，但是这两个完全迥异的公司有一个共通又至关重要的方面，就是都得益于一个超乎于他们自身公司范围的更广泛的环境而成功，那就是它们各自的创新生态系统”[②]。

一、创新生态系统的理论框架

(一) 生态理论与创新生态系统

生态学是一门研究特定环境内不同族群相互影响关系的科学，它主要研

---

① 创新2.0：知识社会环境下的创新民主化。http：//www. mgov. cn/complexity/complexity16. htm.

② The Keystone Advantage：What the new dynamics of business ecosystem mean for strategy，innovation and sustainability. http：//www. google. com/books? hl=zh-CN&lr=&id=T_2QFhjzGPAC&oi=fnd&pg=PP15&dq=innovation+ecosystem&ots=UeA1Q1nVk1&sig=tpu0ijIv2dSx16HHvWLI5Lrn-WU#v=onepage&q=innovation%20ecosystem&f=fals.

究生物与其环境之间的相互关系，特定环境范围内生物族群之间的交互影响关系，以及外在环境因素如何影响生物族群的发展[①]。鉴于生态学悠久的发展历史和严谨的理论基础，以及处于自然科学与人文科学交汇点的独特学科特性，因此生态学理论被不同的学科引用，用来解释某个特定环境之内构成要素之间交互影响的生态问题，如农业生态学、医学生态学、环境生态学、城市生态学、组织生态学、教育生态学等。如20世纪70年代产生的组织生态学，便是借鉴生态学、社会学等学科知识，从种内竞争、组织年龄、环境扰动、组织生存策略、种间竞争等五条线索来研究组织个体的发展以及组织之间、组织与环境之间相互关系的一门应用性分支学科[②]。生态学的研究内容大体分为四个领域：种群的自然调节(种群)、物种间的相互依赖与相互制约(群落)、物质的循环再生(生态系统)以及生物与环境的交互作用(人与环境的关系)。而作为生态学研究中的最高层次，生态系统(ecosystem)是指由生物群落与无机环境构成的统一整体。作为一个开放的系统，生态系统需要在系统内部、系统与外界之间进行稳定的能量交换，而这些能量则在生态系统中不断的循环，促进系统的自我发展与完善。

与生态学视域中的生态系统观相类似，创新生态系统是指在一定区域范围内，创新群落(innovation community)与创新环境之间以及创新群落内部相互作用和相互影响的有机整体[③]。与过去强调结果导向、注重研发投入、认为技术创新就等同于创新的观点相比，交互学习、协同网络、集群发展、知识流动、创新中的非技术因素等已经得到了学术界及发达国家创新政策制定者的认可，并将这些新的观点作为制定创新战略和行动计划的理论依据。生态系统与创新生态系统的比较如表4.1所示。

从表4.1中可以看出，创新生态系统的结构复杂且处于动态循环之中，不仅有多个层次(超国家层面、国家、区域、单一企业)、多个环节(研发、知识转移、项目设计、组织管理、评测反馈)，而且也包括了众多创新行动者(innovation actor)，如个人、公司、行业协会、大学、科研机构、政府、中介性服务机构、消费者等。鉴于创新的复杂性和动态性，特定区域内创新系统的参与者之间的关联关系也会表现为一种高度的动态化特征。首先，从创新发

① http://baike.baidu.com/view/71787.htm.
② 梁磊.中外组织生态学研究的比较分析[J].管理评论，2004(3)：51-57.
③ Innovation System. http://en.wikipedia.org/wiki/Innovation_system.

表 4.1　生态系统与创新生态系统的比较

生态学视域中的生态系统		创新生态系统	
研究对象	定　　义	研究对象	定　　义
物种	具有相同基因型的生物个体	创新组织	以企业、大学、研发机构为代表的创新实体
种群	同一地域中，同物种个体所组成的复合体	创新种群	单个创新实体的群聚
群落	同一地域中，生物群落和非生物群落所组成的复合体	创新群落	不同的创新种群聚集在一个特定区域内
生产者	构成食物链上的第一级营养层次的可进行光合作用的绿色植物或化能合成的细菌	创新实体	进行创新活动的个体或组织
消费者	以其他生物为食的各种动物	创新消费者	消化或吸收创新产品的组织
食物链	生态系统中不同生物之间在能量关系中形成的网络关系	创新链	由不同创新种群的知识流、信息流转换所形成的网络关系
环境	生物个体与族群生活的特定区域	创新环境	影响创新活动的外部环境，如公共政策、法律制度、产权制度、基础设施等
信息传递	生态系统内部信息的流动与转移	知识与信息流	创新知识在创新系统中的流动
协作	种群为适应环境而进行的合作活动	创新协作	

资料来源：研究者自制

生的环节来看，与创新活动有关的各个环节必须保持关联的畅通才能够保证整个创新活动的生成。其次，创新行动者的性质、价值观、行为方式各不相同，在创新的过程中如果发生行动者之间由于目标、利益等方面引起的冲突，那么将会造成创新活动的不稳定，增加创新活动的成本，降低创新过程的效率，甚至于使创新活动失败。创新不同于发明和制造，创新是通过激发人的潜力，使新观念、新制度、新技术、新产品成为现实的过程。因此，我们应该将创新活动中动态的、复杂的交互关系看作是一个有“生命”活力的生态系统。这个系统将包容了所有构成创新过程的环节和参与主体，涵盖了他们之间的关联关系以及彼此之间的交互过程，这些主体在创新活动中形成一种稳定的分布态势，彼此具有互动、竞争、互利共生、动态平衡的关系，并且在受到外部环境压力的影响之下而不断地进行演化。同时，创新生态系统中还包括了有利于创新发生的外部环境，具体包括了法律体系、公共研发平台、投融资制度、产权交易制度、物流平台等。在营造一个良好的创新生态环境的基础上，理顺创新活动主体之间的关系，将会有利于构筑一个健康、良性循环的创新生态系统，从而提升一个国家、一个地区的创新能力。

（二）系统理论与创新生态系统

自 1952 年美籍奥地利人、理论生物学家贝塔朗菲(L. Von Bertalanffy)创立科学意义上的系统论之后，系统思想使人们的思维方式发生了深刻变化。贝塔朗菲认为，任何系统都是一个有机的整体，它不是各个部分的机械组合或简单相加，当系统整体功能发挥时将会产生系统各要素在孤立状态之下所无法具备的某些特质。同时，系统中的各个要素并非孤立地存在着，每个要素在系统中都处于一定的位置，发挥着特定的功能，要素之间的相互关联，构成了一个不可分割的整体[①]。

系统论对于创新研究的发展历程也产生了重要的影响。鉴于创新参与者的多元及创新过程的动态性、复杂性等特征，创新中的行动者和参与者只有在一定系统内才能够发挥最大的效能。首先，系统思考的模式有利于人们从全局的角度看待创新活动，根据创新系统中行动者和参与者的差异性建设互补共赢的创新合作机制。其次，系统论非常强调构成系统的要素之间在信息和知识上的交流共享。诚如彼得·圣吉在《第五项修炼》一书中所强调的，系统思考不仅能够提升个体及组织的学习能力，还会使系统变得更加开放[②]。最后，创新的过程并非一帆风顺，尤其是对于创新参与主体众多、规模巨大、涉及多个领域的创新活动来讲，某一个创新要素的失常将会影响整个创新过程的成败。利用系统思考的方法，人们可以从整体的角度来考察和衡量在创新主体内部、创新主体之间、创新主体与环境之间所存在的风险，从而达到“防患于未然”的作用。

随着人们对创新的本质、特征、过程等相关研究的深入与展开，国外学者对创新系统的研究也经历了不同的阶段，从最初的基于投入-产出的研究角度，到迈克·波特为代表的集群/产业系统研究，再到技术系统的创新研究视野，动态发展观、国家创新系统、区域创新系统、产业/集群创新系统、“钻

---

① 贝塔朗菲，冯. 一般系统论基础、发展和应用[M]. 林康义，魏宏森，译. 北京：清华大学出版社，1987.
② 彼得·圣吉. 第五项修炼：学习型组织的艺术与实务[M]. 郭进隆，译. 上海：上海三联书店，1998.

石模型”等理论成果大大丰富了创新系统的研究领域，并对那种强调技术创新作为创新的主要形式，以投入-产出、研发-商业化等线性模式思考的创新观念产生了巨大的冲击。1994 年，著名的创新环链模型的提出人之一罗森博格就曾断言，“线性模式已经死亡”[①]。与此相对应的，则是各国学者利用系统论的原理和方法来对创新进行实证性研究，并采用系统思维的方式制定国家创新战略，将优先支持企业研发、鼓励企业技术创新等手段转向了构建不同层级的创新系统，如知识和信息的交流平台、技术转移机制、鼓励协同和网络、激励集群化发展模式、提升中小企业创新能力、加强大学与企业之间的创新合作等综合性手段的运用。

（三）知识流理论与创新生态系统

管理学大师彼得 · 德鲁克(Peter Druker)认为：“知识将取代机器设备、资金、原料或劳动力等有形资产，成为企业营运最关键的生产要素，并且知识工作者将取代传统的劳动员工，成为企业创造效益的最强利器。”[②]与传统的劳动密集型产业主要依靠降低劳动力成本从而获取利润的发展模式不同，知识经济时代的产业发展更多依靠不断的知识创新获取竞争优势。知识流理论指出，创新基于大范围的市场和非市场的知识流，知识的创造、传递与运用贯穿于创新交互的全部过程。这个过程中可能是各环节和参与主体现有的知识，也可能需要他们创造相应的新知识。过程中各参与主体释放知识和获取知识的交互活动交替进行，在知识的释放和获取的交互过程中实现知识的配置，而知识配置的最终结果是产生新的知识。创新的最终结果是形成体现在产品(这里的产品是广义的，包括了物质和非物质的、技术和非技术的)、产业、市场和制度(包括组织形式、体制、规则、习俗等)中的结构化的知识。知识的创造是创新活动的核心，知识的创造贯穿全部创新过程并且是创新的最终归宿。知识的创造也就是新知识的获取，因此创新过程的本质就是学习。创新过程中最重要的是组织的学习。组织的学习是指把分散在组织内外个人身上的个人的、分散的、流动的知识以及还有相当数量的缄默知识予以共享。

---

① 葛霆，周华东. 国际创新理论的七大进展[J]. 中国科学院院刊，2007(6)：441 - 447.

② 彼得 · 德鲁克. 创新与企业家精神. 蔡文燕，译. [M]. 北京：机械工业出版社，2007.

二、 创新生态系统的运行机制

（一）创新生态系统的结构

在自然界中，“生物群落”与“无机环境”构成了完整的生态系统。其中，无机环境是一个生态系统的基础，其条件的好坏直接决定生态系统的复杂程度和其中生物群落的丰富程度；而生物群落反过来也对无机环境产生影响。生物群落在适应环境的同时，也通过各种实践形式改变着周围环境的面貌。生态系统组成部分的紧密联系，使生态系统成为了具有一定功能的有机整体。对于生物群落来讲，如果没有合适的外部环境，那么有机体就无法获得生存所必需的能量；同样，缺乏了各种各样充满着生命力的有机体，生态系统也就失去了它原有的意义。

与自然界中的生态系统类似，创新生态系统中也包含了创新实体、创新支持群体、创新环境。根据这些不同组织所扮演的角色来看，创新生态系统中的创新实体包括了企业、大学和科研机构，创新支持群体则主要指政府、中介性服务组织，外部环境则是指有利于创新的社会文化、法律制度等。在创新生态系统中，创新实体、创新支持群体与外部环境的关系同自然界生态系统一样，彼此之间互相依存、密不可分，其中一个部分的改变都会对他者产生影响，从而改变整体生态系统的运行。

- 创新实体

所谓创新实体，是指能够进行各种类型的创新活动、参与到创新过程中的组织机构。一般来讲，企业、大学、科研部门三者构成了创新活动的主体。科研机构一般是指由政府设立、从事前沿性与基础性研究工作的组织机构；大学，尤其是研究型大学，在创新活动中发挥着更加独特的作用。在创新过程中，研究型大学不仅可以利用自身的人才优势和科研优势进行各种基础性和应用性的研发与创新活动，还通过与企业、科研机构的合作构建产学研合作的“三螺旋”模式。在这种模式之下，研究型大学利用其科研中心、研究小组、研究人员等建立起市场接口，在一定区域内发挥技术创新辐射作用。大学还扮演了创造工业组织雏形“孵化器”的角色，从而使学术与产业之间的边界变得逐渐模糊。此外，大学还具有其他两类创新主体所不具备的功能，那就是创新人才的培养。与大学和科研机构相比，企业在创新过程中则处于核心地位。随着人们对创新概念的深入理解，创新的价值实现已经成为创新概念的核心要义。任何技术的、观念的、制度的创新活动，其结果都会转化为社会成员能够享受到的产品和服务。没有创新的价值实现，所有基础性的研发活动都将失去其存在的意义。可以看出，企业对于创新的价值实现起着至关重要的作用，它们是创新过程中的直接行为主体，而大学和科研机构则是创新生态系统中的智力源。

- 创新支持群体

创新支持群体指那些虽然不直接参与创新过程，但是为创新过程提供各种支持的组织或机构，主要包括了政府部门、行业协会、金融机构、服务组织等。这些创新支持群体为企业的创新活动提供了政策、信息、技术、服务等多方面的资源并确保创新生态系统的健康运转。其中，政府作为创新支持群体所起到的作用是不容忽视的。政府通过产业政策、税收政策、知识产权政策、中小企业政策等政策手段营造有利于企业创新的生态环境。同时，在那些有着悠久中央集中管理色彩浓厚的国家，创新生态系统的形成往往不是“自下而上”的路径，更多的是通过政府的经济社会发展规划和政策，将不同类型的企业、大学、科研机构、服务部门等聚集在某一个特定区域之内，形成不同主体参与的创新群落，进而通过彼此之间的动态平衡达成创新生态系统。因此，作为创新支持群体主要成员的政府机构，不仅起着创新环境营造者的作用，还成为了创新生态系统形成的推动者。

- 创新环境

作为构成创新生态系统运行基础的创新环境，为创新系统中各组成部分的运行提供了必要的“能量”。但是与自然界中的生态环境不同，创新环境可以被分为软环境(soft environment)和硬环境(hard environment)两大类。前者由宏观经济环境、政府政策、人文精神、科学精神、营商文化、法律制度、金融体系等组成，为创新的产生提供了必不可少的精神和制度保障；硬环境则主要包括了地理环境、基础设施、人力资源、研发投入、风险资本等，为创新互动提供了物质保障。在创新生态系统中，适宜的创新环境取决于软环境和硬环境的相互渗透、融合、平衡，二者之间的发展程度和规模必须保持和谐一致，才能够营造出最有效能的创新环境。

在知识经济时代，随着信息通讯技术和知识网络的形成，创新2.0的时代已经到来。它突破了知识传播传统上的物理瓶颈，人们可以利用知识网络进行更快捷和方便的知识传播与信息共享。更为重要的是随着知识网络环境最大限度地消除了信息的不对称性，创新已经不再专属于某个机构或者某一类组织，“草根创新”、“开放创新”俨然成为了未来创新活动的一大趋势。知识被快速检索及理解和运用知识的技术被构件化和模块化，从而便于更多的人利用来进行创新活动。在这样的背景下，知识社会的创新环境将有助于创新群体在一个开放、平坦、自由的平台上从事各种类型的创新活动。

（二）创新生态系统的运行机制

在自然界的创新生态系统中，生产者、消费者、分解者是生态系统的主要组成部分。由生产者和不同层次消费者所组成的食物链形成了生态系统的内部运行机制。在这种运行机制中，食物链以生物种群为单位，联系着群落中的不同物种，食物链中的能量和营养素则在不同生物间传递。

创新生态系统的内部运行过程中也包含类似于自然界生态系统的要素，如创新实体（生产者）、创新消费者（消费者）、创新群落（生物群落）、创新链（食物链），这些组成部分在创新生态系统的内部运行过程中遵循着各自不同的目标、运行逻辑和评价体系但又扮演着互补性的角色，通过将彼此连接起来的创新链，使知识和信息在创新生态系统对应主体的范围内自由流动，且这种互动过程符合了创新网络和创新环境的交叠框架。

- 创新的产生。哈格（Hage）和霍林斯沃斯（Hollingsworth）认为，创新的生成首先需要一定数量的、具有创新能力和意愿的个体或组织，即创新实体[①]。其次，不同类型的创新实体在参与到基础研究、应用研究、产品开发、产品研究、质量控制和商业化等流程中后，最终形成了创新。在基础研究中，大学、科研机构发挥了主要作用；应用研究阶段则出现了大学-科研机构-企业三者之间的合作现象；产品开发和产品研究的过程中，则是知识和信息被整合为新产品、新服务的过程；质量控制则是为了改进新的产品和新的服务；最终，企业通过商业化的运作将上述新产品、新服务转化为商品供客户使用。

- 创新的使用。当创新的“产品”[②]生成之后，另外一个问题就是如何使这些产品得到充分的使用，使用户能够享受到创新所带来的价值。这也就

---

① Hage, J., and Hollingsworth, J. R. “A Strategy for the Analysis of Idea Innovation Networks and Institutions,” Organization Studies (21: 5), 2000, pp. 971 - 1004.

② 这里的“产品”包括通过创新而产生的各种新技术、新产品、新服务、新观念等各种技术或非技术的创新结果。

是创新研究中所关注的创新扩散(Diffusion of Innovation, DOI)，即在一定的社会系统中，创新是如何通过特定的渠道进行传播的。一般来讲，创新扩散的程度和范围取决于创新的分配、接受者的创新力(innovativeness)、沟通渠道的特征以及创新倡导者的行动[①]。当各种技术性、非技术性的创新产品通过投入资金、技术和智力活动生成之后，并不意味着创新的过程就已经结束了。创新的产品或观念产生之后，通过应用研究和商业化得到用户的认同并随之在更广的领域中得到扩散，最终形成推动社会某一领域发生深远变革的动力，这才是创新的真正价值之所在。但是，创新的过程并非遵循着上述线性、单通道式的路径。创新价值的最终实现还受到了多种因素的影响和制约，而这些因素往往都是与社会文化制度相联系的。正如费奇曼(R. G. Fichman)所说："一般来讲，只有那些规模更大、成员更加多样化且具有优秀技术专长的组织才更有可能更早、更多地也是更持久地接受创新活动所带来的种种好处，并且更加全面彻底地实践这些创新产品。此外，这些组织的外部环境要开放且富有竞争力，内部则都能够意识到创新所带来的种种益处"[②]。

● 创新群落。创新群落则是由一系列对创新的生成和使用怀有浓厚兴趣的组织或个人聚集在一个特定区域内形成的。一般来讲，创新群落具有两个重要特征：第一，技术是创新群落的中心，所有与技术商业化有重大关系的组织都是群落的成员，创新群落是由一组根植在一个密集社会和经济关系网络中相互作用的种群构成的。第二，创新群落由下层结构和上层建筑构成。下层结构组织进行创新或提供技术互补资产。上层建筑组织为成员提供公共物品，专门协调信息流动或经济基础组织的活动[③]。在创新群落中，来自不同领域和部门的成员都将注意力集中到创新活动中。虽然鉴于各自工作领域和运行逻辑的差异性，但是创新群落的成员之间还是维系着网状的连接关系。一方面，许多群落成员之间保持着物质上的相互依赖，创新的设计者、供应者、中介者、用户之间构成了具有共同愿景的价值链；另一方面，群落成员之间也形成了所谓的"理解性"的相互依赖关系(interpretive interdependence)。每一名成员在创新过程中的知识都依赖于群落内部以及群落之间在信息和知识流

---

① Rogers, E. M. Diffusion of Innovations, 5th ed., Free Press, New York, NY, 2003.

② Fichman, R. G. "Going Beyond the Dominant Paradigm for Information Technology InnovationResearch: Emerging Concepts and Methods," Journal of the Association for Information Systems(5: 8), 2004, pp. 314-355.

③ 冯庆斌. 创新群落研究动态及其展望[J]. 中国科技论坛，2006(5)：18-22.

动循环过程中的畅通，即“理解的循环”(cycle of interpretation)。这种理解性的相互依赖关系表明学习是创新群落的一个主要任务，这其中涵盖了个体之间的学习、个体与组织之间的学习、组织之间的学习以及创新群落之间的学习。而创新群落作为组织知识创造与传播的新形式，创新群落中学习的质量也意味着关键的创新活动是否能够取得成功。

可以看出，创新生态系统的生成除了由创新实体所组成的创新群落持续性的创新活动外，还必须考虑到创新产品的使用者是否具备了接受创新产品的意愿和能力以及创新过程中知识和信息扩散的质量。根据研究，创新生态系统的运行机制可以被分为三种：线性机制、非线性机制和生态机制。线性机制的目标主要在于通过各方主体的责任目标设定，形成共同利益，达成利益共识。非线性机制则主要在于通过强化各方主体多层次的交流，相互发现共同利益。非线性机制的构建在于实现创新生态系统的经济性、互动性与灵活性，而生态机制的构建在于通过融合的生态氛围建设，培育共同利益①。

图 4.1 向我们展示了一个完整的创新生态系统。

从图 4.1 中可以看出，由个人和组织交互作用的网络构成了创新群落，而创新群落 A、B、C 之间的相互联系也组成了一个复杂的创新生态系统。中间部分虚线内的部分向我们展示了创新群落 A 是如何运行的。在创新群落 A 中，创新按照功能被分为了两大部分：创新生产，即基础研究、应用研究、产品开发、制造和市场营销；创新运用，包括了理解、接受、实施、内化、放弃等五个部分。在创新生产和创新运用的每个具体活动中，都有相应的组织和部门参与进去。如在创新生产的过程中，就涉及到了政府、大学、企业、科研机构、服务机构等部门。正如每个圆圈中的箭头所显示的，参与到创新生产和创新使用过程中的个人或组织之间是一种相互连接、积极互动的关系。此外，创新生产与创新使用之间的界限并非是不可逾越的。对两大创新活动中的成员来讲，它们很有可能随着创新过程的深入及范围的拓展而阶段性地转换自身的角色，参与到所有类型的创新活动中去。比如说，作为创新智力源的大学在创新生产的活动中扮演着重要的角色，通过与企业的合作进行知识和技术的转移。在这个过程中的大学属于创新的生产者，但是大学也可以作为用户来使用各种创新的产品，分享创新所带来的利益。因此，在创新生产和创

① 荷国涛，曾德明. 知识创新生态系统的理论框架与运行机制[J]. 情报杂志，2008(6)：23-25.

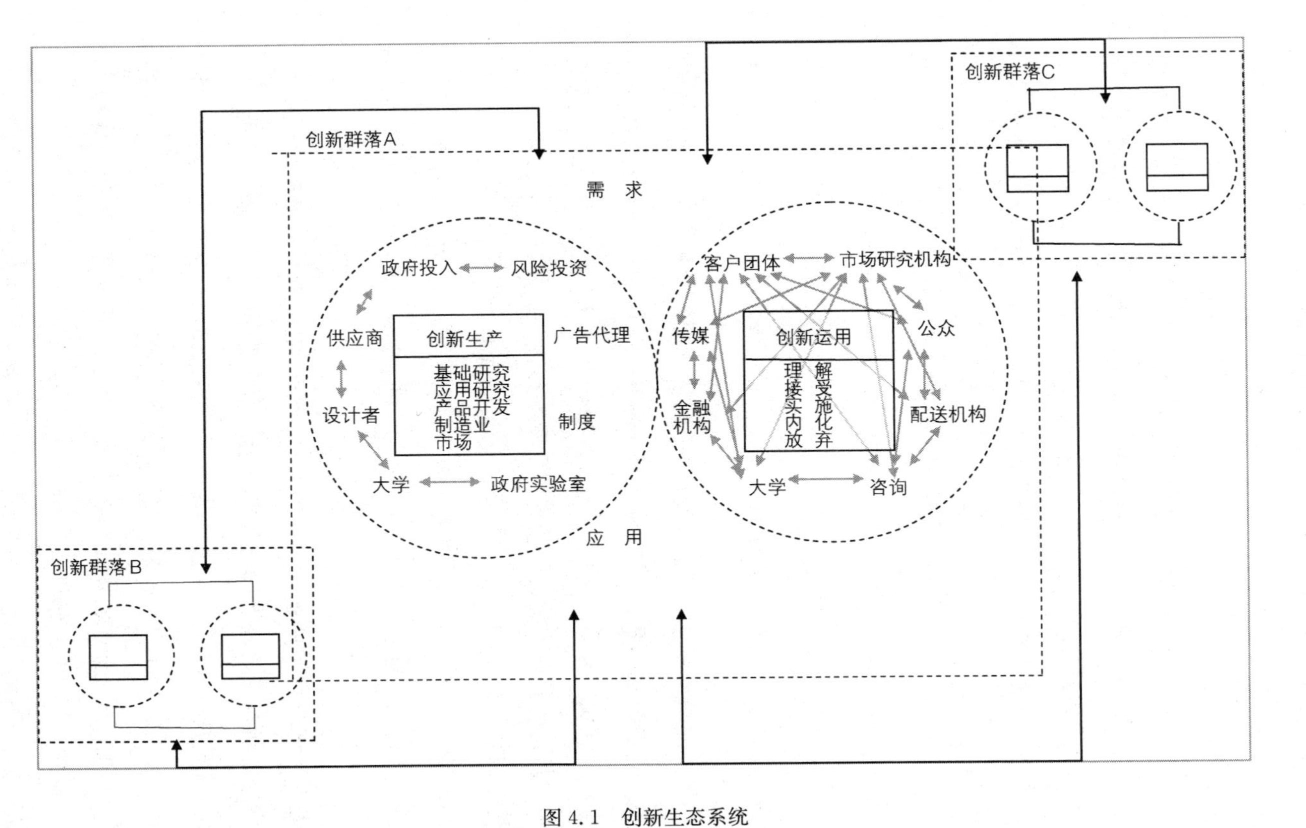

图 4.1　创新生态系统

资料来源：An integrative framework for understanding the innovation ecosystem. http://doku.iab.de/fdz/events/2009/Wang.pdf

新运用两大过程中并没有固定明确的边界。这充分表明了创新生态系统运行过程中体现出的动态性特征。此外，平衡性也是创新生态系统运行的一大特征。从图中可以看到，创新群落A中代表创新生产和创新运用的两个圆圈之间保持着稳固的平衡，而这种平衡是由供给与需求进行自然调节的。当创新的生产超过了社会对创新产品的需求时，不平衡的现象就会出现，其结果自然是社会资源的极大浪费。反之，当创新的生产无法满足一定的需求时，创新生态系统的整体创新能力将会下降，从而影响社会经济的稳步发展。

由于创新生态系统是一个开放的系统，因此与创新有关的各种资源，如物质、资金、知识、技术、信息等都可以在不同的群落之间进行流动并形成相互的依赖。如图4.1所示，创新群落A与其他的创新群落B和C之间正是通过需求和供给维系彼此之间的联系。不同创新群落之间的这种关联最终形成了创新生态系统并使之健康的运行。

三、 创新生态系统的推动策略

通过前文中对创新生态系统的内涵及运行机制的分析，我们可以看出，组成创新生态系统的创新群落之间具有互惠共生、协同竞争、资源共享等特性。以著名的区域创新系统的典型代表硅谷为例，在硅谷中，美国文化中所蕴含的那种“西部牛仔”式的冒险精神、企业家精神与斯坦福大学、科研机构、完善的基础设施、健全的法律制度以及创业板市场一起构成了以高科技企业为核心的创新生态系统：大学和科研机构为硅谷提供了创新的思想源泉，风险投资机构为创业企业提供了资金支持，基础设施则为创新生态系统的运行提供了保障。在这背后，则是那种敢于创新、崇尚开拓进取以及敢于承受失败的精神等为文化纽带的创新动力。因此，良性的创新生态系统的形成得益于对每一个与创新有关的环节的发展与完善。如发展出利于创新生态系统形成的创新链；鼓励创新群落中各组织成员之间的合作与交互行为，刺激知识的流动和技术转移的形成，使企业、大学、服务机构等多个部门之间保持多通道式的合作机制；建设高效运转的创新支持平台，这其中包括政府主导和市场自发主导两种形式；营造有利于创新的物质环境和文化制度环境。

首先，创新生态系统的参与主体之间应该是一种开放式的互动联系。主体之间的互动并不等于简单地以空间地理聚集的形式靠拢在一起，而是企业、大学、科研机构等在一定的空间内基于各自独特的运行逻辑，按照互补性和差异性的原则动态地进行合作。创新生态系统内部各方互动更多强调彼此之间在资源上的流动和分享，所以不应该限定具体的合作对象和划出明确的边界。

其次，虽然不同的主体构成了创新生态系统，但是其中居于核心地位的应该是企业。通过政府政策来鼓励企业的创新活动，将会大大增强创新生态系统运行的稳定性和持续性。而创新生态系统中的其他参与者，如大学、科研机构、风险投资等也应该将注意力集中到如何与创新型企业的合作，发挥中小企业孵化器的作用，提升企业的创新能力。

再次，加强创新生态系统中各主体的合作。创新生态系统中的构成要素是多元的，从事和参与创新活动的主体也是多元的，除了企业之外，还包含了为企业提供服务的机构和部门。创新生态系统的运行有赖于企业、大学、研究机构之间的各种战略联盟和合作。一般来讲，创新群落中不同成员之间的合作机制越发达，合作的质量和效率越高，创新生态系统的运行也就越好。在挪威，农业部门中有超过半数的创新型企业都参与了技术联盟或创新合作机构。合作者不仅包括了设备和计算机系统供应商、工业研究和技术开发研究所，也包括了大学和其他高等教育机构，甚至包括了竞争对手。因此，创新生态系统中的主体间合作应该是立体的全方位的。

最后，营造有利于创新的物质环境和文化制度环境。生态系统的正常运行离不开空气、水、土壤等基本的物质环境。同样，创新生态系统的运行也需要一定的基础设施、人力资本、风险投资和资金投入。但是与自然界的生态系统相比，创新生态系统还需要推动“软环境”的发展。鼓励企业家、技术人员、教师、学生等个人或组织的创新活动，营造一种鼓励尝试、宽容失败的文化氛围。此外，要促使创新主体间交流合作的顺利进行，还必须有规范化的组织制度能够确保各方的利益，补偿新技术和新知识提供者的创新成本，降低知识传递的成本。发展完善高效的创新支持平台，在为各创新主体提供政策、信息、技术等方面的服务的同时，加强各创新主体之间的联系。

第二节　欧盟创新生态系统建设的政策背景及主要措施

一、欧盟创新生态系统建设的背景及其政策沿革

欧洲是近代科学的发源地，自近代科学产生至20世纪中叶，欧洲始终是

世界的科学中心，至今仍然具有很强的科学实力。欧洲各国对支持科学研究也具有深厚的传统，这对于近代以来欧洲的科学发展起着强大的推动作用。但是，欧盟各国在将科研实力转化为创新能力方面却并不具备领先的优势。一方面欧盟与美国、日本两个国家之间的创新差距并没有减少，另一方面伴随着中国、印度等国家创新能力的提升，欧盟也着实感到压力倍增。特别是在研发与创新领域，欧盟的表现可以说是差强人意。

首先，与主要竞争对手相比，作为整体的欧盟在创新方面的能力较弱。2005 年美国和日本的年度研发经费总额已分别占其 GDP 的 2.8%和 3%，而欧盟的年度研发投入仅占其 GDP 的 1.94%，是美国研发投入的三分之二[①]。欧盟委员会的一项调查称，欧盟的创新成果少的可怜，想要赶上美国可能需要花费 50 年以上的时间。欧盟的创新记分牌将欧盟 27 国与美国、日本等国的表现进行比较，然后按照理工科毕业生、专利成果、研发支出及高技术产品出口的数量等因素对其进行排名。结果发现，在创新能力方面，欧盟成员国中只有瑞典、芬兰、丹麦和德国(欧盟国家中仅有的 4 个创新领先国家)能够与美国和日本竞争[②]。

其次，欧盟内部成员国之间的创新能力并不均衡。虽然中东欧 10 国加入欧盟之后带来了 15 万研发人员和一些科技领先领域，在一定程度上增强了欧盟的创新实力。但是，新成员国都属于较为贫穷的国家，研发和创新能力较差。欧盟委员会在布鲁塞尔公布的最新欧洲创新能力排行榜显示，欧盟 27 个成员国在创新能力上差距很大，西北欧国家处于领先地位。而罗马尼亚、保加利亚等国则处于落后地位[③]。

第三，欧盟有限的人力资源没有得到合理配置，与美国和日本的大学相比，欧洲的大学缺乏对外部环境的变化作出变革的意愿和能力。许多成员国的大学科研人员游离于企业之外，并且产学研的合作程度也不高，这影响了欧盟整体的创新绩效。

第四，成员国之间的创新政策不够协调，各国创新模式的多样性也在一

---

① European Innovation Scoreboard 2005： comparative analysis of innovation performance[EB/OL]. http：//www.proinno-europe.eu/extranet/admin/uploaded_documents/EIS_2005.pdf.

② Community Innovation Survey 2004—2006.[EB/OL]. http：//www.cso.ie/releasespublications/documents/information_tech/2006/comminn0406.pdf.

③ Commission Staff Working Document. Assessing Community Innovation Policies in the period 2005 - 2009Commission of the European Communities, Brussels, 9.9.2009.

定程度上造成了欧盟组织协调困难，重大战略的实施难以得到有效贯彻。当人们谈论欧盟的时候，总是将其视作一个整体来看待，但实际上，欧盟各成员国在创新资源的配置上仍然发挥着主要作用。由于各成员国在经济发展水平、文化历史背景、地理特征、科技能力等方面存在着较大的差异，因此各国的创新政策也并不相同，甚至在一些地方存在着严重的重复建设。比如数字电话公共交换系统的研究就是一个典型的例子。“在共同体各成员国中，研制这种系统的不少于9台，如果算上德国表尊电器罗轮茨公司与美国电话电报公司合作研制的‘12号系统’，就有10台之多。相反，美国在这种系统方面只研制了3台，日本只研究了2台。其结果是共同体国家几乎花费了70亿美元，相当于日本的4倍和美国的2倍。类似这种重复研究的现象在共同体内是普遍的”[①]。

在这样的情况之下，欧盟各国创新能力的提升必须依靠整体的力量。如果说1993年“欧洲联盟条约”的正式生效标志着欧盟经济和政治一体化进程进入了快速发展阶段，那么从另外一个角度来讲，这也意味着欧盟跨国创新系统开始逐步建立起来。自20世纪90年代以来，欧盟及其成员国就开始推动各项整体性的创新战略与政策的制定与实施。1995年的《创新绿皮书》和1996年的《欧洲创新计划》，确定了创新是一个“系统的观点”，并提出了欧盟创新政策发展的建议和方案。1999年，欧盟推出了“欧洲创新趋势图表”项目，旨在收集并分析创新政策信息，为欧盟各国的创新政策提供交流和学习的平台。进入21世纪，伴随着“里斯本战略”对欧洲未来10年发展的远景规划，即“通过鼓励创新、大力推动信息通讯技术的发展、探索面向知识经济时代的下一代创新，使欧盟成为世界上最具竞争力、以知识为基础的充满活力的地区”[②]。2006年，欧盟在创新政策领域又相继推出了多项举措，其中最具代表性的是由芬兰前总理阿霍(Mr. Esko Aho)为组长，由产业界和学术界人士组成的专家组向欧盟委员会提交的报告《创建创新型欧洲》，该报告指出了建设“创新型欧洲”的战略，并提出要实现这个战略，核心是形成一个激励创新的市场，同时要提高对研发和创新的资源投入，支持对重点领域的创新

① 李正风. 欧盟创新系统的特征及其问题[J]. 科学学研究，2002(2)：214-217.
② Lisbon Strategy. http://en.wikipedia.org/wiki/Lisbon_Strategy.

投入，创设良好的创新环境[1]。同年9月，欧盟委员会根据欧洲政府首脑会议提交的《欧洲广泛创新战略——把对知识的投资转化成生产和服务》报告，又出台了一项雄心勃勃的创新计划，并呼吁各成员国积极协助实施该计划。

正如前文中所论述的，国家创新生态系统的主体由创新投入、企业的创新过程、创新的产出或影响、价值、市场需求构成，同时创新生态系统中的外部环境即宏观经济状况、公共政策、基础设施状况和国民心态也对创新生态系统的稳定发展起着重要的保障作用。作为超国家形态的欧盟，其创新政策也显示出从各个方面来建立和完善欧盟的创新生态系统。通过对研发和创新投入的大幅增加，增强创新投入；改革和完善公共采购从而带动对创新产品的需求；强调中小企业和大企业之间形成自然的产业生态，培育有创新潜力的中心企业；重视对创新集群的研究和推动，提升区域创新能力；支持重点研究领域，优化创新资源的配置；通过建立欧盟共同专利制度、成立欧洲创新与技术局等措施为欧盟提供一个有利于创新的外部环境；培育创新文化，鼓励创业者与创新型企业的不断涌现。在这些最新的创新政策中，欧盟还非常强调大学与企业之间的创新合作，欧盟创新生态系统的结构性变革也要求知识三角的更多整合，即高等教育、研究、创新之间的不断契合与循环演进。

二、欧盟创新生态系统建设的主要政策措施

（一）增加对研发和创新的投入

创新的幅度、范围和效果取决于一定数量和质量的研发与创新投入，但长期以来经费不足的问题始终制约着欧盟的研发和创新发展。随着近年来欧盟创新政策的深入，欧盟已经意识到增加公共投入是促进研发和创新不可或缺的物质基础。欧盟及其成员国不仅要利用一切财政资源支持研发和创新活动，还要制定具体的措施，吸引企业与私人以及其他民间机构积极参与欧洲研发与创新的投资活动。在《创建创新型欧洲》报告中，欧盟提出要将研发支出占GDP的比重从当前的1.94%提升到3%的目标[2]。为了达到这个目标，欧盟制定了一系列的政策措施，推动各国加大对创新的投入。首先继续保持重

---

① Creating an Innovative European.［EB/OL］. http：//ec. europa. eu/ienvest-in-research/pdf/download_en/aho_report. pdf.

② 同上。

视科学领域的传统，为欧盟各成员国的科学研究部门提供更加充分的资源并在欧洲层面上建设一流的基础设施，从而为培养世界级的科学家奠定物质基础。其次，欧盟计划将用于研发和创新的结构基金在现有基础上增加三倍，最少应该占到基金总额的20％。再次，欧盟还建议各国将年度预算的重心逐渐转向研究和创新领域，并且鼓励各国将创新视作所有预算项目中优先考虑的事项。最后，欧盟认为应合理利用产业研发补助金等财政激励措施推动创新。产业研发补助金不仅可以帮助企业实现发展战略的转向，使其对研发和创新产生更为积极的态度，还能够使所投入的资源产生更为显著的效果。因此，财政激励政策的重点将放在降低或消除研发人员的社会成本等可以看得见效果的措施上。欧盟于2006年修订了国家援助框架计划，新的国家援助框架计划将促使成员国把国家资助更多地用于应对市场失灵的情况，以有利于风险资本投入到研发和创新领域[①]。此外，欧盟委员会还决定大幅度增加第七个框架研发计划(2007—2013)的资金投入，其总预算将高达760亿欧元，执行期限也由原来的4年延长至7年[②]。

除了从数量和规模上增加对创新的投入之外，欧盟还非常重视提高创新的生产率水平。通过注重卓越研究，削减低标准的研究项目，将资源集中于最富有潜力的研究领域，确保为最有才华的研究人员提供重组的资金与人力资源支持。同时，对迄今为止尚不存在研究差距的新兴领域作出迅速回应。

(二) 提升中小企业的创新能力，注重产业创新的自然生态

中小企业是经济中最富有活力和创新动力的组成部分。与大型企业的创新活动相比，中小企业的创新往往具有产业的先导性，也更具有实效。中小企业在欧洲的经济发展中占有极其重要的地位。在欧盟27个成员国中，中小企业所创造的就业机会和附加值分别占私营部门就业总人数和附加值的66％和57％[③]。长期以来，欧盟的创新战略就十分重视中小企业的作用，通过鼓励成员国制定特殊政策扶持中小企业在研发与创新、技术转让、获得公共采购机

① Community Framework for State Aid for Research and Development and Innovation. [EB/OL]. http://eur-lex.europa.eu/LexUriServ/LexUriServ.do?uri=OJ:C:2006:323:0001:0026:en:PDF.

② Competitiveness and Innovation Framework Programme (2007—2013)[EB/OL]. http://eur-lex.europa.eu/LexUriServ/LexUriServ.do?uri=OJ:L:2006:310:0015:0040:en:PDF.

③ European Innovation Scoreboard 2009[EB/OL]. http://www.proinno-europe.eu/extranet/admin/uploaded_documents/EIS_2005.pdf.

会等方面的发展。通过建立“中小企业技术合作联盟”，以促进企业之间更多的合作与交流。为了确保研发与创新在中小企业中的核心地位，欧盟还制定了一系列具体措施：一是进一步发展大学与产业界之间的合作伙伴关系，尤其是与中小企业之间的创新合作；二是通过各种政策鼓励不同产业部门的中小企业在一定空间地理范围内的集聚，并最终形成以创新为主导的产业集群；三是建立中小企业的支持服务体系，激励研发与创新活动；四是建立创新管理与社会互动体系；五是建立一整套为创新者提供各项服务的体系；六是建立欧洲产业研究与创新体系①。

同时，欧盟还通过欧盟创新驿站的形式来鼓励中小企业进行跨国技术创新合作的中介网络。但因其规模小，在创新、信息交流及参与研究合作网络等方面确实存在一些困难。欧盟创新驿站是欧盟鼓励中小企业进行跨国技术创新合作的中介网络，1995 年由欧盟研发信息服务委员会(Community Research and Development Information Service，CORDIS)根据“创新和中小企业计划”资助而建立，旨在促进欧盟跨国的中小企业技术转移与技术创新合作。欧盟第七个框架计划包含了扩大和更新后的创新驿站网络。创新驿站在帮助欧洲企业将技术需求与技术供给进行匹配的过程中起到了重要的中介作用。创新驿站网络作为创新的推动者，已经成为欧洲最领先的推进技术创新合作和技术转移的网络，尤其是在技术型中小企业之间。创新驿站作为科技中介提供的服务包括：在创新、技术转移和成果开发方面提供咨询；对当地的科技需求做出分析；根据公司的需求提供有关信息；通过中心网络帮助寻找合作伙伴；提供欧盟和当地驿站有关促进研究成果开发和技术转移的资金支持方面的信息；提供研究成果开发和技术转移的培训；向企业提供欧盟框架计划的有关信息、帮助设计项目申请、提供知识产权方面的帮助等②。

长期以来，欧盟的创新战略就十分注重中小企业，而且有将资源集中于中小企业的趋势，但却忽视了产业的自然生态。在 2006 年，“尤里卡计划”③主席国荷兰出面组织的一个由 18 个欧洲国家的中小企业和大型企业参加的国

---

① 冯晓. 欧盟创新与研究战略[J]. 全球科技经济瞭望，2006(5)：26－28.

② The Pathway for European Technology：The Innovation Relay Centre(IRC) Network at a glance. http：//irc. cordis. 1u.

③ 20 世纪 80 年代，面对美国、日本日益激烈的竞争，西欧国家制定了一项在尖端科学领域内开展联合研究与开发的计划，即“尤里卡计划”。它的目标主要是提高欧洲企业的国家竞争能力，进一步开拓国际市场。尤里卡(EURECA)是“欧洲研究协调机构”(European Research Coordination Agency)的英文缩写。

际会议就发表了一项声明，认为近期所出现的将资源集中于中小企业的趋势忽略了整个国家创新生态系统的平衡性。中小企业是在大企业的帮助之下兴旺起来的(作为它们的主要客户)，中小企业的发展需要有大企业发展的带动。因此，大型企业和中小企业之间应该在同样的计划之下进行合作。同时，被忽略的群体是那些规模略大于中小企业的中等企业，它们最有潜力提升在研发领域内的支出，然而这几年来它们一直处于发展的瓶颈期[①]。为此，欧盟认为，未来的创新政策应该巩固产业的自然生态，让大型企业和中小企业联合，同时重视那些在小企业范围之外，但研发支出增长潜力最大的中型企业。

(三) 更加开放和全面的产学研合作创新机制

伴随着知识经济时代的到来，世界范围内的大学与企业合作创新的浪潮汹涌而至。大学与企业的合作创新已成为各国培育创新集群、促进区域经济技术发展、提升国家综合创新能力的重要战略手段。作为当今世界上一体化程度最高的国家联合体，欧盟的诞生标志着欧洲的商品、劳务、人员和资本能够有更大的自由度进行流通并藉此推动欧洲的经济增长。而大学与企业合作创新机制的建立在实现欧洲成为世界最大的知识经济体和知识社会的目标中则起着关键的作用。自“里斯本战略”实施之后，欧盟委员会、欧洲经济与社会委员会(The European Economic and Social Committee, ECS)、地区委员会(The Committee of the Regions, CoR)等欧盟常设机构通过召开会议、发布报告、进行欧洲大学企业家精神调查等一系列活动来推动欧洲大学的现代化，加强大学与企业合作创新机制的形成。

在2004年《大学在知识型欧洲中的作用》报告中，欧盟委员会就明确指出面对知识经济时代的挑战，欧洲的大学必须发挥建设“知识型欧洲”推动器的作用，鼓励各成员国的大学能够进行更多富有创造性的教学与科研活动，深化与产业界之间的合作关系[②]。

2005年10月，欧盟在英国伦敦汉普敦宫举行了一次非正式首脑峰会，各

---

① Creating an Innovative European. [EB/OL]. http://ec.europa.eu/ienvest-in-research/pdf/download_en/aho_report.pdf.

② Commission of The European Communities. Working together for growth and jobs: A new start for the Lisbon strategy. [EB/OL]. http://europa.eu/legislation_summaries/employment_and_social_policy/growth_and_jobs/c11325_en.htm.

国首脑一致同意，欧盟应该对一些关键问题给予高度优先权，以应对全球化的挑战。其中最重要的问题就是研究与创新。为此，欧盟委员会任命了一个专家小组来研究欧盟当前的形势，并就如何提高欧洲的研究和创新绩效提出建议。专家小组由芬兰前总理埃斯科·阿霍先生(Mr. Esko Aho)任组长，小组成员由欧盟信息社会技术顾问组组长、阿尔卡特电信公司前总裁兼首席运营官约泽夫·考纽博士(Dr. Jozef Cornu)等产业界和学术界的人士组成。2006年1月20日，该小组向欧盟委员会提交了题为《创建创新型欧洲》的报告。这份报告明确提出为了实现知识的有效转化，欧盟各成员国的大学与产业界之间应该建立起能够应对知识经济时代外部挑战的“合作伙伴关系”①。

2006年5月10日，欧盟委员会又发布了《实现大学现代化的议程：教育、研究与创新》的报告。在这份报告中，欧盟委员会建议欧盟成立欧洲技术局(the Institute of Europe Technology)，该机构的主要功能就是通过鼓励大学、企业、科研机构的知识创造与技术创新活动，提升欧洲的教育、科研与创新能力，从而逐渐缩小欧洲与美国和日本在创新方面的差距。这份报告还提出，要促进欧洲大学的现代化进程，就必须激励和提供创新型的变革模式，而鼓励大学与企业之间的合作创新就成为必然。同时，报告还建议各成员国的大学在未来的战略规划中，将与企业界之间建立稳定的结构性伙伴关系作为大学改革的重要议程②。

在此基础上，欧盟委员会举办了大学-企业论坛作为双方交流与合作的平台。2008年2月第一次论坛的三个主要议题就是继续教育与终身学习、课程开发与企业家精神以及知识转移。2009年4月2日的论坛吸引了超过400名来自企业界与大学的代表。随后，在“实现大学现代化的新型合作关系：欧盟大学与企业对话论坛”的政策文件中，欧盟委员会就如何推动大学与企业合作、促进大学生就业、培育大学的创新精神等方面提出了更为具体与细致的行动建议③。

① Creating an Innovative European. [EB/OL]. http://ec.europa.eu/ienvest-in-research/pdf/download_en/aho_report.pdf.

② Commission of the European Communities. Delivering on the Modernization Agenda for Universities: Education, Research and Innovation[EB/OL]. http://www.ihep.org/assets/files/gcfp-files/Delivering_Modernisation_Agenda_for_Universities_Educatio_Research_and_Innovation_May_2006.pdf.

③ Commission of the European Communities. Commission Staff Working Document. *A new partnership for the modernization of universities: the EU forum for university-business dialogue*. http://www.europarl.europa.eu/meetdocs/2009_2014/documents/cult/pr/802/802553/802553en.pdf.

从欧盟近几年来有关推动大学-企业合作创新机制形成的政策文件来看，如果说大学与企业之间的连结是一种必需的话，那么开放且合作的创新机制则已经超越了传统的三螺旋模式，这意味着企业、大学、政府、研究机构、风险资本以及其他各种类型的社会组织必须进行紧密的合作，同时又要作出各自独特的贡献。这种动态的合作创新机制将使大学的功能得到全面的扩展，并在广泛的活动领域中与企业建立持久的合作关系。而对欧盟及其成员国来讲，支持建立大学-企业合作的治理结构，鼓励大学开发新的课程，加强终身学习，促进大学-企业之间人才的流动，培育大学生的创新精神及强化大学与企业之间的知识转移，则成为创设大学-企业合作创新机制的主要内容。

（四）改善创新的外部环境

创新生态系统的运行需要一定的基础设施、人力资本、风险投资和资金投入。同时还要鼓励企业家、技术人员、教师、学生等个人或组织的创新活动，营造一种鼓励尝试、宽容失败的文化氛围。此外，要促使创新主体间交流合作的顺利进行，还必须有规范化的组织制度能够确保各方的利益，补偿新技术和新知识提供者的创新成本，降低知识传递的成本。发展完善高效的创新支持平台，在为各创新主体提供政策、信息、技术等方面的服务的同时，加强各创新主体之间的联系。但是，欧盟成员国之间的多样性造成了创新的外部环境具有一定的不稳定性和异质性。各成员国之间在税收制度、社会保险、教育体制等方面存在着较大的差异，这就增加了创新的不确定性和创新的成本。为了创造一个统一、有利于创新的外部环境，欧盟近几年的政策非常注重与成员国创新政策间的协调配合，鼓励成员国改革不利于创新活动生成的规章制度，培育创新文化。在《创建创新型欧洲》的报告中，欧盟就提出了营造创新环境的主要措施：为欧盟地区提供一个有利于创新的法规环境，同时成员国必须认真执行这些法规制度，促进研发与创新的健康发展；建立法律预测和发展前景评估机制；利用公共采购带动对创新性产品的市场需求。特别注重的是公共采购要向创新型中小企业开放；建立欧盟统一的知识产权保护体系和专利权制度，完善知识产权保护法，促进知识与知识产权从公共资助的研究机构向产业部门的转移，教育体系也要更加系统地提供有关知识产权的培训工作；建立一个开放、竞争性的欧洲人才市场，制定新法规，保证高水平科技人才为欧洲的创新服务并大力吸引世界一流的科研人才；弘扬创新的文化，利用媒体和其他手段鼓励公民接受创新型产品与服务，培养公众的科学技术素养，建立重视科学技术、尊重人才、鼓励创造、尊崇创新的社会环境[①]。

此外，终身学习已经成为欧盟各成员国政策制定的一个热点。在欧盟创新记分牌中，终身学习的参与已经成为创新的17个指标之一。欧盟各国政府认为，通过终身学习使劳动者的技能跟上知识经济时代日新月异的技术变化对于创新是非常重要的。同时，信息技术的发展和欧盟在信息基础设施的建设也为开展终身学习在方法上提供了很多的选择。重视终身学习在创新欧洲过程中的必要性，使受教育和培训的个体掌握有助于创新活动的技能，培训的方式包括远程教育、多媒体培训手段等。

（五）Living Lab

欧盟于2006年11月20日首先提出了名为Living Lab的创新系统，是欧盟基于“里斯本战略”为欧洲构建创新生态系统的关键步骤。Living Lab的核心价值是改善和增进社会对研发与创新的敏锐洞察力以及将潜在的科技成果转化为应用产品和解决方案的动力。Living Lab是欧盟面对“知识经济”所带来的种种挑战而做出的有效回应之一，它采用新的工具和方法、先进的信息通讯技术等手段来调动方方面面的“集体智慧和创造力”。Living Lab强调以人为本、以用户为中心和共同创新，致力于培养面向未来的科技创新模式和创新系统的全新研发环境。该系统立足于本地区的工作和生活环境，以科研机构为纽带，建立以政府、广泛的企业网络以及各种科研机构为主题的开放式创新社会(Open Innovation Community)[②]。目前，欧盟各国已经先后建立起自己的Living Lab实验基地，而欧盟正着手构建跨欧洲范围的Living Lab网络——European Network of Living Labs，从而创设一个推动用户为中心的研发和创新的泛欧合作网络环境。实现从日常生活到工作环境的全面创新，并通过居民和用户的参与，弥合需求与创新间的错位，满足商用和民用需要的解决方案[③]。Living Lab的建立，将会极大的改变欧洲地区的创新

---

① Creating an Innovative European. [EB/OL] http://ec. europa. eu/ienvest-in-research/pdf/download _ en/aho_report. pdf.

② 宋刚，纪阳. Living Lab创新模式及其启示[J]. 科学管理研究，2008(3)：27-32.

③ Living Labs Global. http://www. livinglabs-europe. com/.

模式。

首先，对于政府部门来讲，Living Lab 作为一种战略工具，有助于政府提高城市的国际竞争力和知名度，建立并管理城市品牌。鉴于 Living Lab 的开放性，它还能够帮助城市吸引国内外投资。更重要的是，通过公共与私营部门之间的合作伙伴关系，城市还可以向市民、旅游者和企业提供创新性服务，从而加快城市的信息化步伐和信息基础设施建设速度。

其次，对于企业界来讲，通过 Living Lab 网络，中小型企业也能够推广引领全国甚至全球市场的业务应用和产品，提升企业品牌和国际知名度，帮助企业做大做强。大型企业的研发部门则能通过享受 Living Lab 的创新业务开发服务，有效节约资源，提高投资的有效性。更重要的是，城市可以向它们的市民、旅游者和企业提供创新性服务，从而加快城市信息化步伐和信息基础设施建设速度，产生显著的经济效益，赢得经济增长。

再次，Living Lab 所连接的网络是一个信息和经验的分享网络，企业间、科研机构间能够就经验、创新和学习、战略合作和市场机会方面进行交互，从而产生协同效应。

最后，对于社会而言，Living Lab 完全是以用户为中心，用户的需求得到了最大的尊重和满足，它可以帮助居民利用信息技术和移动应用服务提升生活质量。

从 2005 年旨在促进经济增长和就业、加强欧盟一体化进程的“里斯本战略”开始，一系列推动经济和管理体制变革的政策与措施已经在欧盟范围内得以实施，如凝聚政策、第七个研究与开发框架项目、竞争力和创新框架项目以及在 2007 年至 2013 年间增加结构基金的拨款等。如果从整体的角度来看，上述政策措施所要解决的问题最终都以建设一个良好的创新生态系统为目标。但是根据 2009 年欧洲创新记分牌的结果，虽然欧盟与美国和日本的创新差距在逐步缩小，但是这种差距仍旧十分明显。在与创新有关的 16 项指标中，美国和日本分别有 12 项领先欧盟[①]。可以说，欧盟的经济并没有达到广泛创新的程度，这一点在《创建创新型欧洲》的报告中也有所体现。创新生态系

① European Innovation Scoreboard 2009. [EB/OL]. http：//www. proinno-europe. eu/extranet/admin/uploaded_documents/EIS_2005. pdf.

统的结构复杂并处于动态循环之中。因此，创新政策必须要考虑各组成要素之间动态、复杂的交互关系，促使其形成一种稳定的分布态势，并在受到外部环境压力的影响之下而不断地进行演化。同时，创新政策还要创设有利于创新发生的外部环境。欧盟近年来的创新政策涵盖领域非常广泛，包括了增加对研发和创新的投入，建立健全财政、税收、知识产权等相关制度，加强发达成员国与落后成员国之间的创新合作，激励中小型企业与大型企业形成产业的自然生态，完善欧盟与成员国之间的创新政策协调机制，加强高等教育机构与企业界之间的制度衔接，构建二者的合作创新机制等内容。但从总体来看，其最终目标还是要建立一个完善的创新生态系统，最终实现欧盟的创新战略。

总之，创新生态系统的发展与完善不仅有利于欧盟创新战略的实现，更促进了区域创新系统的完善，有助于提升区域，乃至各成员国的创新能力。欧盟的创新政策还将推动创新实体、创新支持群体、创新环境自身的健康发展并形成创新生态系统中的创新链。国际市场的激烈竞争，知识经济对劳动力素质的要求，新兴工业化国家的强有力竞争……种种挑战将使欧盟的创新政策在各个成员国之间获得更多的一致性，而欧盟的创新生态系统，也将会在这场建设“创新型欧洲”的过程中逐步发展和完善起来。

第三节　域外的经验：美国创新生态系统的形成及其特征

一、　美国创新政策的演变与发展

美国创新政策的建立和发展经历了一个长期的过程，在不同历史时期具有不同的侧重点和特征。从20世纪80年代初期开始，美国的创新政策就逐渐从科技政策和产业政策中独立出来，开始将科技研发活动与影响创新过程的经济、法律、社会、教育等相关活动紧密结合起来。由于早期的创新政策受到了新熊彼特学派的影响，所以这一时期的创新政策非常强调技术创新在经济增长中的核心作用，并具有一些显著的特征：首先，重视技术创新的全过程。美国政府在研发方面投入了更多的资金，积极鼓励工业部门、州及地方政府以及其他的机构共同增加对研发的投资；创设良好的法律环境，鼓励中小企业的技术创新活动；促进国家实验室向工业部门转移知识成果；以战略性的大项目带动全国的技术创新；政府改变贸易政策，以有利于国内企业的技术创新等[①]。其次，制度创新在创新政策中所占的比重越来越大。随着信息技术的广泛应用，美国的经济增长与发展越来越得益于以计算机技术和互联网络为代表的新经济模式所带来的各种产品和服务创新。在这样的背景之下，过去那种注重企业技术创新能力、以国家大量投资于技术创新为代表的传统创新政策，已经很难适应知识经济时代对国家创新政策在内容和手段方面的要求。国家创新政策的制定不仅要关注技术的供应，更要以创设有利于创新活动产生的制度创新作为政策制定过程中的重点。从20世纪80年代到90年代，美国政府制定并颁布了9项联邦技术转移法，通过立法推动制度创新。其中较为重要的三项法律是：（1）贝荷·道尔法：放松了对联邦资助和与政府签订所产生发明的专利的政策限制；（2）史蒂文森-怀德勒法：为引导联邦实验室的研发活动侧重于商业目的提供了法律基础；（3）国家合作研究法：这部于1984年发布的法案放松了对研究合作企业的反垄断法律效力[②]。

进入20世纪90年代，美国在世界上的科技领先地位逐渐遭受到来自印度、中国等新兴经济体国家的挑战。互联网络的兴起，人才的跨国流动更加的便利，知识社会初露端倪……种种新的变化使得创新政策的范围和内涵发生了巨大的变化。在继承技术创新理论并融合人力资本理论及新增长理论的基础上，国家创新系统的观念从一诞生就引起了各国政府决策者和学者的关注。在国家创新系统的理论体系中，除了继续重视技术创新之外，知识也被视作提升国家竞争力过程中的重要资源。创造、储存和转移新知识、新技能、新技术成为国家创新系统的主要功能。国家创新系统的构成要素也几乎涵盖了社会、经济部门中的所有组织，政府、企业、大学、研究院所以及其他社会机构之间不仅在知识、信息、技术等方面进行合理流动，也通过联合、合并、改组等方式创新新的部门和组织，从而最大限度地发挥知识创新、知识传播和知识应用的功能。1996年，经济合作与发展组织在一份报告中认为，国家创新系统可以被定义为公共和私营部门中的组织结构网络，这些部门的活动和相互作用决定着一个国家扩散知识和技术的能力，并影响着国家的创新绩效。这份报告也是国际上第一次正式对国家创新系统作出明确的定义[③]。从此

① 张云源.美国政府对技术创新政策的研究[J].国外科技政策与管理，1990(2)：65-78.
② 邢源源.制度创新与美国技术创新体系的变迁[J].中外科技信息，2003(5)51-52).
③ OECD, DSTI/STP/TIP(96)，http：//www.OECD.org/dsti/sti.

之后，各国创新政策开始由过去的分别制定科技政策、中小企业政策、教育政策逐步转向制定系统、综合的创新政策。

在这样的背景之下，美国政府的决策者对于创新政策的观念也发生了重大的转折。克林顿政府组阁不久就通过一系列文件对美国的国家创新系统作出了自己的阐释。这些政策文件包括：《技术为经济增长服务：增强经济实力的新方针》(1993 年 2 月)、《科学与国家利益》(1994 年 8 月)，《技术与国家政策》(1996 年)、《改变 21 世纪的科学与技术：致国会的报告》(总统科学技术政策办公室)①。总体来看，这一时期美国创新政策的特点主要表现在：政府通过对管理机构的调整，加强政府对科技活动的统一指导与参与，加强政府与企业的合作；鼓励产业界增加研发投入，积极推动实用的基础研究计划；加速军转民项目的实施；重视教育，加强对高等教育的投入；注重培养创新文化，如大力宣传科技的贡献与作用，争取公众的支持②。

进入 21 世纪，随着全球竞争的日益激烈以及创新方式的转变，创新再一次成为美国朝野上下热议的话题。美国的政府部门、政府资助的委员会、非营利性组织和一些专业性的教育组织等都发布了众多的文件和报告，对知识经济时代如何发展和完善美国的国家创新系统，提出了自己的看法和建议。这些文件主要包括：总统科学和技术顾问委员会发布的《美国研究和开发投入之评估：研究发现和行动建议》(2002 年)、白宫于 2004 年发布的《新一轮美国创新》、总统科学和技术顾问委员会发布的《维护国家的创新生态系统：保持美国科学和工程能力之实力的报告》(2004)、竞争力委员会发布的《创新美国：在挑战和变革的世界中达至繁荣》(2004 年)、繁荣经济委员会发布的《迎击风暴：为了更辉煌的经济未来而激活并调动美国》(2005 年)、美国大学联合会发布的《国防教育与创新计划：应对 21 世纪美国经济和安全的挑战》(2006 年)等③。

在上述文件和报告中，《创新美国：在挑战和变革的世界中达至繁荣》以及《迎击风暴：为了更辉煌的经济未来而激活并调动美国》在相当程度上反映了美国创新系统未来发展的路径。《创新美国》的报告认为，21 世纪初

---

① 谢治国，胡化凯. 冷战后美国科技政策的走向[J]. 中国科技论坛，2003(1)：137 - 142.
② 苏英. 美国创新政策的演变及其启示[J]. 科学学与科学技术管理，2006(6)：70 - 74.
③ 赵中建. 美国创新潮透视[J]. 全球教育展望，2007(2)：79 - 85.

的创新出现了一些不同于 20 世纪创新过程的新变化。创新本身性质的变化和创新者之间关系的变化，需要新的理念和方法，“企业、政府、教育家和工人之间需要建立一种新的关系，形成一个 21 世纪的创新生态系统”。报告同时还指出，“我们需要从全局角度来考虑创新，不但要考虑对创新的重要的供应和投入，还要考虑市场需求和外部因素的影响，特别是政策环境和国家公共基础设施的影响”[①]。该报告正式提出了“创新生态系统”的理念，详细分析了美国的创新生态系统正在和即将发生的变化以及美国创新所面临的诸多机遇和挑战，并且提出了 80 余项增强创新能力的政策建议，这些政策主要集中在三个方面：人才（Talent）、投资（Investment）和创新的基础设施（Infrastructure）。

由繁荣经济委员会发布的报告《迎击风暴：为了更辉煌的经济未来而激活并调动美国》，则从促进美国繁荣所必需的人力、财力和知识资本的维度出发，在四个方面提出了改革的建议：

- 培养 1 万名教师和 1 000 万名学生以及大幅度提升 K－12 年级的科学和数学教育来增强美国的人才库；
- 通过科学和工程研究播撒种子，以保持和加强国家致力于长期基础研究的传统，从而保持促进经济发展，确保国家安全和改善生活质量的创新想法得以持续产生；
- 在科学和工程高等教育方面拥有最杰出、最聪慧的学生，从而使美国成为从事学习和研究的最有吸引力的场所；
- 鼓励创新及良好的投资环境，从而确保美国是世界上最具创新力的地方，并通过使专利体制现代化，重组鼓励创新的税收政策及确保用得起的宽带接入，来创设基于创新的高收入工作[②]。

在过去的三十年中，美国的创新政策在指导理论、系统结构、实施模式等方面发生了巨大的变化，从最初的以技术创新政策为主，开始转变为注重影响创新过程的政策制定与实施，在 20 世纪 90 年代开始注重国家创新系统的建设。进入 21 世纪，动态、循环演进的生态观又成为了创新政策的关注点。这一过程反映了美国社会各界对创新的认识在不断的深化，特别是随着生态系

① Innovate America.[EB/OL]. http://www.compete.org/images/uploads/File/PDF%20Files/NII_Innovate_America.pdf.

② 赵中建. 创新引领世界[M]. 上海：华东师范大学出版社，2007.

统的概念被引入到国家创新政策的思考、制定、实施和评价过程中后，创新政策的系统结构从更为广泛的内容来探索促进美国经济发展，提升国家创新能力的种种可能模式。

二、 美国国家创新生态系统的结构与特征

（一）国家创新生态系统的组成结构

正如本文中已经反复提到过的，从最初熊彼特关于创新概念的提出，再到经合组织对“国家创新系统”概念的界定，创新的内涵已经发生了巨大的变化。可以说，创新已经不再仅仅是某种单独具有发明性质或创造性质的“事件”，而是更多地被定义为由多种影响因素、非线性的构成、多样化的参与者、多学科领域的交叉构成，并以价值创造和实现贯穿始终的一个多维度的系统。知识的创造、转移、再生过程也不再是简单的由大学或科研机构到企业，然后再到市场的线性过程，而是迅速发展为全球化范围内多学科、分散式、交互式的活动过程。在知识经济时代，成功的创新更多依赖于非技术性的活动，如组织结构的重新设计、员工培训、金融资本的重组、市场营销的创新、客户关系管理等。同时，企业的创新活动也已经不再仅仅利用自身的资源了，创新就是企业与其外部环境相互作用的过程。这其中就包括了对大学的知识产权和人才资源的依赖，风险资本所提供的金融资源，其他相关企业具有的互补性知识技能和资源，中立性的服务机构以及供应商，甚至还包括了从顾客那里获得创新所需要的动力和资源。因此，创新已经成为一个由诸多行动者、彼此之间的联结、外部环境所构成的生态系统。

正如《维护国家的创新生态系统——保持美国科学和工程能力之实力的报告》所指出的：

“在整个20世纪，从这里诞生的成为我们经济繁荣推动力的所有行业，均得益于一个经过精心编织的国家创新生态系统，这一系统由以下几个部分组成：

- 科学和技术人才——发明家、创新改革家、企业家、熟练的劳动力；
- 世界上确实堪称最好的研究性大学；
- 富有成效的研发中心（一些是以企业为基础的，另一些是由独立的非营利性机构投资的，还有一些是政府资助的）；
- 风险资本产业可以帮助那些具有市场开发思想的企业家和创新者；

● 使得小企业能够取得成功，大企业能够保持持续繁荣的经济、政治和社会环境；

● 在具有较高探索潜力的领域由政府资助的基础研究[①]。”

从图 4.2 中可以看出，国家创新生态系统的结构是一种综合性的框架，并且整合了从传统的创新投入、产出指标到研发的线性链模式在内的一系列要素。

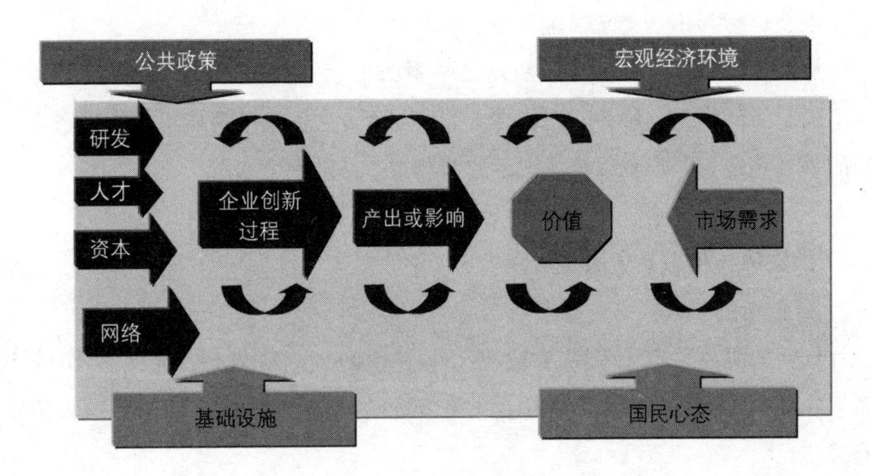

图 4.2　国家创新生态系统结构

资料来源：Innovation Vital Signs. Framework Report. http://www.usinnovation.org/vitalsigns/vital_signs_workshop.asp

首先，国家创新生态系统的主体是由创新投入、企业的创新过程、创新的产出或影响、价值、市场需求构成。其中，创新投入中包括了研发投入、人才、资本、网络等四个要素；企业的创新过程则几乎囊括了企业在创新过程中所涉及的所有活动，如最初的新观念的产生、创新产品的设计、产品开发循环所需要的事件、企业经营战略、商业运行模式的类型、创新活动的国际化程度、新技术的商业化水平等；创新的产出则指通过一定的投入及创新主体的活动，最终形成的各种有形或无形的创新产品、观念、思想、制度。其中包括了创新产品和服务的商业化程度、市场占有率、各创新主体的增长情况、为客户带来的价值，影响因素则包括了对地区或国家 GDP 增长、就业率、社会的进步程度、居民的生活标准和生活质量、国家或地区的竞争力等。

① 赵中建. 创新引领世界[M]. 上海：华东师范大学出版社，2007.

其次，创新活动一定要在适应并满足市场需求的前提下才是有意义的。如果脱离了市场的需求而一味地倡导创新，那么只能是大量社会资源的浪费。

再次，价值在创新投入、创新过程、市场需求三者之间起着关键性作用，而生态系统中各内容的关系并非是自上而下或单向进行的过程，它们彼此之间构成的是一种首尾相连的状态，彼此之间的过程是可逆的，而价值创造在衔接创新过程与市场需求之间发挥着作用。

最后，除了上述直接与创新发生联系的要素之外，还有四个背景领域影响了创新活动发生的频率、连贯性、成功与否，它们也就组成了创新生态系统中的外部环境，即宏观经济状况、公共政策、基础设施状况、国民心态。

（二）国家创新生态系统的要素分析

1. 创新的投入

创新的幅度、范围和效果取决于关键性的创新资源（即创新投入）的类型、数量和质量。在创新活动中，大约50%的指标都与如下的四类投入因素有关：

- 研究与发展　该领域的创新因素由知识创造过程组成。主要指标包括了在公共与私营部门中研发支出的来源，如大学、联邦实验室、私人研究机构、科学出版物、专利等。上述指标通常被用来衡量一个国家的创新能力。当研发的支出是创新活动的重要推动力时，它并没有直接受到其他创新因素的运行。知识产权也可以作为发展新的产品和服务的副产品而得到增加。创新型的商业模式，过程和市场方法通常都具有非研发的本质。
- 人才　对创造力和创新人才的需求在迅速增加，这也可能是指标中最重要的设置。正是由作为个体的科学家、工程师、企业家和创新团队在进行真正的创新工作和价值创造。
- 资本　将创新进行发展并扩散到经济活动和生成生产率增长的关键是一个国家资本市场中投资的规模、特征与比率。自1995年之后，更多的贷款被特别投入到信息通讯技术（ICT）的投资当中作为对高生产率增长的贡献，然而进入到风险资本市场和首次公开募股，在企业的初期发展阶段中起着关键性作用。在整个20世纪90年代，有风险投资背景的公司对于就业和繁荣股票市场起到了非常大的贡献作用。联邦政府的小企业创新研究（Small Business

Innovation Research，SBIR）项目就是种子资本的一个重要来源。

● 网络　更多的创新具有一种合作的本质，这种本质是靠计算机和通讯技术的指数增长以及普遍性而得到驱动的，比如说 E-mail、互联网、协同软件应用、搜索引擎、社会网络以及移动设备。人群和商业企业接入到计算机和高速数据、视频、音频连接的数量可以增加创新的能力、速度和创新的效率。而且，创新涉及领域涵盖了金融服务、教育、电子商务、健康护理、公共服务在内的在线服务的新市场。以斯蒂文森-怀德勒法（Stevenson-Wydler Act）和联邦技术转移法（Federal Technology Transfer Act）为代表的联邦立法的改变已经开始鼓励大学和联邦实验室之间建立合作伙伴关系，增加公共资助的研发的商业化频率。

2. 创新的过程

企业尤其是中小型企业，是创新过程中的主体，它们同时也在美国的经济发展中扮演着重要的角色。企业通过对创新资源的利用、开发、管理、市场化来满足顾客的需求。从企业的角度来看，创新在很长一段时期内被认为是创造新发明、提供新的产品和技术。但是随着非技术性因素在创新中所占的重要性逐渐显露，商业模式、人力资源培训、企业文化的变革、信息系统的重组、市场战略的调整、资产的重新配置等都可以看到与创新有关的活动。

● 管理　企业中的经营管理活动设定了企业在创新方面的组织和文化基调。管理中的实践活动、组织变革中的因素以及其中所存在的种种阻力都会影响创新活动的生成。因此，创新管理就显得十分必要。一般来讲，成功的创新管理包括了以下几个主要方面：从战略的角度看待创新和创新管理问题；开发和运用有效的实施机制和机构；为创新开发提供一个支持性的组织环境；建立和维持有效的外部联系[①]。

● 产品开发　这一过程也就是通过一系列的活动将新理念、新技术转化为有形的市场产品。一般来讲，产品开发过程涉及到了市场定位、产品设计、策划、生产、营销、配送和支持系统等多个阶段的工作。这些阶段往往被看作是一条线性的步骤。但是在现实情况中，产品开发过程中的许多活动都是非常复杂的。对于这个过程的每个阶段中，都还有许多子流程。开发过程中

① 玖·迪德，约翰·本珊特，凯斯·帕维特. 管理创新：技术变革、市场变革和组织变革的整合[M]. 王跃红，李伟立，译. 北京：清华大学出版社，2008.

忽略了的技术问题也可以返回到设计阶段进行重新创作，甚至在基础科学方面也会产生额外研究的需求。这些过程中还涉及到许多的项目，如管理网络的营造、与顾客、商业伙伴、供应商、知识转移对象之间的合作，以及在公共政策和分配模式等方面做出整合、具有互补性质的创新活动。

3. 创新的成果及影响

通过一定的投入和复杂的过程，创新的最终目的是通过商业化过程，使用户[①]接受创新所带来的种种观念或物质上的改变并对社会进步产生积极的影响，这也是创新的核心价值。创新所带来的种种“无形产品”，如更便捷的服务、更新的理念、对未来的某种良好预期等，也会对宏观经济的发展形成一种“溢出效应”。正如自然界生态系统中的食物链一样，创新生态系统中的创新实体或创新群落也构成了一条“创新链”。某个创新实体的产品也会激发出另外一个创新实体的灵感，而某个实体创新活动的成功则有可能依赖于他人，依赖于众多与之兼容配套的协作和技术标准合作。如早在20世纪90年代，飞利浦、索尼、汤姆森等公司投入数十亿美元开发出了高清晰视频技术，但由于影像制作技术、信号压缩技术、广播电视技术等关键性配套技术未及时形成有效的耦合关系，致使这些公司迄今未能获得投资回报。再如因缺乏配套的汽车电路操控技术开发，世界轮胎大王米其林公司1997年开发出PAX防爆轮胎至今未获得市场广泛认可[②]。

4. 创新的外部环境

● 宏观经济状况　企业的创新活动在很大程度上还取决于一个国家的宏观经济状况以及全球的经济发展状况。创新活动中所存在的风险以及期望得到的利益都与国内和国外市场的变动、投入资本的成本变化、货币评估以及市场准入制度有关。

● 公共政策环境　无论是在英美等以不干涉经济活动为指导原则的国家，还是在一些新型的中央集中管理色彩浓厚的国家或地区，公共部门与创新过程的联系始终是非常密切的。这一点可以从各国公共部门对研发的投入占该国研发投资总量的比重中就可以看出来。政府的重点资助项目和研发经费投入某一个科学领域(如生物科学、新能源开发与利用、纳米技术、先进计

---

① 这里的用户指的是所有享受到由创新所带来的种种有形或无形产品的组织或个体。
② 李湘桔，詹勇飞. 创新生态系统：创新管理的新思路[J]. 电子科技大学学报，2008(1)：45-49.

算机系统)都会在很大程度上影响该国创新活动的方向。然而，研发投入只是公共政策对创新产生影响的其中一个领域，其实公共政策影响创新的具体领域及公共政策激励创新存在着如下多个方面：

基础设施　国家的创新基础设施为创新活动提供了各种资源并且作为创新活动的平台而发生作用。大体来讲，基础设施可以分为如下一些组成部分：

信息基础设施　为企业的创新活动提供许多重要的工具和沟通交流的平台。全球范围内的合作与开放式的创新体系都有赖于在计算机、软件应用、互联网技术等方面的发展。

法律基础设施　在创新活动中扮演的角色非常多样，从保护知识产权，确保技术转移合同的有效，使法律和规章制度更加的公平和平等，到确保各种资源投入与利用过程中的公开与透明，以及对各种创业活动提供法律保障。

区域创新集群　所谓创新集群，就是在一个特定的区域内，通过通用技术及技能连接起来的在空间地理上非常接近的一组企业及其他关联性组织。它们通常存在于一个地理区域内，并由此进行信息、资源、技术、人员之间的共享与交换[①]。在创新集群中，企业以生产技术密集型、知识密集型产品为主，经济活动的附加值非常高，集群所特有的技术和知识是竞争优势的主要来源。作为一种经济组织形式，创新集群内的企业、研发机构与中介服务机构组成了一个完整的创新网络，从而可以发挥创新的协同效应；创新集群内部的组织机构属于学习型组织，具有很强的创新能力和学习能力；同时，高度的开放性使得创新集群内部的各个组成部分可以不断地与外界进行信息交换从而提高自身的知识水平。

科学与研究机构　知识与人力资本的主要来源，包括了研究型大学、联邦实验室、非营利性研究中心等机构。

资本市场　包括银行、股市、风险投资在内的金融资本及其提供的各种创新性产品和服务。风险投资和政府的研究项目对于那些以高新技术为基础的企业具有很重要的影响作用，甚至在很大程度上决定了这些企业是否能够生存下去，而股市则为创新者提供了某种激励并且决定了该企业未来的价值。

教育机构　K－12阶段的学校、大学和学院，此外还包括私人培训机

---

① 迈克·波特，国家竞争优势[M]. 李明轩，邱如美，译. 北京：华夏出版社，2004.

构。这些机构所发挥的作用主要在于培养未来具有创新精神的科学家、工程师、管理人员和技术人才。

● 国民心态　一个国家或地区的民众对科学技术和创新的态度往往决定了创新能否在社会的主流意识形态中占据重要的位置，而这一点，对于创新来讲，也许更为重要。它孕育了一种鼓励探索、敢于冒险、不服从于既定权威、容忍失败的文化，而这种文化是创新活动能够成功的"精神支柱"。同时，在将国家创新生态系统所蕴含价值最大化的过程中，参与者的规模和数量将远远超过某个个体或者是生态系统中某个节点的范围，而是一种社会全体成员广泛参与并试图构建的一种与创新有关的新范式即对创新过程的再认识、对创新功能的重新定义、创新中的开放与互惠以及终身学习和追求卓越的必要性。

三、后危机时代美国创新生态系统的构建

创新被认为是美国文化的核心精神之一，创新能力也被视为美国竞争力的一个重要组成部分。正如《创新美国》中所认为的那样，"创新精神是决定美国在 21 世纪获得成功的唯一最重要因素……创新精神一直深深地植根于美国的国家精神之中……我们美国人一旦停止创新，就不再是真正的美国人"[①]。2009 年的 13 名诺贝尔获奖者中，有 9 名是美国人。在 1901—2012 年的所有 194 名诺贝尔物理学奖得主中，美国人达到 65 人(占 33.5%)，163 名化学奖得主中，美国人有 49 人(占 30%)，201 名医学奖得主中，美国人为 66 人(占 32.8%)，71 名经济学奖得主中，美国人的所占比例高达 56.3%(40 人)。美国仍然在信息技术、生命科学、纳米技术、生物制药等领域占据优势地位。但是伴随着中国、欧盟、印度等其他国家和地区对研发投入的大幅增长，美国的创新优势正在逐渐消失。正如美国《新闻周刊》在 2009 年的一期封面故事中所指出的，"过去的 20 多年来，美国的创新力正在衰竭，而其他国家正以惊人的速度在迎头追赶……，中国已经宣布，20 年内，其 GDP 的 60%将与科学技术有关……，2006 年，全球 5.5%的药物专利申请中有 1 名以上的专利人来自印度，8.4%的药物专利申请中，有 1 名以上的专利人来自中国，这相比 1995 年增长了四倍。而在美国，自冷战结束以后，投入到应用科学的研发资

---

① Innovate America. [EB/OL] http://www.compete.org/images/uploads/File/PDF%20Files/NII_Innovate_America.pdf.

金急剧下降，整个90年代下降了40%”[①]。近些年来，美国对于科学研究的投入下降，教育体系的国际竞争力逐渐下降，对顶尖人才的吸引力也逐渐丧失，对制造业创新和知识密集型服务业创新的忽略以及过度的金融衍生品创新，后者造成了2007年8月开始在全美蔓延的次贷危机，并随之引发了全球历史上最严重的金融危机。上述状况的出现使得长久以来笼罩在美国身上的“光环”开始消退，世界上其他国家和地区与美国在创新能力上的差距正在逐渐缩小，而美国的创新生态系统也出现了严重的失衡。朱迪·艾斯特林在其著作《美国创新在衰退》一书中，用一种形象的比喻来说明美国创新生态系统中所存在的那种人们当时无法察觉，但随着时间的推移其危害却会逐渐显露出“疾病”：[②]

> 树木中有一种传染病，叫“根腐病”。患上此病的树最终都会死亡。但在很长时间里，它们外表上都是健康的，枝繁叶茂。科学研究资金减少后创新生态系统发生的情况，用根腐病做比较很是恰当。研究资金和技术应用之间的时间差，可能长达几十年。由于忽视了对根基的养护，有多少枝叶长不出来，我们没办法知道——要等到一切为时已晚的时候才恍然大悟。我们忽视根基有些时间了，但自从2000年开始，伴随着高新创业环境的剧烈变动，连枝叶我们也疏于养护了。

在这种背景之下，“创新美国”、“维护美国的创新生态系统”、“提升美国的创新力”也就再一次成为奥巴马政府让经济走出大衰退的深渊，并用来提升美国的可持续发展和增长能力的主要武器。为了使美国经济走出低谷，奥巴马入主白宫所签署的第一个由国会通过的法案就是应对美国经济危机的“2009年经济复兴与再投资法”（The American Recovery and Reinvestment Act of 2009，简称ARRA）。该法案提出由联邦政府投入总额为7 870亿美元的资金用于拯救陷于瘫痪的美国经济，其中有大约1 300亿美元的资金用于支持创新、教育和基础设施。在ARRA的基础上，美国总统办公室、国家经济委员会和科技政策办公室于2009年9月21日联合发布了《美国创新战略：推动可持续增长和高质量就业》。该战略旨在激发美国人民的创新潜力，增强

① http://finance.sina.com.cn/roll/20091117/20406977849.shtml.
② 埃斯特琳.美国创新在衰退[M].闫佳，翁翼飞，译.北京：机械工业出版社，2010.第84页.

私营部门的活力，以确保未来的发展更稳固、更广泛、更有力[①]。在发布该战略的演讲中，奥巴马进一步阐释了《美国创新战略》的核心内容。该战略由强化创新要素、刺激创新和创业、推动优先领域的突破等三个层面组成了一个金字塔型的创新战略，每个层面中又由不同的具体支持措施和行动议程构成。

（一）对美国创新的基础要素进行投资

《美国创新战略》首先注重的就是建构国家的创新基础设施、强化美国的创新要素，这其中的主要内容包括恢复美国在基础研究方面的领先地位，催生新型产业，增加就业；培养具有21世纪知识和技能的人才，建设能够达到世界级水平的劳动力队伍；建设先进的物质基础设施；发展先进的信息技术生态系统。具体的措施还包括：

- 美国公共和私人研发投资要占到GDP的3%；
- 国家科学基金会、能源部科学办公室、国家标准与技术研究所等主要科研机构的研发预算翻倍；
- 在总统预算中拨出750亿美元资金，并将研发税收减免政策永久化；
- 拨款40亿美元用于“力争上游”计划(Race to the Top)，提升K－12阶段的教育质量；
- 改进美国的科学、技术、工程和数学(STEM)教育，鼓励学生学习上述课程；
- 大力完善交通运输网络，开发新一代的交通控制系统，为此在2010年投入8.65亿美元的资金用于改善新一代的航空控制系统；
- 扩大宽带接入，保持互联网接入的自由和开放；
- 在美国历史上首次任命政府首席技术官(Chief Technology Officer of the U. S Government)，对互联网络的技术应用进行监管；
- 维护网络空间的安全。

（二）促进竞争性市场的形成，激励创新和创业精神的形成

这一层面的主要内容是鼓励美国国内形成充分竞争的市场，为年轻人的

---

① A strategy for American innovation: driving towards sustainable growth and quality jobs. [EB/OL]. http://www.whitehouse.gov/assets/documents/innovation_one-pager_9-20-09.pdf.

创业、小企业的创新以及风险投资的合理使用营造一个健康、成熟的外部环境，并确保美国企业在全球创新领域内的国际竞争力。具体措施有：

- 开放国外市场，促进美国的出口；
- 保护知识产权。为此，奥巴马政府将对美国专利商标局进行改革，使其有足够的资源、权力和灵活性来有效地管理美国的专利制度，对高质量、创新性的知识产权予以保护；
- 支持开放的资本市场，以便将资源配置到最有前景的创新观点中；
- 促进高增长的实现，并鼓励建立在创新精神基础上的创业活动。中小型企业是各种创新活动的主要力量，一支富有活力、充满探索和创新精神的企业家群体也必然会形成一个个以创新为动力的产业。为鼓励中小企业的发展，奥巴马政府还提议免除小企业的资本增益税，同时对创业者进行培训和指导，另外还将拨款 5 000 万美元作为地区规划和补助基金，用于促进区域创新集群的发展；
- 推动公共部门创新并支持社会的创新活动。奥巴马政府认为，创新必须来自社会的各个层面，这也包括了政府自身创新能力的提升。《美国创新战略》还提到投资 5 000 万美元作为社会创新基金(Social Innovation Funds)的种子资金，用以支持社会中富有成效、非营利性质的社会创新计划，并为在全美范围内推广这些计划提供所需要的资金。

(三) 推动优先领域的技术突破

第三个层面的内容则强调政府介入国家经济活动中一些比较重要和特殊的部门，以国家进行资助的重点研究项目等形式力求实现这些优先领域(Priority Areas)的重大技术突破，从而进一步保持美国在全球科技研发中的领先地位。具体措施主要包括：

- 推动清洁能源技术的研究和应用。未来十年内美国将投资 1500 亿美元支持清洁能源技术的研发和推广应用，主要包括了智能电网、风能、太阳能、生物燃料、绿色建筑、防扩散的核反应堆、碳积储等新能源领域；
- 支持清洁能源领域创新人才的培养。为此，《美国创新战略》提出了要实施“重塑美国能源科学与工程学优势”(RE-ENERGYSE)的教育计划。该计划将由能源部和国家科学基金会联合实施，旨在通过提供奖学金、设立跨学科研究生课程、建立大学-企业创新合作伙伴关系等措施，激励美国的年轻一代投入到清洁能源技术的开发领域中；

- 支持先进的汽车技术，确立美国在这一领域的领先地位。2009 年 8 月初，美国政府将投入 20 亿美元，鼓励私营部门为建设有全球竞争力的本土电池和电力驱动部件产业进行投资，同时提供高达 7 500 亿美元的税收减免，鼓励美国民众购买电力驱动的汽车；
- 推动卫生保健技术的创新。

第五章　创新项目的评估指标研究

创新并不是一个新的现象，可以说，它的历史和人类的历史一样悠久。但是，对于创新现象的理论研究，却只有不到百年的时间。1912年，奥地利经济学家熊彼特在其经典著作《经济发展理论》一书中首先提出“创新”这一概念。1939年，他又在《商业周期》中比较全面地阐述了其创新理论的内涵。他认为创新是在新的体系里引入了“新的组合”，是“生产函数的变动”。这种新的组合包括如下内容：(1)引进新产品；(2)引进新技术；(3)开辟新的市场；(4)控制原材料新的来源；(5)实现工业的新组织[①]。可以看出，熊彼特创新概念的涵义相当广泛，并且将与技术相关的创新活动作为其创新理论的主要内容。在他之后，随着弗里曼(Freeman)、纳尔逊(Nelson)、库克(Cooke)等经济学家对创新的研究不断深化，创新理论得到了飞速发展并显示出强劲的生命力。特别是近二十年来，人们对创新的概念进行了重新定义，创新的价值实现被特别强调，而创新概念的范畴也从单纯的技术创新扩展到了全社会领域的非技术性创新。创新的科学分类、集群化创新、国家和区域创新系统理论、动态的创新生态系统、创新测度与创新指标体系、以web2.0为特征的交互式创新模式等研究极大地丰富和拓展了创新理论。与此同时，创新也早已超越了学术研究的范畴，成为先进国家经济繁荣、社会进步的重要基础。而创新的测度及其指标体系的构建，则是了解创新水平和能力的主要途径。创新指标是量化的评测结果，它涵盖了支持整个经济体创新的基础设施、支持特定互联产业集群创新所需的条件以及它们彼此之间联系的紧密度，如基础研究与企业联系的能力、企业的努力对技术和熟练人员总储备的贡献等。可以说，创新指标并非用来反映一个国家或地区短期内的创新能力和竞争力，而是它们保持长期生产率提高和提升创新能力潜力的宏观基础。近年来，随着欧盟、美国等发达国家创新调查的持续进行，创新测度及创新指标体系已经成为国际社会创新理论与实践的热点问题之一。

① 熊彼特·约瑟夫. 经济发展理论[M]. 何畏，等，译. 北京：商务印书馆，1990.

第一节 创新测度与创新指标的国际研究

一、创新的科学分类

为了对创新进行测度并理解其对国家、社会、企业、个人所具有的极端重要性，我们首先要做的就是对创新进行分类。创新分类研究始终伴随着创新理论的发展。每当创新理论发展到一定阶段的时候，它必然要求新的创新分类能够推动理论与实证的研究，而这也在很大程度上使得创新测度有了突破性进展，为创新指标体系的建立提供了更为有效的工具。早在熊彼特提出创新这一概念时，他就已经将创新划分为了五种类型：新产品、新的生产方法（工艺流程）、新的供应源、开辟新的市场以及新的企业组织方式[①]。从上述类型中可以看出，熊彼特所指的创新含义是相当广泛的，它是指各种可提高资源配置效率的新活动，而这些新活动却不一定与技术相关。与此相似，“产品创新”和“流程创新”也相应地被用来描述新的或改进的产品和服务，以及对产生这些产品和服务的方式的改进。埃德奎斯特(Edquist)则建议将流程创新进一步划分为“技术流程创新”和“组织流程创新”，前者是指产生新兴的机械，后者指应用新的方法去组织工作[②]。作为世界上最早也是最系统研究创新理论的机构，英国苏赛克斯大学(vers of Sussex)的科学政策研究所(Science Policy Research Unit, 简称 SPRU)则将创新分为渐进性创新(Incremental Innovation)、根本型创新(Radical Innovation)、技术系统变革(Change of Technology System)和技术-经济范式的变革(Change of Technology-economic Paradigm)[③]。此外，根据不同的划分标准，创新也可以被划分为其他的类型，如根据创新所依赖的价值网络的不同，运用“破坏性”和“延续性”对创新进行分类；根据创新性的大小，加西亚(Rosanna Garcia)和卡兰托恩(Roger Calantone)则将创新分为渐进创新、根本创新和适度创新；享德森(Henderson)和克拉克(Clark)则认为创新活动所运用的新知识可能强化现有知识也可能摧毁现有知识。因此，他们从知识管理的角度出发并采用元件知

① 熊彼特·约瑟夫. 经济发展理论[M]. 何畏，等，译. 北京：商务印书馆，1990.
② [挪]詹·法格博格，[美]戴维·莫里，[美]理查德·纳尔逊主编. 牛津创新手册[M]. 柳卸林，郑刚，蔺雷，译. 北京：知识产权出版社，2009：74－75.
③ 甘德安. 知识经济创新论[M]. 武汉：华中理工大学出版社，1998：106－107.

识(component knowledge)与建构知识(architecturalknowledge)两个变量，依据创新对于现有知识破坏和强化的程度将创新活动分为渐进型创新、建构型创新、模组型创新和根本型创新四类[①]。按照创新的规模，也可以将创新活动分为四个层次：全球性的创新、国家和地区层面的创新、产业部门的创新以及企业内部的创新。

随着人们对创新研究的不断深入，技术创新论以及创新的线性模式已经受到广泛的质疑。特别是伦德威尔提出国家创新系统的概念之后，学术界开始广泛利用系统方法来研究创新过程中诸要素之间存在的各种耦合关系，重视创新过程的动态化及开放式、交互式的特征，强调创新中的非技术要素。因此，新的创新分类也开始注重将技术创新与非技术创新加以区别，明确彼此之间的界限，从而有利于对创新测度进行指导并作为设计测度的指标体系及其相应指标的指南。目前，国际上广为认可、已经成为创新分类和测度方面最权威的文件是经合组织于2005年公布的《奥斯陆手册》第三版。在这一版本中，创新按照其各个环节及性质的不同被分为了产品创新(Product innovation)、流程创新(Process innovation)、营销创新(Marketing innovation)和组织创新(Organizational innovation)四种类型。这一分类最大程度地保持了第二版中技术取向强烈的产品创新和流程创新的分类，同时引入了营销创新和组织创新两种新的类别，从而丰富并拓宽了创新活动的复杂性和多样性。

产品创新是指使用性能和特征上全新的或者是经过显著改进的产品。产品创新的产生既可以是利用新的知识或新的技术，也可以是基于已有知识和技术的重新利用、组合。因此，这里的“产品”不仅包括了新的商品和服务的引入，同时也意味着对已有产品或服务的功能、特征进行显著的改进。这种改进往往是通过对产品的原材料、成分及其他特征进行改变从而大幅提升产品的性能，如防抱死系统(ABS Braking)、全球定位系统(Global Positioning System, GPS)以及其他在汽车行业中采用的自动控制系统等，都是通过对原有产品的功能进行拓展，或是对强调原有产品中某一特征而形成了新的创新。在服务活动中体现出的产品创新，则指的是如何通过各种创新活动对原有服务的过程、质量、效果进行改进，并提供新的服务。

流程创新则是指采用全新的或显著改进的生产或运输方法，它包括技

① 吴晓波，胡松翠，章威．创新分类研究综述[J]．重庆大学学报(社会科学版)，2007(5)：35－41．

术、装备、软件方面的显著改进，流程创新可以明显减少产品生产和运输过程中的单位成本，提高产品质量并生成新的或有显著改进效果的产品。根据产品流程的性质不同，流程创新也被分为生产方法改进和运输方法改进两类。生产方法改进涉及与生产产品或服务有关的各种技术、设备或软件，比如说在生产线中应用一套新的自动化控制设备或是在产品开发阶段借助新的计算机辅助设计软件等。运输方法改进关注的则是与产品或服务的流通、技术和软件等资源的投入以及最终产品的配送等有关的创新性活动。除了上述方法之外，流程创新还包括了所有涵盖了技术、装备、软件方面显著改进的各种辅助性质的支持活动，比如说采购、审计、计算机信息处理、设备养护、信息通讯技术的采用等。

营销创新是采用包括产品设计或包装、产品分销、产品推广和定价的显著改进等新的市场营销方法为主要特征的创新活动。营销创新的目的旨在更好地满足客户的需求，打开新的市场或是重新定义某个组织在市场中的地位。与组织中其他类型的营销手段相比，营销创新的最大特征就在于它必须是反映了该组织某种新的营销理念和营销战略，这主要包括产品设计、产品定位、产品促销、定价四个方面。

组织创新是指在企业的经营实践活动、工作组织、外部联系中实施新的组织方法。组织创新有利于降低组织在运行过程中所产生的种种行政成本和交易成本，增强工作场所内部的满意度从而提升劳动生产率。在企业经营活动中体现出来的组织创新反映的是为了提高企业运作过程中的效率，如何采用新的组织手段和方法将所有的工作常规化、程序化。在工作组织中所发生的种种组织创新活动，则强调在组织活动的每个部门内部及不同部门之间，按如何采用新的组织手段和方法来分配每一名员工的责任和决策权。其中一个较有代表性的例子就是20世纪80年代肇始于欧盟企业的自主管理理念，员工被赋予更多的决策自主权，企业也非常鼓励员工提出种种有创意的观点和见解，同时，企业的组织结构也发生了改变以有利于这种理念在企业中的发展。在外部联系中发生的组织创新所反映的是一个组织如何采用新的组织方法来建立与外部机构之间共同发展、合作共赢的关系。这包括企业与研究机构之间的创新合作机制、企业与用户之间新的沟通模式和方式、公共机构之间有效的联结机制、政府与企业之间的沟通等。

二、 创新测度与创新指标的理论发展

随着人们对于创新的理解不断深化以及新的创新分类的出现，传统的建立在技术创新理论基础上的创新测度方法显然不能反映创新的非技术特性，而由此构建出的创新指标体系在范围和程度上也就具有相当大的局限性。比如说技术创新理论把专利拥有量作为最重要的创新产出指标之一，而国际统计数据表明只有十分之一的专利被商业化，而其中只有7%获得经费资助、1%产生经济回报。也就是说，总共只有万分之一的专利实现了实际的经济价值。长久以来，几乎所有的创新测度方法都将创新过程看作是无法弄清内在运行机制的“黑匣子”，而只从它的投入与产出来分析创新。这种线性的测度模型忽略了创新过程中的动态性和复杂性，因而逐渐受到了人们的质疑。卡拉扬尼亚(Elias G. Carayannis)就认为，一个成功的创新测度的基础应该包括如下内容：测度的目标应该清晰明确；与创新有关的利益相关者应该介入到测度的过程中；必须进行及时的数据收集和测度分析；测度应随组织和环境的动态变化而发生相应的改变；由于创新过程中不同要素之间的交互作用，对创新的测度也应该重视交互模式的影响；基于系统理论的创新与知识创新，需要对创新指标进行界定，从而反映出组织之间的知识流动；由于大部分创新并不具有破坏性的本质，因此渐进式创新的测度需要得到重视[①]。

在2009年2月19日召开的增长与创新分会上，与会人员也一致认为对于创新的测量必须考虑到创新过程的因素，并提出了指导创新测度的十项原则：

- 测量创新的投入、产出及成果，也应该将质性的、主观的测量结果接纳在内；
- 创新的测度是持续的改进过程，绝对不会有一种固定的状态；
- 对创新的测度应该分层进行，如企业层面的创新、产业层面的创新、地区层面的创新、国家层面的创新等；
- 不能过度迷恋于单一的创新测度方法并将达到某个数字看做是创新测度的全部，而应该意识到创新与创造价值才是测度的目标；

---

① Elias G. Carayannis. Past, present and emerging innovation metrics and indicators[EB/OL]. http://www.usinnovation.org/pdf/astra_innovationmetricscarayannis207.pdf, 2010-6-12.

- 由创新所带来的效果可能要经过很长时间才会显现，而其中的一些因素是超出创新者控制范围的，因此创新测度的结果也要考虑到此类因素的影响；
- 创新要求各个领域的学习，创新测度需要寻找一种基本的测度方式；
- 创新也要求对基础设施领域进行大量的投资；
- 创新通常也包含着失败，而这种失败则会成为学习的机遇，创新测度也要关注那些失败的创新活动；
- 创新的产生会早于实质性活动的发生；
- 创新在这样的文化中才能得到繁荣发展：组织内部和外部之间自由地分享一切与创新有关的成功或失败[①]。

在分析一个国家或地区的创新水平和能力时，对于创新的测度显然是不可避免的。如前所述，注重对创新投入和产出进行大样本调查的方法有可能会揭示创新过程中的一些普遍规律，但是这并不能涵盖创新过程的全部。按照知识流理论和动态的、非线性的、交互式的创新模式，创新测度与创新指标体系的内容不仅要关注既有的投入与产出，也要涵盖创新过程中最复杂、也是最重要的要素即创新关联。为了解决这一问题，《奥斯陆手册》第三版中把创新的类型从原来只有产品创新和服务创新两类指标拓展为产品创新、流程创新、营销创新、组织创新四大类别，同时单独列出一章对创新关联作出分析，并设计了与创新关联有关的指标。

《奥斯陆手册》(Oslo manual)也被称为“技术创新调查手册”，是经合组织测评科学技术活动的系列手册之一，也是经合组织为成员国进行技术创新数据的采集和分析而与欧洲统计局合作制定的，因其源自挪威奥斯陆(Oslo)召开的会议而得名。《奥斯陆手册》于1992年首次出版，1997年和2005年分别进行了修订再版。前两版的《奥斯陆手册》已经意识到创新关联的重要性。第一版中就曾经列出了一定数量的与创新有关的内部和外部知识来源、编码知识获得的可靠来源、显性技术与非显性技术的获得以及必要的外部因素等内容。上述知识来源可以被看做是“创新性观念”的来源，它们在创新过程中所起的作用要么是有利于创新项目的启动和发展，要么是作为创新项目最终

① The 2009 growth and innovation summit. Ten innovation measurement principles. http：//innovation.fleishmanhillard.com/.

成功的主要因素而发挥作用。此外，第一版的《奥斯陆手册》还讨论了通过向创新型企业的客户部门销售产品以及进行研发合作以形成技术的输出扩散现象(Outbound Diffusion)。

在1997年的第二版《奥斯陆手册》中，与创新有关的内外部知识来源被合并为一整套创新的“信息源”。比如说，企业与公共机构之间既可以通过消极的(单向的)技术转移，也可以通过积极的合作构成信息源。在第二版发行之后，许多创新调查就建立在此框架之上，并且增加了关于创新的信息源之间彼此分离的问题以及创新合作的调查。上述对关联重要性的认识逐渐得到了广泛认同并最终在2005年的《奥斯陆手册》第三版中得到体现：首先，从名称上取消了前两版中的“技术”二字，用“创新”替代了表述不全面的“技术创新”。其次，鉴于创新的非线性交互模式，增加了创新关联的内容，设计了三类创新关联的指标：(1) 开放的信息源；(2) 知识与技能的获得；(3) 创新的合作[①]。这三类指标分别代表了关联在创新过程中所起的作用：

● 开放的信息源为个人、企业、公共组织提供了免费或者花费很少就能够得到所需知识的渠道，使它们能够以极低的成本与组织外部进行信息的沟通和交换，从而促进创新的发生。比如说作为贸易协会的会员、作为国际会议的出席者、订阅与自身有关的免费电子杂志等。这种关联不仅涉及到了编码知识如何在个人之间、组织之间、个人与组织之间的转移、复制、合成、再生，也包括了默会知识的获得，如通过参与国际会议或展览会中的人际互动而获得部分默会知识。

● 知识与技术的获得是指在没有与外部来源积极互动或者合作的情况下购买外部的知识或技术。这些知识可以体现在机器设备、新的雇员中，也可以是利用合同研究或咨询服务。其他未体现出的知识或技术则包括了专有技术、专利、许可、商标、软件等。

● 创新的合作涉及在与其他组织或机构联合进行的创新项目中积极的参与。创新的合作使得一个组织在自身能力有限的情况下可以获得有效的知识或技术。它可以发生在供应链的过程中，也可以体现在客户与供应方在创新

---

① OECD, Olso Manual：guidelines for collecting and interpreting innovation data.[EB/OL]. http：//www.oecd.org/document/33/0，3343，en_2649_34451_35595607_1_1_1_1，00&&en-USS_01DBC.html，2010-5-15.

过程中的合作，还包括了企业与其他企业、公共研究机构之间的合作。

《奥斯陆手册》第三版是当前创新理论发展的一个代表，无论是对于创新测度及创新指标体系的构建，还是对于创新本身的研究，都具有非常重要的意义。手册第三版确实在创新数据的采集和解释方面取得了突破性的进展，但也正如他们自己承认的还存在一些明显的不足，如：缺乏政府部门创新的数据；难以反映过程方法和组织的变化；创新的交互过程的数据不够精细；向服务业延伸的不够等[①]。然而，创新测度的关键还在于建立一套能够准确反映创新过程中各个要素之间交互作用的创新测度模型以作为设计指标体系的指导框架。达维拉(Davila)提出了一个分层的树状模式图来表示创新测度系统，反映了创新测度的设计与实施中需要考虑的各种因素，并将创新测度分为四个主要领域：对思维能力的测度；对组合创新的测度；测度创新的执行及其成果；测度可持续的价值创造。其中，每一个领域都可以被划分为多个二级和三级的指标，用来反映与组织的创新活动有关的各个方面[②]。该创新测度系统的四个领域及其二、三级指标如下所示：

- *对思维能力的测度*
  - 文化
  - 创新刺激的显现
    - 同伴的支持
    - 团队
    - 联盟的团队
  - 对创新战略的理解
  - 为提高思维能力而做的管理基础设施
    - 人才
    - 资金
    - 知识
    - 管理系统
    - 沟通机制
- *对组合创新的测度*

---

① 葛霆，周华东. 构建以创新关联为中心的创新测度立体模型[J]. 科学学研究，2008(2)：391－394.

② *Ezra Bar*. Measurement and incentives that support innovation. [EB/OL]. http://www.ez-b-process.com/Files/Bar/Measurements%20and%20Incentives%20that%20Support%20Innovation.pdf，2010－5－30.

  ○ 时间价值
  ○ 风险
  ○ 价值
  ○ 创新的类型
  ○ 实施的阶段
- *测度创新的执行与实施的成果*
  ○ 为所有的创新努力提供可见性的能力
  ○ 组织的创新主体地位告知性的图片
  ○ 能力的利用：不同类型的项目在资源分配上的差异
  ○ 产品平台的效果和效率
- *测度可持续的价值创造*
  ○ 投资回报率
  ○ 剩余收益

根据创新测度及其指标在不同年代所关注的重点，有研究者将创新测度的演化历程分为如下四个阶段：

第一代测度方法反映的是创新的线性观念，它集中于投入，比如说研发的投入。

第二代测度方法补充了投入的指标，通过科学与技术活动的中间产出获得。

第三代测度方法聚焦于更为丰富的创新指标与指数以及基于调查和可获得的公共数据的整合。

第四代测度方法建基于以知识网络为基础的经济，注重对创新过程的测度，并从知识的生产和传播、扩散，以及网络、集群等维度加以研究(可见表5.1的归纳)[①]。

从当前创新测度的发展趋势来看，创新测度趋向于以指数为导向，即将那些可以被观测到、对创新投入、创新产出、创新关联等整个过程起着重要作用的元素综合起来并设计相应的指标体系。比如说欧盟的创新记分牌、马萨诸塞创新指数、迈克·波特的国家创新能力模型等创新评价项目都是以此为

---

① Susan Rose, Stephanie Shipp, Bhavya Lal, Alexandra Stone. Framework for measuring innovation: initial approaches[EB/OL]. www.athenaalliance.org, 2010-5-13.

表 5.1 创新测度的演化历程

第一代投入（1950s—1960s）	第二代产出指标（1970s—1980s）	第三代创新指标（1990s）	第四代过程指标（2000）
研发支出	专利	创新调查	知识
科技人员的数量	产品	指数	无形资产
资本	出版物	创新能力的基准	网络
技术密集程度	质量变化		需求
			集群
			管理技巧
			风险/受益
			系统的动态性

资料来源：Susan Rose，Stephanie Shipp，Bhavya Lal，Alexandra Stone. Framework for measuring innovation：initial approaches[EB/OL]. www.athenaalliance.org.

基础的。这项创新评价项目对各国、各地区的创新活动进行测评，并按照其创新能力进行排名，从而为创新政策的制定和横向的国际比较提供了具有说服力的数据。

第二节 欧盟的创新评价项目及其指标体系

无论是在欧盟一体化的进程中，还是在提升欧盟整体及各国的国际竞争力方面，创新一直作为其中的关键因素发挥着促使欧盟团结为一个整体参与国际市场的重要作用。但是，作为整体的欧盟要求在创新政策上保持某种一致性，而各成员国的文化差异、经济不均衡、产业层级不同等多种因素却造成了欧盟各国创新模式的多样性。因此，无论是在创新政策的层面，还是在具体的支持创新的手段上，都要求对欧洲范围内的创新活动进行评估，从而使决策者及相关利益群体理解欧盟创新的现状及其模式。在此背景下，目前欧盟层面的创新测度主要由两个重要项目构成：欧洲创新记分牌（the European Innovation Scoreboard，简称 EIS）和创新晴雨表（Innobarometer）。欧洲创新记分牌项目每年都会发布报告，对成员国的创新绩效进行评估，并将欧洲的总体创新状况与美国和日本进行比较。此外，欧洲创新记分牌还定期发布共同体创新调查（the Community Innovation Survey，简称 CIS），对欧盟的创新效率、创新支出、创新合作、组织创新、创新所存在的障碍等多个问题进行数据调查，从而为创新政策的制定提供可靠的依据。创新晴雨表项目则是对欧洲创新记分牌的补充。该项目在欧洲范围内随机选取 3 500 家企业作为调查样本，搜集数据并分析被调查企业在创新活动中的具体领域。每年，创新晴雨表项目都会发布不同主题的报告，对欧洲企业的创新状况进行评价，每一个主题的选取基本反映了欧盟创新政策所关注的热点，且体现了欧盟创新的走向。

一、 持续变革的欧洲创新记分牌

(一) 欧洲创新记分牌的产生

早在20世纪90年代初，欧盟及其成员国就开始积极制定各项创新政策和战略，推动成员国创新能力的发展。1999年，欧盟委员会提出了“创新趋势图表”计划(Innovation Trendchart)，该计划的目的就是搜集并分析欧洲创新政策的各项信息[①]。2000年9月20日，欧盟委员会向欧洲理事会和欧洲议会提交了题为“知识经济驱动下的创新”(Innovation in a Knowledge Driven Economy)的欧盟创新评估报告。该报告的内容涉及创新在新经济中的地位、创新与经济全球化、政府创新政策的效果、企业创新过程中各关键要素之间的关系等[②]。该报告不仅对欧洲技术创新的现状和政策进行了全面评估，并且在创新理论方面也做了深入探讨，强调加强欧盟创新评估的必要性和重要性，确立欧盟创新的统计指标，对创新活动进行量化评估，利用统一的数据指标展示欧盟及成员国在创新方面所取得的进展和所存在的不足。为了达到预定目标，欧盟自2000年3月开始建立创新评价的指标体系，并以年度报告的形式发布有关欧盟创新政策的最新进展，分析和展望各成员国的创新活动。到2001年，欧盟正式实施了欧洲创新记分牌项目，并以美国和日本作为标杆，利用创新指标体系对欧盟成员国的创新绩效进行定量比较、定性分析，找出欧盟各国创新的优势和劣势。作为欧盟测度创新的主要工具，欧洲创新记分牌项目自实施之日起就成为创新趋势图表计划的重要组成部分，并且为欧盟和成员国创新政策的制定提供了必不可少的帮助，这包括搜集、改进、分析和传播与创新有关的各项指标及其结果。值得关注的是，欧洲创新记分牌不仅致力于对创新进行评估，同时也在不断完善既有的指标体系，从而以更加科学的方法对欧洲的

① INNO-Policy TrendChart. http: //www. proinno-europe. eu/trendchart.

② Lisbon Agenda. http: //www. euractiv. com/en/future-eu/lisbon-agenda/article-117510.

创新状况进行评估。欧洲创新记分牌的不断完善也表明了欧盟创新评价方法正在经历着一场变革，即由以新知识和新技术创造过程为主线的评价变革转为以创新需求-创新投入-创新产出-创新传播为主线的创新过程评价模式。

（二）欧洲创新记分牌指标体系的演进历程

2001 年 10 月，在欧盟里斯本会议的要求下，欧盟委员会推出了《2001 年欧洲创新记分牌》（European Innovation Scoreboard 2001）报告。该报告从人力资源、知识生产、知识传播与应用、创新金融，产出与市场四个维度，运用了 17 项主要指标对欧盟 15 个成员国的创新绩效进行定量分析（见表 5.2）。此外，《2001 年欧洲创新记分牌》还设计了综合创新指数（Summary Innovation Index，SII）作为判定各成员国创新绩效的相对指标，它等于超过欧盟平均值 20%的指标数与低于欧盟平均值 20%的指标数之差[①]。根据综合创新指数的计算，该报告按照创新绩效的高低将各成员国分为了四个层次：创新领先者（Moving Ahead）、创新失势者（Losing Momentum）、创新追赶者（Catching Up）、创新落后者（Falling Further Behind）。

表 5.2 欧洲创新记分牌 2001 指标体系

一级指标	二级指标/三级指标	备注
人力资源	1.1 20—29 岁之间科学与工程专业大专以上毕业生比例	%
	1.2 25—64 岁接受高等教育的人数比例	%
	1.3 25—64 岁之间参加教育培训的人数比例	%
	1.4 中高和高技术制造业劳动力比例	%
	1.5 高技术服务业劳动力比例	%
知识生产	2.1 政府研发支出占 GDP 的比例	%
	2.2 企业研发支出占 GDP 的比例	%
	2.3a 每百万人口中欧洲专利局高技术专利申请数	
	2.3b 每百万人口中美国专利商标局高技术专利申请数	
知识传播与应用	3.1 制造业中小企业从事内部创新的比例	%
	3.2 制造业中小企业从事合作创新的比例	%
	3.3 创新支出占销售收入的比例	%

① European Innovation Scoreboard 2001[EB/OL]. http://www.trendchart.org/tc_innovation_scoreboard.cfm，2010-5-17.

续　表

一级指标	二级指标/三级指标	备注
创新金融，创新产出与创新市场	4.1　高科技风险资本投资占 GDP 的比例	%
	4.2　资本市场募集资金占 GDP 的比例	%
	4.3　市场中新产品的销售额占销售收入的比例	%
	4.4　家庭宽带接入比例	%
	4.5　信息与通讯技术(ICT)消费占 GDP 的比例	%
	4.6　高技术制造业增加值百分比	%

数据来源：European Innovation Scoreboard 2001[EB/OL]. http://www.trendchart.org/tc_innovation_scoreboard.cfm.

在《2001 年欧洲创新记分牌》中，美国和日本成为了各项指标对比的标杆，报告描述了欧盟各成员国的创新绩效和趋势，并将欧盟在各项指标上的平均值以及各项指标中三个得分最高的成员国与美国和日本作出了比较分析，从而对欧盟及各成员国在创新活动中所存在的优势和劣势进行了深入分析。从欧盟在各项指标中的平均值来看，与美国可获得数据的 10 项指标相比，欧盟只有三项取得了领先，分别是 20—29 岁之间科学与工程专业大专以上毕业生比例、政府研发支出占 GDP 的比例、ICT 消费占 GDP 的比例，而美国却在大部分指标上遥遥领先于欧盟，如企业的研发支出这一项就比欧盟的平均值高出了近 74%，资本市场募集资金占 GDP 的比例高出了 73%。在家庭宽带接入的比例和高技术专利这两项中，美国分别比欧盟的平均水平高出了 68%和 64%。与日本在各项指标的上比较来看，欧盟的状况也不容乐观。欧盟仅在 ICT 消费占 GDP 的比例这一指标中超过了日本，在家庭宽带接入率方面与日本持平，但在其他指标项中，欧盟都落后于日本[①]。

从欧盟在各项指标上的得分与美国和日本的对比来看，作为整体的欧盟确实落后于这两个国家，但如果将各项指标中表现最好的欧洲国家与美国和日本相比，在大多数与创新有关的指标中，一些处于领先地位的欧盟成员国，其创新能力也是世界一流的，甚至于在某些指标中超过了美国和日本，如科学与工程专业毕业生的比例，英国、爱尔兰和法国的表现就优于美国和日本；政府研发支出占 GDP 的比例上，芬兰、荷兰和瑞典表现卓越，瑞典还在企业的研发支

① European Innovation Scoreboard 2001[EB/OL]. http://www.trendchart.org/tc_innovation_scoreboard.cfm, 2010-5-17.

出方面保持着一定优势；荷兰和丹麦的家庭宽带接入率也高于美国和日本。

表 5.3 欧盟创新绩效与美国、日本的比较

	指　　标	欧盟平均值(%)	各指标中排名前三位的欧盟成员国(%)			美国(%)	日本(%)
1.1	20—29 岁之间科学与工程专业大专以上毕业生比例	10.4	17.8（英国）	15.8（法国）	15.6（爱尔兰）	8.1	11.2
1.2	25—64 岁接受高等教育的人数比例	21.2	32.4（芬兰）	29.7（瑞典）	28.1（英国）	34.9	30.4
1.3	25—64 岁之间参加教育培训的人数比例	8.4	21.6（瑞典）	21.0（英国）	20.8（丹麦）		
1.4	中高和高技术制造业劳动力比例	7.8	10.9（丹麦）	8.3（瑞典）	7.6（英国）		
1.5	高技术服务业劳动力比例	3.2	4.8（瑞典）	4.5（丹麦）	4.3（芬兰）	0.56	
2.1	政府研发支出占 GDP 的比例	0.66	0.95（芬兰）	0.87（荷兰）	0.86（瑞典）	1.98	0.70
2.2	企业研发支出占 GDP 的比例	1.19	2.85（瑞典）	2.14（芬兰）	1.63（丹麦）	29.5	2.18
2.3a	每百万人口中欧洲专利局高技术专利申请数	17.9	80.4（芬兰）	35.8（荷兰）	29.3（丹麦）	84.3	27.4
2.3b	每百万人口中美国专利商标局高技术专利申请数	11.1	35.9（芬兰）	29.5（瑞典）	19.6（荷兰）		80.2
3.1	制造业中小企业从事内部创新的比例	44.0	62.2（爱尔兰）	59.1（奥地利）	59.0（丹麦）		
3.2	制造业中小企业从事合作创新的比例	11.2	37.4（丹麦）	27.5（瑞典）	23.2（爱尔兰）		
3.3	创新支出占销售收入的比例	3.7	7.0（瑞典）	4.8（丹麦）	4.3（芬兰）		
4.1	高科技风险资本投资占 GDP 的比例	0.11	0.26（英国）	0.20（瑞典）	0.17（比利时）		
4.2	资本市场募集资金占 GDP 的比例	1.1	5.6（荷兰）	4.5（丹麦）	4.4（西班牙）	1.9	
4.3	市场中新产品的销售额占销售收入的比例	6.5	13.6（意大利）	9.5（西班牙）	8.4（爱尔兰）		
4.4	家庭宽带接入比例	28.0	55（荷兰）	54（瑞典）	52（丹麦）	47	28
4.5	ICT 消费占 GDP 的比例	6.0	7.4 瑞典	6.6 荷兰	6.6（葡萄牙）	5.9	4.3
4.6	高技术制造业增加值百分比	8.2	20.5（爱尔兰）	18.8（瑞典）	12.5（芬兰）	25.8	13.8

资料来源：European Innovation Scoreboard 2001[EB/OL]. http://www.trendchart.org/tc_innovation_scoreboard.cfm.

《2001年欧洲创新记分牌》第一次对欧盟成员国的创新绩效进行了评估并构建了人力资源、知识生产、知识传播与应用、创新金融、产出与市场为主的指标体系，这对于制定欧盟层面的创新政策提供了可靠的依据。但是，2001年的欧洲创新记分牌还存在着许多不足，亟待改进。以“知识的传播与应用”为例，由于报告中的数据主要来自于1996年进行的第二次共同体创新调查，因此，许多数据已经不足以表现成员国创新的现状。此外，由于评价方法的落后，欧盟范围内有关创新的统计数据并不能够反映创新过程中的某些独特方面，如高科技性质的新型企业是如何发展起来的；私营部门与公共机构的伙伴关系及其程度；知识扩散、环境政策与创新标准化的影响；网络协作的质量和密集度等。从短期和中期来看，来自欧盟官方的数据系统并不能够弥合这些差距。为了对上述领域中的创新进行测度，欧洲创新记分牌还需要发展出新的替代性指标并发挥其他调查所起到的补充性作用。

2002年的欧洲创新记分牌得到了进一步的修正，其指标体系也不断完善。与2001年相比，由于有些指标数据没有得到及时更新，该年度的创新记分牌报告没并有采用综合创新指数(SII)来评价欧盟成员国的相对创新绩效，而是仍然以美国和日本为标杆来评估欧盟及其成员国的创新绩效。除了原有的15个成员国外，2002年的报告中还增加了对申请加入欧盟的13个国家[①]创新绩效的评估。除此之外，2002年的欧洲创新记分牌还对欧盟的区域创新以及创新与经济增长的关系进行了研究。

表5.4　《2002年欧盟创新记分牌》候任国家指标体系变化情况

欧盟国家	候任国家
2.3a　每百万人口中欧洲专利局高技术专利申请数	2.3a　每百万人口中欧洲专利局专利申请数
2.3b　每百万人口中美国专利商标局高技术专利申请数	2.3b　每百万人口中美国专利商标局专利申请数
4.4　家庭宽带接入率	4.4　每百人中宽带接入率
4.6　高技术制造业增加值百分比	4.6　对内外商直接投入占GDP的比例

数据来源：European Innovation Scoreboard 2002[EB/OL]. http://www.trendchart.org/tc_innovation_scoreboard.cfm，2010-5-17.

① 这13个国家分别是保加利亚、塞浦路斯、捷克共和国、爱沙尼亚、匈牙利、拉脱维亚、立陶宛、马耳他、波兰、罗马尼亚、斯洛伐克、斯洛文尼亚和土耳其。

《2003年欧洲创新记分牌》继续采用综合创新指数评价欧盟成员国的创新绩效，同时对欧盟的区域创新绩效保持了持续的研究。与2002年的报告相比，2003年的报告进一步扩大了评价的范围，评价指标增加为28个，报告中所分析的国家数量也达到了32个[①]。此外，共同体创新调查还对国家创新系统和部门创新也进行了分析并分别构建了指标体系。如部门创新记分牌(Sectoral Innovation Scoreboard, SIS)的设定就成为欧洲创新记分牌的有力补充。由于欧洲创新记分牌过度强调了一个国家的高技术产业部门对其创新绩效的影响，而欧盟成员国之间的产业结构和经济发展水平又不相一致，因此部门创新记分牌(SIS)按照各成员国制造业中技术密集程度的不同，将制造产业分为了四个层次：高技术制造业产业、高-中技术制造业产业、中-低技术制造业产业和低技术制造业产业[②]。随后，SIS选取了欧盟14个成员国作为研究对象，对其产业部门的创新状况进行定量分析并作出对比研究。SIS包括了十项指标，其中的八项指标与欧洲创新记分牌的指标类似。分析结果表明，那些在高技术产业中排名靠前的国家，也极有可能在中-高、中-低和低技术产业中获得较高的排名。如芬兰就在欧盟各国的高技术产业排名中位居第二，其在中-低技术产业中的排名也名列第一；在所有四个层次的部门创新排名都位居平均水平之上的国家有荷兰、芬兰、瑞典、德国和比利时；在所有四个层次的部门创新中落后于其他欧盟国家的有希腊、西班牙和葡萄牙。

《2003年欧洲创新记分牌》的另外一个亮点就是建立了分析影响国家创新能力变革因素的国家创新系统指标体系(National Innovation System Indicator)。对于任何一个国家的创新系统来讲，都包含了影响创新能力的两种特性：经济结构的特征和社会-文化的特征。前者体现了一个国家当前的经济发展状况和产业结构的组成，如中小企业在经济发展中的权重及其影响、不同产业部门中经济活动的状况以及经济发展中对创新的需求等；后者则是推动一个国家创新的文化背景、精神动力，比如说崇尚冒险和探索未知事物的文化、鼓励个人的创新、推崇企业家精神、利于创新的制度等。2003年的欧洲创新记分牌在吸收了欧盟统计局、经合组织、欧盟委员会的各类报告和

---

① 2003 European Innovation Scoreboard: Technical Paper No 5 National Innovation System Indicators. [EB/OL]. http://www.trendchart.org/tc_innovation_scoreboard.cfm, 2010-5-17.

② 2003 European Innovation Scoreboard: Technical Paper No 4 Sectoral Innovation Scoreboards[EB/OL]. http://www.trendchart.org/tc_innovation_scoreboard.cfm, 2010-5-17.

调查基础上，构建了包括结构指标和社会-文化指标、用以评判国家创新系统的指标体系，并对欧盟的15个成员国进行了分析。其中，结构指标分为三大类：对创新产品的需求、产业结构、经济的开放程度；社会-文化指标分为六类：金融体系、新观念的接纳程度、社会平等、劳动力市场体系、对创业的态度、社会资本[①]。

《2004年欧洲创新记分牌》沿袭了前三份报告的整个指标体系，同时对某些指标进行了调整，增加了“所有行业中未进行技术创新的中小企业比例”这一指标，知识生产中的“每百万人口中美国专利商标局高技术专利申请数”更改为“每百万人口中美国专利商标局高技术专利拥有量”，指标“家庭宽带接入率”调整为“家庭和企业宽带接入率”[②]。指标3.1、3.2、3.3、4.3.1和4.3.2由服务业与制造业扩展到了NACE中的下列分类：采矿与采掘业(NACE10－14)，制造业(NACE 15－37)，电、气与水供应(NACE40－41)，批发贸易(NACE 51)，运输、存储与交通(NACE60－64)，金融中介(NACE 65－67)，计算机及相关活动(NACE 72)，研究与开发(NACE 73)，建筑及工程活动(NACE 74.2)和技术测试及分析(NACE 74.3)[③]。

2004年的欧洲创新记分牌还关注到非技术创新指标的重要性。在新增加的非技术创新指标中，主要包括了组织结构的变革、先进的管理理念和方法以及产品设计。这些指标反映了欧盟委员会近年来在其政策工具中所强调的对创新的重新定义，即创新不仅包括以研发投入为主的技术创新，也包括了企业创新过程中那些“隐性的”活动。在欧洲竞争力报告和其他国际性调查中也发现，相对于欧盟，美国创新能力的优势不仅仅体现在其强大的技术创新、传播和应用能力，也包括了美国企业在重塑自身组织结构、变革管理理念和方法上的优势。在很多情况下，新的商业模式、创新性的分销模式、具有整合性质的产品以及品牌管理是将技术创新的成果传播到新市场中的关键性因素。2004年的报告在对欧盟25个成员国的创新型企业进行调查的基础上，发现并非所有的企业都将研发投入作为最主要的创新驱动因素。新的分类基于

---

① 2003 European Innovation Scoreboard：Technical Paper No 2 Analysis of national performances[EB/OL]. http：//www.trendchart.org/tc_innovation_scoreboard.cfm，2010－5－17.

② 2004 European Innovation Scoreboard：Technical Paper No 6. Methodology report.[EB/OL]. http：//www.trendchart.org/tc_innovation_scoreboard.cfm，2010－5－17.

③ 2004 European Innovation Scoreboard[EB/OL]. http：//www.trendchart.org/tc_innovation_scoreboard.cfm，2010－5－17.

两个标准：企业创新的新颖程度和企业在自身创新活动中所付出的努力程度。在对创新型企业进行分类的同时，2004 年的报告还列出了四种创新模式：

战略创新者(占创新型企业总数的 21.9%)：对于这些企业来讲，创新是其竞争战略的核心要素，这些企业非常重视研发投入并将其视为产品和流程创新的持续动力。它们也是向其他企业进行创新扩散的主要来源者。

周期性创新者(占创新型企业总数的 30.7%)：这些企业只有在自身需要或者是特定情况之下才会重视研发的投入，但是创新并不是这些企业战略活动中的核心部分。对于一些这样的企业来讲，它们对于研发的投入只关注于根据自身需求应用其他企业的创新产品。

技术改进者(占创新型企业总数的 26.3%)：这些企业通过非研发活动对其既有的产品或流程进行调整。

技术应用者(占创新型企业总数的 21.0%)：这些企业主要通过应用其他企业或组织的创新产品进行创新。

《2005 年欧洲创新记分牌》的修订工作是在欧盟委员会与联合研究中心(Joint Research Centre)的共同协作之下完成的。为了更好地评估欧盟各成员国的创新绩效，双方对各指标之间的关系进行了重新梳理，将评价指标最终确定为 26 个。同时，双方对驱动创新绩效的维度重新进行了划分，最终从创新投入与创新产出两个方面确定了五个维度：创新驱动、知识创造、企业与创新、创新应用、知识产权①。与之前的评价指标相比，《2005 年欧洲创新记分牌》的指标体系反映了欧盟创新测度理论和实践的巨大转型。从新知识和新技术的创造过程测度转变为对创新投入与产出的创新过程测度；与过去注重制造业部门的创新相比，开始关注服务业，尤其是知识密集型服务业部门的创新活动；从过去单纯的技术创新测度转向了技术创新与非技术创新测度并重。

《2006 年欧洲创新记分牌》几乎沿用了 2005 年的评价指标体系，但是在以下三个方面作出了改变：

- 删除了 2005 年报告中的“由企业部门资助的大学研发支出”这一指标；

---

① European Innovation Scoreboard 2006：Comparative Analysis Of Innovation Performance[R]. http：//www.trendchart.org/tc_innovation_scoreboard.cfm，2010-5-17.

- 公共研发支出被明确界定为政府研发支出和大学研发支出的总和；
- “中小型企业中采用非技术变革的比重”的指标被修改为“中小型企业中采用组织创新的比重”[①]。

2006年的报告进一步深化了国际间的创新指标比较和欧盟内部区域间的创新比较，其中最具代表性的就是推出了全球创新指数(Global Innovation Index，简称GII)，将欧盟25个成员国与世界上其他研发支出表现较好的国家或地区作出比较，从而得出欧盟及其成员国在全球创新过程中所处的位置、存在的优势和劣势。全球创新指数主要测度五个维度：创新驱动(Innovation drivers)、知识创造(Knowledge creation)、扩散(Diffusion)、应用(Applications)以及知识产权(Intellectual Property)。其中，每一个维度都有相应的指标，这些指标体系基本涵盖了与创新活动有关的各种组织、制度、经济结构等各方面的要素。2006年的欧洲创新记分牌还指出了未来30年欧盟创新评价发展的趋势：(1)更加重视对创新的投入；(2)重视将创新产品与用户需求紧密联系起来的创新传播过程；(3)着力培育满足不断变化的创新需求；(4)建立创新系统中的产业网络[②]。

2007年的欧洲创新记分牌在指标体系上与2006年保持了一致，其覆盖的范围则有所扩大，参与调查的国家数量达到了32个。该年度的报告主要分析了服务创新、社会-经济和规制环境、创新效率、非研发创新者等四个方面的内容[③]。

(三) 欧洲创新记分牌的最新变革走向

自2001年以来，欧盟已经连续发布了7份欧洲创新记分牌报告，每一年的报告都对指标体系、评估方法和内容作出了适时调整。指标数量从最初的18个增加到25个，到目前为止，只有13个指标从来没有被修订过。2005年的报告则从创新投入与创新产出两个方面确定了创新指标体系的五个维度：创新驱动、知识生产、企业与创新、创新应用、知识产权。同时，旨在全面评价欧盟各成员国创新绩效的综合创新记分牌(Summary Innovation Scoreboard)

---

① 2006 Trend Chart Methodology Report. Searching the forest for the trees: “Missing” indicators of innovation [EB/OL]. http://www.trendchart.org/tc_innovation_scoreboard.cfm, 2010-5-17.

② European Innovation Scoreboard 2006: Strengths and Weaknesses of European Countries[EB/OL]. http://www.trendchart.org/tc_innovation_scoreboard.cfm, 2010-5-17.

③ European Innovation Scoreboard 2007: Comparative analysis of innovation performance[EB/OL]. http://www.trendchart.org/tc_innovation_scoreboard.cfm, 2010-5-17.

也进行了多次修改。欧洲创新记分牌在指标体系上的变化体现了欧盟对于创新及其过程的理解在不断加深。

虽然7年来欧盟不断对欧洲创新记分牌进行修正与完善，但是目前的评价指标体系仍旧存在着许多问题，主要体现在：第一，缺乏创新模式。有些专家和学者认为欧洲创新记分牌缺乏一个根本性的创新模型，用来证明对创新维度和创新指标的选择是适宜的，同时能够反映政策影响各指标的因果关系。第二，单一的综合指标和排名表导致了人们过度关注各国在创新绩效上的排名及其表现，而忽略了对简单数字背后所蕴含复杂的创新过程进行分析。第三，由于过多的指标被用来测度高技术产业部门的创新，因此这会造成一种偏见，即创新绩效高的国家一定拥有着大量高技术产业，特别是高技术制造业部门。但实际上，创新绩效的高低并不与产业部门的“高科技含量”呈正向关系。第四，多重共线性问题。在欧洲创新记分牌的指标体系中，很多指标之间都具有相关性，它们所反映的可能是创新绩效的同一个方面。第五，数据缺失与数据的及时性原则。由于部分国家的指标和数据无法获得，因此所缺失的数据可能会对国家之间创新绩效的比较造成影响。第六，得分较高并不意味着绩效更高。欧洲创新记分牌的基本假设是某个国家或地区在指标中得分较高就意味着该国或地区有着更好的创新绩效。然而，并非所有的指标都是这样，比如说企业所获得的创新公共基金这一指标，由于不同的国家具有不同的标准，因此很难对其作出判定。

面对上述批评与建议，欧盟于2008年6月在布鲁塞尔专门召开了一次专家讨论会，商讨如何提升对欧盟创新指标体系进行改进，利用更为科学的方法评估欧盟及其成员国的创新绩效。为此，欧洲创新记分牌明确了从2008—2010年创新绩效评估变革的主要方向：

1. 对创新的新类型进行测量。早期的创新指标体系所关注的是对以科学为基础的或者是以研发为基础的创新进行测度。但是，随着20世纪80年代创新研究中新的理念的出现，用户创新的模式得到了重视。它强调消费者和终端用户构成了创新的发展过程。随后，国家创新系统、创新集群、创新的动态非线性特征等观念的出现也对创新指标体系的发展产生了巨大的影响。进入21世纪，开放式创新的理念促使人们重新对创新的本质进行思考。一个以互联网络为平台、知识为基础的经济突显的年代，企业不再仅仅依靠自身的研究投入获得竞争优势，而是将自身的观念、资源与外部的研究结合起来，通过购买外部知识源的创新性产品，或者是通过与其他企业或研究机构的协作来共同开发新的产品和新的流程。此外，各种正式、非正式的网络合作也显得尤为重要，这也意味着国家、地区、企业、个人都要善于学习，加强吸收外部知识的能力。由于欧洲创新记分牌的指标主要测度以科学为基础的创新，因此一些新的指标需要被设计出来从而对创新的新趋势进行分析。比如说，随着服务部门在经济中所占的比重越来越大，服务创新开始逐渐受到人们的关注。与制造业的创新不同，服务创新更多采用组织变革、流程再造、管理理念与方法的更新等方式。同时，服务创新与制造业创新之间的相关性也越来越显著。这种变化体现在欧洲创新记分牌中，就要求它的指标体系必须能够反映出这种趋势，并对非技术创新投入更多的关注。

2. 评估整体的创新绩效。自 2005 年起，欧洲创新记分牌基于对创新投入和创新产出的分析，以五个大类的指标评估成员国的整体创新环境。但是，伴随着创新理论的深入发展及新的创新形式不断涌现，创新的过程也显得越来越复杂。在目前的欧洲创新记分牌指标体系中，主要是根据创新投入与创新产出构建相应的指标体系。其中，超过一半的指标是用来测度创新投入的。这固然是因为涉及到创新投入的数据易于采集和分析，但其中更深层次的原因则是现有的创新评价指标没有跟上理论的发展。各国的创新政策仍然是以增加投入作为其提升创新能力的主要途径，而忽略了对创新产出这一最能说明创新绩效的方面进行评估。因此，未来欧洲创新记分牌中将会为评估创新过程的产出设计更多的指标。同时，新的指标体系不仅从投入与产出的两个方面来设计指标，还将充分考虑对整个创新的过程进行评估和分析，特别是联结投入与产出之间的过程，将成为评估的重点领域。这种变化将会使人们对创新绩效的观念发生重大的变革：创新绩效不仅指那些通过一定的投入、花费相对较少的资源而取得更多产出的国家，也包含了那些在不增加创新投入的情况之下通过提升既有创新过程的效率来提高创新绩效的国家。鉴于国家之间在经济发展阶段和产业结构方面存在着差异，所以，并非所有的国家都要像“领先”国家那样大力投资于创新。对这些国家来讲，其他改进经济发展的战略可能更为现实。

3. 提升国家间、区域间和国际间创新绩效的可比较性。由于成员国之间在数据采集和分析方法上的差异，因此到底哪些方面可以进行比较，以及比较的结果是否真实地反映了国家之间在创新方面的差距，这些问题都已经显现出来了。对于欧洲创新记分牌来讲，由于一些指标受到了国家背景方面的影响，从而使得跨国比较变得非常困难。再比如，风险投资资本这一指标在不同的国家和不同的年代都有着很大的起伏，这也会影响到该指标的稳定性。在一个全球化的世界中，欧盟还需要将自身与世界上其他新出现的竞争者进行比较。为此，欧洲创新记分牌还需要设计出适合欧盟与其他国家或地区共同使用的指标。同样，数据的采集也应该更多的来自于国际性机构建立的数据库，如经合组织和世界银行等。

4. 对创新中所产生的变化进行持续的测量。欧洲创新记分牌最初的功能是作为比较成员国之间及欧盟与其他国家之间创新绩效的工具。这固然为欧盟和成员国提供了一个标杆，使之可以明确自身所存在的优势和劣势，但却无法对各成员国的创新绩效实施纵向的分析。因此，欧洲创新记分牌不仅要为欧盟和成员国与其他国家的横向比较提供可信的数据分析，还要为成员国提供一种监管自身创新绩效进步状况以及创新政策对最终绩效所产生的影响的工具。

在对未来欧洲创新评估指标提出改革方向之后，欧盟委员会对 2008 年欧洲创新记分牌的指标体系作出了重大改进，并调整和充实了原有的研究方法。为了更好地理解创新过程，体现不同类型的创新所具有的差异性，2008 年至 2010 年的欧洲创新记分牌中的指标体系由三级构成：一级指标有三个，包括创新驱动、企业创新行为、创新产出；二级指标 7 个，分别是人力资源、金融和政府的支持、企业投资、关联与创业活动、生产能力、创新、经济效果；三级指标数量达到了 29 个，其中沿用了 2007 年的 13 个指标，对 9 个指标进行了修正，新增了 8 个指标[①]。

从表 5.5 中可以看出，指标 1.1.1 和 1.1.2 除了统计科学与工程专业大专以上学历毕业生所占比例之外，同时也包括了人文与社会科学专业的毕业生比例。由于人文社科专业在组织变革、产品设计、营销创新等方面发挥着更大作用，因此，该指标的变化充分体现了欧盟的创新评价手段对非技术创新有了更多的关注。指标 1.2.2 则对原有的早期风险投资进行了拓展，将风险投资按照其发展阶段分为了早期、扩展与补偿两个阶段，两个阶段的风险投资都反映了社会对企业创新活动的支持程度。考虑到互联网技术的发展以及电子

① Hugo Hollanders & Adriana van Cruysen. Rethinking the European Innovation Scoreboard: A New Methodology for 2008 - 2010[EB/OL]. http://www.trendchart.org/tc_innovation_scoreboard.cfm, 2010-5-17.

表 5.5　2008—2010 年欧洲创新记分牌指标体系

一级指标	二级指标	三级指标	与 2007 年的对比
1. 创新驱动	1.1　人力资源	1.1.1　每千人中 20—29 岁科学与工程专业及人文社科专业毕业生的比例	修正
		1.1.2　每千人中 25—34 岁科学与工程专业及人文社科专业博士毕业生的比例	修正
		1.1.3　每百人中 25—64 岁接受高等教育人数的比例	相同
		1.1.4　每百人中 25—64 岁接受终身教育人数的比例	相同
		1.1.5　青年人的教育水平	相同
	1.2　金融和政府支持	1.2.1　公共研发支出占 GDP 的比例	相同
		1.2.2　风险投资占 GDP 的比例	修正
		1.2.3　私人信贷占 GDP 的比例	新增
		1.2.4　企业的宽带接入率	修正
2. 企业创新行为	2.1　企业投资	2.1.1　企业研发支出占 GDP 的比例	相同
		2.1.2　信息技术消费占 GDP 的比例	修正
		2.1.3　非研发创新支出占 GDP 的比例	修正
	2.2　关联与创业	2.2.1　中小企业从事内部创新的比例	相同
		2.2.2　中小企业从事合作创新的比例	相同
		2.2.3　中小企业更新的比例	新增
		2.2.4　每百万人口中公共与私营部门合作出版科学出版物的数量	新增
	2.3　生产能力	2.3.1　每百万人口中的欧洲专利局专利申请数量	相同
		2.3.2　每百万人口中的欧盟新商标数量	相同
		2.3.3　每百万人口中的欧盟新设计产品数量	相同
		2.3.4　付款流动的技术平衡占 GDP 的比例	新增
3. 创新产出	3.1　创新	3.1.1　从事技术创新的中小企业比重	新增
		3.1.2　从事非技术创新的中小企业比重	修正
		3.1.3a　企业创新中劳动力成本降低的比例	新增
		3.1.3b　企业创新中原料成本降低的比例	新增
	3.2　经济效果	3.2.1　中高和高技术行业中的就业率	相同
		3.2.2　知识密集型服务业部门中的就业率	修正
		3.2.3　出口产品中高技术产品所占的比重	修正
		3.2.4　出口服务中知识密集型服务所占的比重	新增
		3.2.5　市场新产品销售额占销售收入的比例	相同
		3.2.6　企业新产品销售额占销售收入的比例	相同

数据来源：Hugo Hollanders & Adriana van Cruysen. Rethinking the European Innovation Scoreboard：A New Methodology for 2008 - 2010[EB/OL]. http：//www. trendchart. org/tc_innovation_scoreboard. cfm，2010 - 5 - 17.

商务的飞速发展，指标1.2.4将原有的每百人宽带接入率修改为企业的宽带接入率。由于通讯消费大部分与创新无关，因此指标2.1.2将信息通讯技术(ICT)消费调整为信息技术(IT)消费，而不再加入通讯部分的消费；指标2.1.3将原有的创新支出调整为非研发支出，这样可以有效地避免共线性的问题；指标3.1.2将非技术创新扩展到了组织和市场两个方面，将市场创新也列为了创新的重要组成部分；指标3.2.2修改为技术密集型服务部门的劳动力比例，增加了对高技术和中高技术企业人力资源状况的调查；指标3.2.3则把原有的高技术出口拓展为中高技术出口，由于二者都能够反映成员国的竞争力水平，从而反映其创新水平。新增加的8个指标中，1.2.3体现了商业银行和其他金融机构对于私人信贷的支持程度；指标2.2.3只包含雇员人数超过5人，并且在NACE分类中为C、D、E、G51、I、J、K的企业，反映了企业整体的活动程度；指标2.2.4只包含在web of science中出版的研究文献，反映了某个国家在创新研究方面的能力；指标2.3.4为企业在技术方面的投资及收益，从资金角度反映了企业在技术方面的投入和产出强度；指标3.1.1包含了产品创新、服务创新和流程创新，反映了某个国家企业整体从事技术创新的强度；指标3.1.3a和3.1.3b从劳动力成本、原材料成本和能源成分反映了企业创新活动在成本减少方面的产出；指标3.2.4反映了某个国家知识密集型服务产业的技术竞争力，并从侧面说明了其创新能力。

在研究方法上，欧洲创新记分牌也作出了相应的改变：(1)取消相对得分。在已往的评价报告中，在计算欧盟各成员国的创新指标时，都采用了相对于欧盟水平的相对值。考虑到专家的意见与建议，同时为了能够对各国创新绩效进行纵向比较，从2008年开始的欧洲创新记分牌将不再使用相对于欧盟平均的得分。(2)异常值的判定与缺失值的处理。未来的欧洲创新记分牌报告将超过欧盟平均值正负3个标准差的值定义为异常值，在计算综合创新指标时不再将这些异常值考虑在内。对缺失值则采用最近年份的值来代替，当数据获得时再用实值来代替。(3)对创新变化的深度剖析。由于在评价各个创新指标时将不再采用相对值，因此，以后的报告都可以选取基准年来评价各国创新绩效的变化，同时找出创新绩效变化的真正驱动因素①。

① Hugo Hollanders & Adriana van Cruysen. Rethinking the European Innovation Scoreboard: A New Methodology for 2008-2010[EB/OL]. http://www.trendchart.org/tc_innovation_scoreboard.cfm, 2010-5-17.

二、变革中的欧盟创新评价指标及其发展趋势

自20世纪90年代末开始，欧盟就已经意识到其创新能力落后于美国和日本。之后，欧洲创新趋势图表计划的实施标志着欧盟开始致力于收集创新政策及其相关信息。2001年开始发布的欧洲创新记分牌报告为欧盟成员国之间、欧盟与美国和日本之间的创新绩效比较提供了一个开放的平台，欧盟各国可以根据研究结果比较自身与欧盟的平均水平、最高水平、最低水平以及与美国和日本的差距。欧洲创新记分牌也为各成员国的创新政策制定者提供了一个可以量化的决策依据。在过去九年的创新记分牌报告中，欧盟尽可能多地革新评价方法、获取可比较的数据，并始终坚持将美国和日本作为提升创新能力的标杆，分析欧盟在创新活动中与美国和日本的差距，表明了欧盟为实现“里斯本战略”，在21世纪成为世界上“最富有经济活力和创新能力的地区”的决心和意志。同时，欧盟的创新指标体系不断得到修正和完善，逐渐将创新活动归类为创新投入和创新产出两个方面，并开始重视对创新关联的测度和分析。经过不断优化，欧洲创新记分牌的指标也从最初的18个发展到目前的29个，其覆盖范围也不断扩大，从2001年的17个国家扩大到目前的32个国家；研究范围则不断地得到拓展，企业相关指标逐渐从制造业过渡到制造业和服务业，然后再到所有行业；研究的内容得到丰富：2002、2003和2006年的欧洲创新记分牌重点分析了区域创新指标，探讨欧盟内部的区域创新绩效问题，2005年则推出了部门创新指标，对欧盟不同产业部门的创新绩效进行分析。

通过对欧洲创新记分牌指标体系的分析，我们可以看出欧盟的创新评价方法正经历着巨大的变革，即由以新知识和新技术创造过程为主线的评价变革为以创新需求——创新投入——创新产出——创新传播为主线的创新过程评价[①]。

1. 注重产生新技术和新知识为主线的早期欧盟创新评价指标。

欧盟早期的创新评价指标体系受技术创新理论的影响，将研发投入、技术专利申请的数量等指标作为评估创新绩效的主要维度。同时，所谓的“创

---

① 吴思，齐善鸿. 从创造到创新——变革中的欧盟创新评价方法及其趋势分析[J]. 科学学与科学技术管理，2007(4)：85-89.

新”，在很大程度上指的是以制造业企业为代表的新产品开发和新工艺流程的改进。因此，早期的指标体系中与企业部门有关的指标均指的是制造业企业，与专利有关的指标指的是技术专利申请数量。这种线性的创新评价方法认为提升创新能力的主要方法就是依靠研发投入。正如2003年的欧洲创新记分牌报告所指出的，这种评价方法体现的是新知识和新技术的创造过程，而非创新过程，即新知识和新技术的创造强调的是对研发的大量投入和对创新产品的使用，而创新过程评价强调创新成果的传播。尽管2003年和2004年的创新评价方法已经意识到创新过程评价的重要意义，但由于2004年之前的评价方法并没有对“创新”的概念进行清晰界定，所以这两个年度依然延续了早期“新知识和新技术创造过程”的评价维度。但是，与2001年和2002年的评价方法相比，2003年和2004年的评价方法的进步在于：将原来对制造业创新能力的评价调整为对制造和服务等两个产业创新能力的评价(2003)，进而调整为对采矿、制造、电子、煤水供应、贸易运输、仓储通讯、金融仲裁、计算机、科研开发、建筑工程、技术测试等所有产业创新能力的评价(2004)；将原来对技术专利申请的评价调整为对所有领域专利申请的评价(2003年)，进而调整为对所有领域专利授予的评价[①]。

2. 以创新投入-产出过程为主线的欧盟创新评价指标。

为了准确地反映创新实质，2005年的欧洲创新记分牌对创新进行了重新定义，认为创新是采用和传播新技术的过程，其目标在于新工艺、新产品、新服务的创造。当创新成果被采用后，其传播的目标则主要集中在向用户提供新的产品和新的服务。该定义可分解为五个部分：(1) 创新的最终目标是满足消费者需求；(2) 创新成果的创造；(3) 创新成果的产出，包括新技术、新工艺、新产品、新服务等；(4) 创新成果的采用；(5) 创新成果的传播。依据创新的内涵，2005年的评价方法以创新投入与产出为主线，将创新投入分为三个维度，即创新动力、知识创造、创新和企业；将创新产出分为两个维度，即创新应用和知识产权。与早期评价方法相比，2005年的评价方法实现了三个转变：(1) 从新知识和新技术的创造过程评价转变为创新投入与产出的创新过程评价，即评价理念的变革；(2) 从制造业创新评价转变为制造、服务

① European Trend Chart on Innovation 2003 and 2004. Methodology Report [EB/OL]. http://www.trendchart.org/tc_innovation_scoreboard.cfm, 2010-5-17.

等多产业创新评价；(3) 初步实现了从技术创新评价向技术与非技术(新服务、新管理等) 创新评价的转变。2005 年的创新评价方法是由早期欧盟“创造过程”为主线的评价向未来欧盟以“创新过程”为主线的评价转变的过渡阶段。

3. 重视创新需求和传播作用的未来欧盟创新评价方法。

欧洲创新战略即《创建创新型欧洲》的核心思想在于营造一种“对商业市场友好型的创新模式”。与以往强调创新投入的模式相比，这种创新模式重视来自市场和政府的创新需求，重视创新成果的传播。为了反映这种趋势，2006 年的欧盟创新评价方法的显著特点就在于对创新需求和传播两个评价维度的关注。创新需求包括国内外市场需求、商业需求、政府需求；创新成果传播包括创新成果交易、创新成果推广与人员培训。2006 年的创新评价方法报告不仅提供了本年度的评价方法，还指出了欧洲未来 30 年的创新评价趋势。此趋势包括：(1) 创新投入的重视；(2) 将创新成果与使用者紧密联系起来的创新传播；(3) 创新需求的培育；(4) 创新系统中产业网络的形成。

通过对近年来欧盟创新评价体系的分析，我们可以看出，欧盟的创新指数能够定量反映欧盟及其成员国的创新现状，分析欧盟整体的创新水平与美国、日本之间的差距，了解欧盟内部各成员国之间创新现状的差距，这为欧盟创新政策的制定提供了坚实可靠的数据支持。创新绩效的评价是一项长期且复杂的工程，这不仅需要大量的资源投入，更需要决策者和研究者对于创新观念的演变。随着欧盟对创新过程认识的不断深化，欧盟也在不断地对其评价指标体系进行升级：评价的维度不断扩展、评价的指标数量不断优化、评价的内容不断增加……种种变化体现了欧盟创新指数研究过程中始终关注几个核心问题：对欧盟整体创新绩效的评估；欧盟与美国、日本创新绩效的比较；创新与经济增长和竞争力的关系，而这些核心问题，对于欧盟未来能否最终实现“里斯本战略”并成为“世界上最具活力的知识经济体”发挥着极为重要的作用。

第三节 国际创新评价项目及其指标体系

随着人们对创新的理解不断深化以及新的创新分类的出现，传统建立在技术创新理论基础之上的创新测度方法已经不能反映创新的非技术特性，由此而构建出的创新指标体系在范围和程度上也就具有了一定的局限性。例如，技术创新理论把专利拥有量作为最重要的创新产出指标之一，而国际统计数据表明只有十分之一的专利被商业化，而其中只有7%获得了经费赞助及1%产生了经济回报。也就是说，总共只有万分之一的专利实现了实际的经济价值。又如，长久以来几乎所有的创新测度方法都将创新过程看作是无法弄清其内在运行机制的“黑匣子”，而只能从它的投入与产出来分析创新。这种线性的测度模型忽略了创新过程中的动态性和复杂性，因而逐渐受到了人们的质疑。

在分析一个国家或地区的创新水平和能力时，注重对创新投入和产出进行大样本调查的方法有可能会揭示出创新过程中的一些普遍规律，但却不能涵盖创新过程的全部。按照知识流理论和动态、非线性、交互式的创新模式，创新测度与创新指标体系的内容不仅要关注既有的投入与产出，还要涵盖《奥斯陆手册》所关注的“创新关联”这一创新过程中最复杂也是最重要的要素。

目前，国际上除了由世界经济论坛运用“全球竞争力指数”(Global Competitiveness Index)对世界上主要经济体和新兴地区的竞争力要素及发展动态进行全面量化分析并出版《全球竞争力报告》外，比较著名的创新评价项目有哈佛商学院迈克·波特等人构建的“国家创新能力指数”(National Innovation Capacity Index，简称NICI)、欧盟理事会2006年发布的“全球综合创新指数”(Global Summary Innovation Index，简称GSII)和罗伯特·哈金斯协会(Robert Huggins Associates)提出的“世界知识竞争力指数”(World Knowledge Competitiveness Index，简称WKCI)。这里先对后三种创新评价指数及其相关内容作一些分析，而后再阐释“全球竞争力指数”，以利我们通过对这些评价指数的了解而更为准确地认识我国在创建创新型国家进程中所面临的有利条件和不利因素。

一、 国家创新能力指数

(一) 国家创新能力构成要素

国家创新能力是一个国家或经济体在相当长的一段时间内将产品、观念等通过商业化过程使之成为可被全社会成员所享受到的创新“产品”的能力。创新能力的强弱取决于资源、外部投资、政策等各要素之间的相互联系。国家创新能力则更为复杂，它不仅仅表现为被人们所意识到的在现实中的各种创新的产出，而且反映了在一定的基础条件、投资状况和政策指引的情况下，一个国家为创新而付出努力的程度，比如说高水平的科技研发实力、鼓励创新投资与活动的宏观政策、以创新为导向的国内产业集群等。此外，国家创新能力还受到某个既定经济体内的技术成熟程度和劳动力素质的影响，后者对于一国私营企业部门和研发活动的生产率水平起着非常重要的作用。

为了对一个国家的创新能力进行评判，《国家竞争优势》的作者迈克·波特将构成国家创新能力的决定性因素主要概括为两大类：通过完善而合理的组织架构及支持创新的政策，实现对资源的有效且充分的利用，也就是有利于创新的基础设施；一定数量、以创新为导向且彼此之间有着极强关联性的产业集群[①]。前者包括了经济活动中各产业部门的技术熟练程度、高技术劳动力的供给状况、对基础研究和人力资源(教育)的投入以及政府对产业创新的激励政策等方面；后者则是指某个国家对于产业集群发展的创新环境。基于迈克·波特多年来对国家产业集群的竞争优势及其推动因素的研究成果，单个的产业集群必须要参与竞争并不断形成发展模式的“演进”才能够对国家创新能力做出贡献。此外，迈克·波特的国家创新能力模型还发现，在有利于创新的基础设施和产业集群之间的关联程度也非常重要，这种关联性决定了二者的匹配状况，并最终决定了国家创新能力的高低。也就是说，国家创新能力的模型包括了共同的创新基础设施、集群发展的环境、彼此之间关联的质量等三个部分。

从图 5.1 中我们可以看到，共同的创新基础设施是指一个经济体内为了支持创新活动而产生的一系列投资与政策的环境。这个环境包括了一个政府为了促进科学和技术进步而付出的人力和财政资源，支持创新活动的公共政策以及经济部门中的技术精致程度。国家共同创新基础设施的根基是该经济体内贡献于创新活动的科学家和工程师的人才库状况。一个强大的创新基础设施也建立在卓越的基础研究能力之上，交叉的创新政策领域包括了知识产权的保护、以税收为基础的创新激励的程度、鼓励创新为基础的竞争、反对垄断的力量的程度以及经济体对贸易和投资的开放程度。总之，一个强有力的创新基础设施要求政府进行一系列的投资和政策选择。

尽管创新基础设施设置了创新的基本条件，但最终还是由企业对创新进行

① 迈克·波特.国家竞争优势[M].李明轩，邱如美，译.华夏出版社，2008.

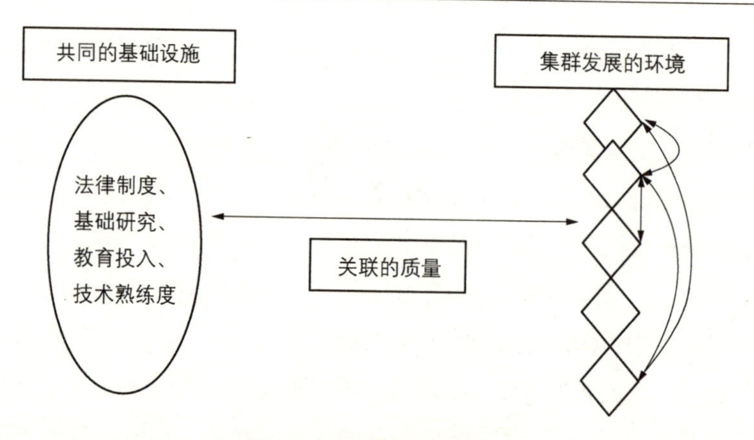

图 5.1　国家创新能力模型

资料来源：Michael E. Porter, Jeffrey L. Furman, Scott Stern. The Drivers of National Innovative Capacity: Implications for Spain and Latin America[EB/OL]. http://people.bu.edu/furman/html/research/files/NIC%20Latin%20America.pdf

传播和应用，这也就是集群所发挥的独特作用。创新产品与新技术的商业化在集群内的不同企业之间进行传播，缘于地理环境的优势，集群内部的企业在进行创新活动和分享创新产品时会更有效率。这正如迈克·波特所分析的，“一个地区中微观经济环境的四个特性影响着集群中创新的程度：高质量与专业化的资源投入、鼓励投资与聚焦于对当地竞争对手的分析、从地方需求中搜集关于创新的各种信息以及支持产业集群发展的动力”①。从国家创新能力的模型中也可以看出，共同的创新基础设施与产业集群之间的关系是互惠互利的。众多的创新集群推动了创新基础设施的进一步完善，而创新基础设施也决定了一个国家或地区的企业能否顺利实现从企业群聚到产业集群，再到创新集群的发展过程。因此，二者的关联性也就成为构建国家创新能力的主要因素。

波特等人根据国家创新能力模型中的三大要素所构建的指标体系，主要由四个二级指标构成，分别是科学家与工程人员在总人口中的比例、创新政策、集群创新环境、关联②。其中，科学家与工程人员的比例反映了一个国家支持创新的人力资源储备状况，是该国或该地区创新能力的基础；创新政策的指标则涉及对知识产权的保护、对私营部门研发活动的各种补贴等，这些

① Michael E. Porter. National innovation capacity[EB/OL]. http://www.isc.hbs.edu/Innov_9211.pdf, 2010-4-27.

② Michael E. Porter, Scott Stern. Ranking National Innovative Capacity: Findings from the National Innovative Capacity Index. http://www.kellogg.northwestern.edu/faculty/sstern/htm/NEWresearchpage/Publications/Porter%20Stern%20GCR%202003.pdf. 2010-5-14.

指标反映了创新活动的宏观政策环境；集群创新环境的指标则囊括了国内的消费结构及程度、技术的熟练程度、企业的竞争力、集群发育程度等；创新关联包括了公共研究机构、大学与企业之间的合作、创新项目获取风险投资的难易度等。综合来看，国家创新能力指数注重从体制与政策评估的角度研究一国或一个地区创新能力的动态变化，它不仅反映了作为政治和经济实体的国家在激发自身创新潜力方面所达到的水平，也体现了一个国家或地区为建立促进创新的环境所具备的基础条件、所进行的投资、实施的政策和已实现的技术创新成就。在进行了比较完整的问卷调查和数据搜集分析之后，国家创新能力指数中包含了大量的定性与定量相结合的指标。波特等人据此对全世界 75 个国家或地区的创新能力进行了评估并给出了这些国家或地区在二级指标上的得分，最终将四个二级指标的得分相加计算出国家创新能力的得分情况。表 5.6 反映了在国家创新能力指数中排名前十位的国家及其在二级指标上的得分。同时，我们特意将中国的排名与得分也放在了这十个国家之后，将中国与那些创新能力较强的国家进行对比，从而有助于分析我国在国家创新能力上与发达国家所存在的差距(见表 5.6)。

表 5.6　国家创新能力指标排名

	国家创新能力		科学家与工程人员		创新政策		集群创新环境		关　联	
国　家	排名	得分	排名	得分	排名	得分	排名	得分	排名	得分
美　国	1	30.3	6	4.3	1	8.1	1	10.9	1	7.1
芬　兰	2	29.1	7	4.2	4	7.3	2	10.9	3	6.7
德　国	3	27.2	11	4.1	7	7.0	4	9.9	10	6.1
英　国	4	27.0	18	3.9	13	6.8	3	10.0	9	6.3
瑞　士	5	26.9	13	4.0	15	6.7	5	9.9	7	6.3
荷　兰	6	26.9	23	3.8	3	7.4	14	9.2	4	6.6
澳大利亚	7	26.9	8	4.2	10	6.8	9	9.4	5	6.5
瑞　典	8	26.9	2	4.5	21	6.1	6	9.8	6	6.5
法　国	9	26.8	9	4.1	6	7.1	10	9.3	8	6.3
加拿大	10	26.5	14	4.0	5	7.3	12	9.2	11	6.1
中　国	43	18.1	44	2.3	46	4.6	44	6.9	41	4.3

资料来源：Michael E. Porter，Scott Stern. Ranking National Innovative Capacity：Findings from the National Innovative Capacity Index. http：//www. kellogg. northwestern. edu/faculty/sstern/htm/NEWresearchpage/Publications/Porter%20Stern%20GCR%202003. pdf.

从表 5.6 我们可以看到，美国毫无疑问地位于国家创新能力排名中的第一位，紧随其后的芬兰、德国、英国、瑞士、荷兰、澳大利亚、瑞典、法国和加拿大分列二至十位。这些国家在创新能力上表现出众，同时，它们都是世界上经济和社会发展程度较高的国家。从构成国家创新能力的其他四项二级指标来看，上述国家在各项指标中的排名略有起伏，这也说明了每个国家在创新能力方面都有着自己的优势和劣势。除了美国在创新政策、集群创新环境和关联这三个指标的排名都位居第一之外，其他国家在每一项指标的排名都不一样。荷兰虽然在国家创新能力上名列第六，但其科学家与工程人员占总人口的比例却只排名第二十三位，处于中间水平，而其创新政策和关联的排名却相对较高，从而提升了荷兰整体的创新能力排名。从中国的排名情况来看，无论是在整体的创新能力上，还是在四项指标中，中国的得分都比较低，排名也位于中下水平。

（二）若干指标的具体分析

为了深入分析国家创新能力指数的内容及其评价方法，我们对创新政策、集群创新环境、关联中具体的指标进行分析。

首先，在创新政策这一指标中，为了评价一个国家或地区的创新公共政策环境，迈克·波特等人设计了三个三级指标，每一个指标都涉及专利与知识产权保护、人力资源库等问题，这些指标如下：

- 知识产权保护的有效性；
- 一个国家留住其科学家与工程师的能力；
- 为私营部门的研发税收抵免的规模和有效度。

为了易于对创新政策进行评估，波特等人构建了上述三个指标并在基线回归中添加了相应的变量，每一个指标都对评测上一级指数起着重要作用。从创新政策的排名状况来看，美国得分最高，其次是新加坡、荷兰、芬兰、加拿大和法国。令人惊讶的，一些非经合组织的国家或地区，如新加坡、以色列和中国台湾地区也都排在前二十位，而一些经合组织中较大的经济体，如意大利和韩国，却排名靠后。瑞典在此项指标上的得分较低并影响了其整体的排名。拉丁美洲各国在创新政策上的排名则出人意料的靠后，巴西、智利、哥斯达黎加全都跌出了前二十五位。尽管像巴西和墨西哥这样的经济体在过去几十年中保持了国际竞争力的持续增强，甚至在某些领域位居世界技术的前列，但是它们仍然没有建立起一种完善的支持创新的政策环境。尽管这些国家被认为是正在形成中(emerging)的创新型国家，但是它们在此项指标中的排名远远低于其他经合组织经济体，其创新政策环境的质量也远未达到其他新兴经济体如新加坡和以色列的水准。但值得一提的是，与收入水平的增长速度相比，这些国家的创新能力发展还是要更快一些，也就是说，虽然它们在创新政策上得分偏低，但其巨大的发展潜力仍然有助于它们在未来成为创新型国家。

其次，关于集群创新环境这一指数，波特等人也设计了三个指标对此进行测度，分别是：来自于国内消费者对创新的精致程度和要求创新的压力；专门研究和培训的供应状况；集群的发展程度以及发展的阶段。从国家创新能力指数的排名及得分情况看，美国继续在此指标上名列第一，而芬兰也依靠其强有力的电子通信集群与美国并列第一。与在创新政策上的排名相比，英国、德国、瑞士、瑞典、日本在集群创新环境上的得分较高，而新加坡、荷兰、加拿大、法国则排名靠后。上述结果反映了国家之间在潜在的创新能力方面存在着非常明显的差异，而这一点却经常被创新政策的制定者和分析人员所忽略。国家创新能力的提升是一个长期的过程，不能只关注于短期的绩效高低和政策的大量堆积，而应该是从培育创新的基本要素开始，注重长期的增长潜力。如芬兰和德国就花费了大量的时间和资源用于培育产业集群，而芬兰以电子通信为代表的创新集群和德国以高技术制造业为代表的创新集群成为这两个国家的企业获取持续竞争优势的重要原因，并直接促进了国家创新能力的发展。在其他的新兴经济体中，以色列、新加坡和中国台湾地区也都开始拥有了一定数量的创新集群，而“金砖四国”中的中国和印度，与那些排名较高的国家相比，只拥有发展到中等程度的集群创新环境。

由于关联这一指数在很大程度上依赖于公共研发机构与私营部门之间非常微妙的互动，因此，与其他三个指数相比，这一指数很难找到可以量化的指标并进行测度。虽然如此，国家创新能力指数中还是设计了如下两个指标对关联进行分析，即科学研究机构的总体质量，以及为具有创新性但也存在极大风险的项目提供风险投资的能力及获得投资的难易程度。首先，科研机构的总体质量反映了大学以及其他研发机构在加强与企业合作的关联性上所具备的重要性，第二个指标则说明了在一个国家或地区中，是否具有大量的风投资本用于鼓励创新的活动，这在很大程度上也影响了社会进行创新的意愿和热情。根据排名的结果，美国继续在该指标上独领风骚，紧随其后的是以色列和芬兰。与其他三项指标相比，日本在此项中的排名非常低，跌出了前二十位，而澳大利亚和瑞典则分别在此项指标上提升了各自的排名。上述排名状况显示出国家之间在研究型大学的功能、公共-私营研究机构之间的合作机制等方面存在着较大的差异。日本得分较低的原因是因为它缺乏具备世界级水平的研究机构，同时，日本的大学与企业部门的合作也显得不足。而以色列的创新政策却一直鼓励大学与企业和其他研发机构之间的合作，这也是以色列在此指标上排名靠前的主要原因。

二、 全球综合创新指数

（一）全球综合创新指数的指标组成

2006 年，由欧盟委员会发布的全球创新记分牌（Global Innovation Scoreboard， GIS）比较了欧盟 25 个成员国与其他研发支出表现较好（研发支出占全球总量的 0.1%以上）的国家或地区，中国（2.12%）、韩国（1.98%）、加拿大（1.97%）、巴西（0.86%）、澳大利亚（0.83%）、以色列（0.80%）、印度（0.53%）、俄罗斯（0.49%）、墨西哥（0.32%）、新加坡（0.27%）、中国香港（0.14%）、阿根廷（0.13%）、南非（0.13%）、新西兰（0.09%）以及美国和日本的创新绩效。欧盟在整合欧洲统计局（Eurostat）、世界银行（World Bank）、经合组织（OECD）、联合国教科文组织（UNESCO）、联合国工业发展组织（UNIDO）、世界咨询科技与服务联盟（WITSA）以及专业调查机构国际数据资讯（IDC）等数据的基础上，建立了主要创新维度的 12 个评价指标体系[①]。尽管进行全球主要国家的创新绩效评价比较困难，但该报告所构造的全球创新绩效还是较为客观和可信的。在全球创新记分牌中，创新绩效由一系列综合指标以及全球综合创新指数（Global Summary Innovation Index，简称 GSII）进行测度，并通过使用 5 个复合指数对如下的几个创新维度进行测量：创新驱动（Innovation drivers）、知识创造（Knowledge creation）、扩散（Diffusion）、应用（Applications）和知识产权（Intellectual Property）[②]。其中，每一个维度都有相应的指标予以测度，具体如下：

---

① European Commission. 2006 “Global Innovation Scoreboard” （GIS） Report. ［EB/OL］. http：//www.proinno-europe.eu/doc/eis_2006_global_innovation_report.pdf. 2010 - 5 - 20.

② 同上。

创新驱动由以下三个指标组成：

- 在所有高等教育毕业生中科学与工程类专业毕业生的百分比。（数据来自教科文组织）
- 完成高等教育阶段的劳动力的比重。（数据来自世界银行）
- 每百万人口中研究人员的数量。（数据来自世界银行）

知识创造包含了三个指标：

- GDP 中公共研发支出的比重。这里的公共研发支出被定义为减去了所有私营部门研发支出之后的剩余部分。（数据来自经合组织和世界银行）
- GDP 中商业部门研发支出所占的比重。
- 每百万人口中科研文章发表的数量。

扩散只包括了一个指标，即 GDP 中信息通讯技术（ICT）支出所占的百分比。（数据来自世界咨询科技与服务联盟（WITSA）以及专业调查机构国际数据资讯所发布的《数字化星球报告（Digital Planet Report）》）

应用则包括了两个指标：

- 在所有的制造业出口中高技术出口所占的比重。（数据来自世界银行）
- 在制造业的附加价值中中等偏高以及高技术活动所占的比重。（数据来自联合国工业发展组织的《工业发展报告（Industry Development Report）》）

知识产权包含了三个指标：

- 每百万人口中欧洲专利局（EPO）专利的数量。
- 每百万人口中在美国专利商标局（USPTO）中申请专利的数量。
- 每百万人口中三合一专利（triad patent）的数量，这是指一个专利同时被欧洲专利局、日本专利局和美国专利商标局同时记录在册。

（二）集群分析与多维排列法

全球综合创新指数还运用了集群分析与多维排列的方法分析那些具有相似创新绩效的国家或地区。在全球综合创新指数中，即使两个国家在创新驱动、知识创造、扩散、应用、知识产权这五个创新维度上具有显著的差异并且排名不同，它也会将这两个国家评为同一个等级，同时，该指数还将那些在五个维度上具有相似绩效的国家以“集群”为单位放在一起进行分析，根据每个国家在每一个指标上的表现，将其列入相应的“集群”之中。集群分析的目的在于对那些具有相同创新优势和劣势的国家进行鉴别，这也有助于人们发现那些具有类似模式但表现更好的国家。全球创新记分牌(GIS)将所调查的国家和地区按照创新绩效的表现分为5个等级的集群，分别是：

集群1，主要包括日本、德国、瑞士、芬兰、瑞典和以色列等六个国家；

集群2，由奥地利、比利时、法国、丹麦、韩国和挪威等六国组成；

集群3，分别为西班牙、俄罗斯、爱沙尼亚、捷克、匈牙利、克罗地亚、中国香港和意大利；

集群4，包括塞浦路斯、罗马尼亚、希腊、立陶宛、斯洛文尼亚、波兰、葡萄牙和墨西哥；

集群5，有阿根廷、巴西、印度、拉脱维亚、土耳其、南非和中国[①]。

集群1的国家具有最高的创新绩效并且在知识创造和知识产权两个指标方面明显好于其他任何一个国家。这些国家也同样具有很高的人均GDP水平及劳动生产率。与其他集群内的国家相比，集群1的国家在每百万人口中的科研人员、研发投入的密集程度、每百万人口中所发表的科技类文章、每百万人口中的专利数量等指标上具有明显的优势。因此，集群1的国家成为推动世界技术发展和创新的主要国家。

集群2的国家是在创新绩效方面表现次优的国家。它们与集群1的国家在创新驱动和应用方面所获的分值非常接近，这些国家的GDP总量也很大，人均GDP的排名也位居世界前列。但是，与集群1的国家相比，它们的劳动市场率要稍微低一些。总体来看，集群1和集群2的国家之间在经济方面的差异很小。这也说明各个集群内国家的名单并非一成不变，随着一些国家在某些指标项目上获得的分数增加，那么它们极有可能取代现有的集群1国家。

与前两个等级的集群相比，集群3与集群2之间的差距却很大。从相关数据可以看出，集群3的国家或地区在与创新有关的各项指标方面都远低于集群1和集群2的国家，仅显示出了中等程度的创新绩效。不过这也说明了这些国家或地区创新能力上的一个突出特征：既不具备特别明显的优势，也没有非常显著的劣势。集群4和集群5国家的总体创新绩效几乎是一样的，但差距来自于它们在不同维度上的差距：集群4的国家在创新驱动这一项中表现得更好，而集群5的国家则在扩散方面得分较高。从人均GDP来看，集群4的

---

① European Commission. 2006 "Global Innovation Scoreboard" (GIS) Report. [EB/OL]. http://www.proinno-europe.eu/doc/eis_2006_global_innovation_report.pdf. 2010-5-20.

国家几乎是集群 5 国家的两倍，但是，尽管集群 4 的国家拥有更多的科研人员、更多数量的科技文章和专利，但集群 5 的国家却有着更多的研发投入密度。

在全球创新记分牌(GIS)的结果中，卢森堡、美国、新加坡、冰岛、新西兰和马耳他并没有被列入到任何一个集群当中。虽然上述几个国家的创新绩效与相应集群内国家的绩效相同，但由于这几个国家在创新方面具有某种异于其他国家的特性，因此并没有进行特殊的分类。不过从 GIS 的分析来看，新西兰的创新能力与集群 3 的国家非常类似，而美国则与集群 1 的国家在国家创新绩效方面平分秋色，但如果论总体创新能力，那么美国则明显略胜一筹。与集群 1 的国家相比，美国在创新驱动这一项表现较差，造成这一状况的主要原因可能是美国在科学与工程技术教育方面的落后，美国的科学与工程类毕业生占全部高等教育毕业生总人数的比例(12.4%)远低于集群 1 的其他国家平均水平(21%)。在扩散和应用两项中，美国的表现则稍好于集群 1 的国家。

基于对全球综合创新指数的排名，世界各国的创新能力可以被分为如下四个组别：

芬兰、瑞典、瑞士、美国、新加坡和以色列的创新能力居于世界前列且在 5 个维度中具有较多的相似性，因此被界定为全球创新领导者(global innovation leaders)。

次优(next best)表现的国家包括了德国、丹麦、荷兰、加拿大、英国、韩国、法国、冰岛、挪威、比利时、澳大利亚、奥地利、爱尔兰、卢森堡和新西兰。

追随者(follower)国家或地区包括了中国香港、俄罗斯、斯洛文尼亚、意大利、西班牙、捷克、克罗地亚、爱沙尼亚、匈牙利、马耳他。

落后国家(lagging)包括了希腊、中国、斯洛伐克、南非、葡萄牙、保加利亚、土耳其、巴西、拉脱维亚、墨西哥、波兰、阿根廷、印度、塞浦路斯、罗马尼亚。

三、世界知识竞争力指数

(一) 世界知识竞争力排名分析

世界知识竞争力指数(World Knowledge Competitiveness Index，简称

WKCI)是由英国著名的智库罗伯特·哈金斯协会(Robert Huggins Associates)所编制、致力于全球知识竞争力评价的指标体系，这也是世界上第一个对“世界知识经济领先地区”(the knowledge economies of the world's leading regions)即国际知名的创新型城市和以创新型城市为核心的创新区域的发展状况作出分析与评价的项目。与其他的国际性创新评价项目不同，WKCI首次对全球范围内在知识经济方面表现卓越的地区进行测度与综合分析，其最终报告中的各项指标也成为了衡量世界各地区在知识容量、能力可持续性、将知识转换成经济价值和该地区居民财富的程度等方面整体性和综合性的基准。

2008年发布的WKCI报告是该系列报告的第五个版本，以19项知识经济的指标对全世界145个地区的竞争力作出了比较。在这145个地区当中，北美占有63个，欧洲54个，亚洲28个。与2005年的报告相比，2008年的报告增加了20个地区：其中9个来自欧洲，8个来自北美，3个来自亚洲太平洋地区[①]。与2005年的结果一样，2008年全球竞争力排名第一的仍然是美国的大都市区域，即圣何塞(San Jose)地区(该地区同时也是硅谷的发源地)。该地区能够排名第一，首先得益于其对知识密集型商业发展的巨大投资，特别是高科技的工程技术、计算机系统、微处理器技术等领域。当然，该地区的成功也有来自于高质量的高等教育机构的支持，如斯坦福大学与当地企业，尤其是创新型企业之间的合作大大推动了该地区科研实力的发展并催生出大量的专利产品。此外，该地区对研发的巨大投入也是一大因素。上述因素的综合使得圣何塞地区成为高度发展、非常专注于创新的知识经济区域。这些都可以通过对其在信息技术产业及工程技术和装备仪器产业中非常高的劳动生产率、该区域较高的收入水平和高就业率等指标中体现出来。总之，圣何塞能够连续两次在世界知识竞争力排名中位居第一，充分显示了知识的创造、整合、成果的商业化等活动在推动地区经济发展和社会进步中所扮演的不可或缺的作用。

在2008年报告中，排名位居第二的依然是美国的大都会波士顿地区。该地区的核心竞争力是其丰富的智力资源和金融资本，如波士顿是美国高等教育最发达的地区，集中了包括哈佛和麻省理工在内的八所顶尖的研究型大

---

① Robert Huggins, Hiro Izushi, Will Davies. Center for International Competitiveness. World Knowledge Competitiveness Index 2008[EB/OL]. http://www.cforic.org/pages/wkci2008.php. 2010-5-7.

学。据估计，这些大学对地区经济发展的直接贡献是为该地区的经济产出增加了74亿美元，而其对地区经济发展所起到的间接影响则更不可估量。

哈特福德(Hartford，美国康涅狄格州首府)则在2008年的排名中位居第三——这在很大程度上是因为该地区对研发的巨大支出以及私募股权的投资。此外，哈特福德地区也是全世界各地区中劳动生产率最高的地区。康涅狄格州西南部的布里奇波特地区(Bridgeport)在2008年异军突起，排名升至第四，而旧金山则退后两名，成为了第五。

然而，值得关注的一点是，当美国的大都会地区仍旧在世界知识竞争力的排名中位居前列时，2008年的报告还反映出了这样一种趋势，即美国之外的知识经济领先地区的数量正在增加，而美国各个地区的创新排名受到了很大的挑战。比如说在2004年，WKCI排名前14位的地区全部来自美国，到了2005年则是前七位，而到了2008年则只有前五位来自于美国①。

关于该排名的其他新进展，主要还包括了：瑞典斯德哥尔摩前进两位排名第六，其排名的进步基于一定范围内的指标，特别是企业部门的研发支出、生物技术与化学部门的就业率、对高等教育的支出。日本东京从22名进到第9名，进步非常明显。此外，日本的致贺地区、瑞典西部和荷兰西部也都进入到前20位。

(二) 世界知识竞争力指数的指标体系

世界知识竞争力指数的指标体系由多个部分组成，彼此之间不仅具有一定的关联性且在发展过程中可以做到循环往复，该指标体系所代表的是一个地区在知识创造与利用、竞争力构建等方面的能力，主要包括了四个关键性的要素：(1) 资本投入；(2) 知识经济生产；(3) 地区经济产出(包括知识经济的产出)；(4) 知识的可持续性②。除了知识经济生产这一项之外，其他各项有典型的变量，同时知识经济生产被认为是发挥着将资本投入转换为区域经济产出的生产功能。

资本投入

资本投入由四组构成：知识资本、人力资本、金融资本、物质资本。知

---

① Robert Huggins, Hiro Izushi, Will Davies. Center for International Competitiveness. World Knowledge Competitiveness Index 2008[EB/OL]. http://www.cforic.org/pages/wkci2008.php. 2010-5-7.

② 同上。

识资本是知识经济的原材料，是指一个地区利用其资源创造新的观念的能力，这里的观念并不是必须要由企业的商业化过程来创造，新观念的生成也可以是由包括大学、研究机构、个人以及其他组织机构作为来源；人力资本表明了一个区域内的个体在创造、应用、利用知识并将知识转化为商业价值的能力；金融资本强调的是金融资源流向经济增长和创新的新领域、新部门，比如说以风险投资的形式鼓励青年人的创业精神，并催生更多创新型企业的产生；物质资本则指的是那种传统的以土地、矿产资源、机器设备、能源为代表的物质投入。以下对此资本投入略作解释。

(1) 知识资本。在研发活动中的投资与就业状况显示了一个地区开发探索新技术、软件以及新的观念以便扩大知识基础的努力程度及其付出的强度。与此类似，专利的数量也可以用来表明一个地区在将知识转换为潜在的商业价值的产品及流程等方面的成功程度。知识资本的指标包括：

- 由政府投入计算的人均研发支出；
- 由企业部门投入计算的人均研发支出；
- 该地区中每百万人口中的注册专利数量。

(2) 人力资本。知识经济竞争的是价值和创新而不仅仅是成本，随着世界各个地区在向知识经济过渡，一个地区的知识竞争力首先有赖于人力资本的规模和质量。因此，人力资本指标包括：

- 每千名员工中从事于IT产业和计算机制造业的从业人员数量；
- 每千名员工中从事于生物科技和化学领域的从业人员数量；
- 每千名从业人员中从事于汽车和机械制造业的从业人员数量；
- 每千名从业人员中从事于精密仪器制造和电子机械制造部门的从业人员数量；
- 每千名从业人员中从事于高科技服务业的从业人员数量；
- 每千名从业人员中经营管理人员的数量；
- 经济活动率。

(3) 金融资本。没有一个丰富的人力资本和强大的创新能力，一个地区是无法将创新的观念转化为促进经济增长和社会发展的产品、服务或流程的。然而，即使考虑到上述因素都存在，但是新观念的商业化仍旧有赖于金融资本的可获得性，特别是风险投资，可以使一个地区将其在研发和人力资本等方面的投入最大化收回。金融资本的指标只有一项，即：

- 人均私人股权投资

(4) 物质资本。以土地、矿产资源、机器设备、能源为代表的物质投入在与其他类型的资本投入相比较时，物质资本对于那些后发地区而言，在经济发展的起步阶段发挥着重要作用。但随着地区竞争力的提升和劳动力成本的不断提高，物质资本在促进地区经济发展中所发挥的作用逐渐由“关键因素”转向了“基础性因素”。与此相对应，知识资本、人力资本、金融资本在地区经济发展和创新过程中所占的比重则越来越大。

知识经济生产

知识经济生产是指将知识经济看作是一种发挥生产功能的过程，即将各种物化的和非物化的资本投入转化为某个地区最终经济产出的过程。与地区经济产出要素相比，知识经济生产更强调产生创新性产品的复杂过程。

地区经济产出

很明显，地区经济绩效的指标是地区竞争力的关键成分，通常也是最容易被测量的指标。WKCI 分析了经济绩效的如下指标：

- 劳动生产率；
- 地区居民的人均月收入；
- 失业率。

知识的可持续性

未来的人力和知识资本体现在个体目前所接受的教育水平。尽管经济发达，创新能力强的地区可以从外部吸引优秀的人才和智力资本。但是从长远来讲，要确保一个地区的知识经济，就要保证一个区域有充足的人力资本流动，特别是通过对当地教育的投入以获取长期稳定且优质的创新型人才队伍。同样的，为了未来的信息时代保持知识创造和转化的高效率，世界各个地区对于信息通讯技术基础设施的投入正逐渐增多，而信息通讯技术的指标项包括如下：

- 在初等和中等教育中的人均公共支出；
- 高等教育中的人均公共支出；
- 每百万居民中安全服务器的数量；
- 每千名居民中的电脑数量；
- 每千名居民中的宽带接入数量。

世界知识竞争力指数在对世界各个地区进行数据搜集和分析之后将 100

分定位起始分数，然后根据各地区的得分进行排名，表5.7显示的是近年来世界各个地区在知识竞争力方面的排名状况及其变化。

表5.7 2005—2008年世界知识竞争力指数排名变化表（前20位）

2008年排名	地区（以城市群为主）及所属国家	得 分	2005年排名	排名变化
1	圣何塞—桑尼维尔—圣克拉拉（美国）	248.3	1	0
2	波士顿—剑桥—昆西（美国）	175.3	2	0
3	哈特福德（美国）	175.1	4	1
4	布里奇波特—斯坦福—诺沃克（美国）	174.7		
5	旧金山—奥克兰—佛蒙特（美国）	160.8	3	-2
6	斯德哥尔摩（瑞典）	151.8	8	2
7	塔克玛—西雅图—贝尔维尤（美国）	151.3	5	-2
8	普罗维登斯—福尔河—沃尔维克（美国）	147.1		
9	东京（日本）	147.0	22	13
10	圣迭戈—卡尔斯巴德—圣马科斯（美国）	146.1	7	-3
11	洛杉矶—长滩—圣塔安娜（美国）	144.4	10	-1
12	致贺（日本）	140.9	57	45
13	大溪流城（美国）	140.0	6	-7
14	冰岛	139.8		
15	底特律—沃伦—利沃尼亚（美国）	138.1	15	0
16	瑞典西部地区	137.9	37	21
17	奥卡斯纳德—千橡树镇（美国）	137.1		
18	萨克拉门托—阿尔丁—罗斯维尔（美国）	133.6	11	-7
19	荷兰西部地区	132.4	77	58
20	芬兰北部地区	132.1		
110	上海（中国）	79.4	112	2
111	柏林（德国）	78.7	87	-24
112	不列颠哥伦比亚省（加拿大）	77.4	105	-7

资料来源：Robert Huggins, Hiro Izushi, Will Davies. Center for International Competitiveness. World Knowledge Competitiveness Index 2008[EB/OL]. http://www.cforic.org/pages/wkci2008.php

从表5.7中我们可以看到，与2005年相比，美国的大都会地区在继续保持其知识竞争力排名优势的同时，却很少有地区能够展示出较大的进步并从而前进好几个位次。与此相反，排名前20位的地区中，进步较为明显的大都来自欧洲和亚洲日本的地区，这表明了欧洲和亚洲与美国的差距正在逐步缩小。

在世界知识竞争力指数排名中我们还可以看到中国、印度和东欧地区的状况。在该指数的新兴地区中，中国上海的表现继续保持最佳。尽管进入到新兴地区前 20 位的大部分城市地区依然来自于美国和欧洲，但是与 2005 年相比，上海的排名还是前进了一位。目前，上海的排名已在德国柏林和加拿大不列颠哥伦比亚省之前。考虑到上海的总人口已经达到 2 000 万，我们更有理由相信上海所取得进步是非常显著的。

四、全球竞争力指数(Global Competitiveness Index)

(一) 全球竞争力指数的结构

由世界经济论坛[①]发布的《全球竞争力报告》提供了全球范围内超过 100 个经济体在竞争力增长方面所取得的进展及其排名。早在 1979 年，世界经济论坛开始对国家和经济体的竞争力进行研究时，就已经开始采用竞争力增长指数(The Growth Competitiveness Index)对世界上的主要经济体以及新兴地区的竞争力要素及发展动态进行全面量化分析。2004 年，《全球竞争力报告》中又开始引入了全球竞争力指数(The Global Competitiveness Index，简称 GCI)，以作为评价和判定一个国家和经济体竞争力的重要指标体系。全球竞争力指数由三个部分组成，分别是基本需求、效率提升、创新与成熟程度[②]。在全球竞争力指数中，三个板块下涵盖了构成竞争力核心要素的 12 个支柱，依次为制度、基础设施、宏观经济稳定性、健康与初等教育、高等教育与培训、商品市场的效率、劳动力市场的效率、金融市场成熟度、技术的预备程度、市场规模、企业经营成熟度、创新[③]。如图 5.2 所示，第一到第四个支柱属于基本需求部分，第五到第十个支柱被归入到效率提升中，第十一至十二个支柱被归入到创新与成熟程度部分中。12 个竞争力支柱内也都划分了二级指标和三级指标，并被赋予了各自的权重，并以百分比的形式来体现每一个指标在其上一级指标中所占的权重。

---

① 世界经济论坛（World Economic Forum — WEF）是一个非官方的国际组织，总部设在瑞士日内瓦。其前身是 1971 年由现任论坛主席、日内瓦商学院教授克劳斯 · 施瓦布创建的“欧洲管理论坛”。1987 年，“欧洲管理论坛”更名为“世界经济论坛”。论坛的年会每年 1 月底至 2 月初在瑞士的达沃斯召开，故也称“达沃斯论坛”。

② 维基百科：The global competitiveness index. http://en.wikipedia.org/wiki/Global_Competitiveness_Report

③ World Economic Forum. The Global Competitiveness Report 2009 - 2010. http://www.weforum.org/en/initiatives/gcp/Global%20Competitiveness%20Report/index.htm.

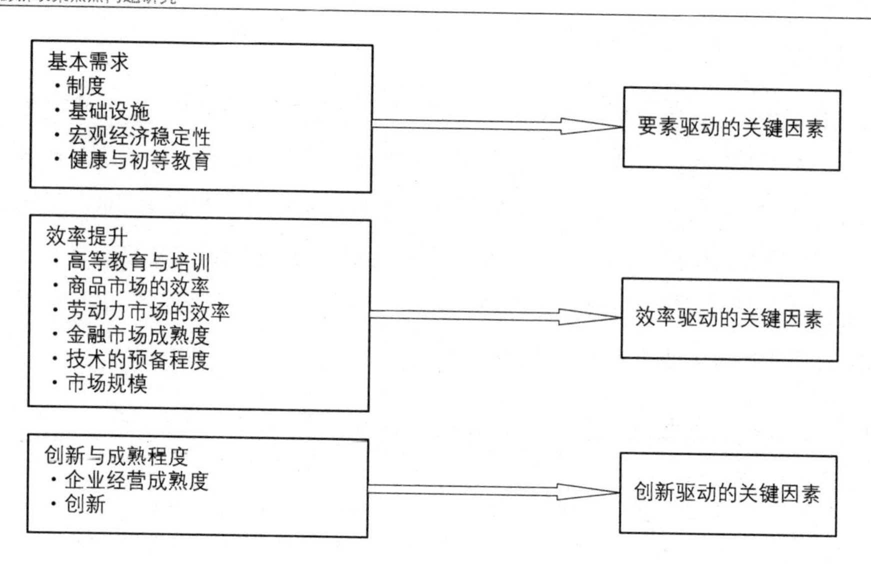

图 5.2　竞争力的 12 个支柱

资料来源：World Economic Forum. The Global Competitiveness Report 2009－2010. http：//www.weforum.org/en/initiatives/gcp/Global%20Competitiveness%20Report/index.htm

与其他的创新和竞争力评价指数不同，全球竞争力指数中的指标并不是固定的，而是随着该国经济发展阶段的演化而进行动态的调整。在全球竞争力指数中，国家的发展阶段被分为了三个时期：要素驱动阶段（Factor driven）、效率驱动阶段（Efficiency driven）和创新驱动阶段（Innovation driven）。在要素驱动阶段，国家之间的竞争主要是基于各自所拥有的物质基础要素，如土地、矿产资源、能源、人口数量等，这一时期国家的产业部门中主要是依靠大量廉价且低素质的劳动力和以出口自然资源为主，企业之间的竞争也是以低价格出售产品和服务为主。这一阶段的社会经济生产显现的是低工资收入水平和低劳动生产率并存的特征。对于大部分处于此阶段的国家或地区来讲，要维系自身在国际上的竞争力主要依靠初步完善的各项经济和社会制度（第一个支柱）、颇具规模的基础设施（第二个支柱）、相对稳定的宏观经济结构（第三个支柱）以及健康、有着基本教育知识和技能的劳动力大军（第四个支柱）。随着经济和社会的进一步发展，全社会的工资水平普遍提高。这时，一个国家的发展逐步从要素驱动的阶段过渡到了效率驱动的阶段。在这一阶段中，一个国家或地区要保持其竞争力就必须大幅提升其经济的运行效率和质量，提供更高质量的产品和服务。因此，高等教育和培训（第五个支柱)、富有效率的商品市场(第六个支柱)、高质量的劳动力市场(第七个支柱)、成熟的金融市场(第八个支柱)、利用已有技术的能力(第九个支柱)和一个庞大的国内国外市场(第十个支柱)就显得非常重要。如果一个国家在效率驱动阶段发展顺利并保持着经济和社会发展的健康运行，那么它就会进入到创新驱动的阶段。在这个阶段中，全社会会维系较高的工资水平以及良好的生活标准，企业的竞争力也不再是以降低成本、提高质量为主，而是以提供各种创新的观念、产品和服务为主。而国家核心竞争力所依赖的则是创新(第十一个支柱)和精致的生产流程(第十二个支柱)。

可以看出，全球竞争力指数中的12个竞争力支柱是与国家的三个发展阶段相匹配的。也就是说，尽管上述12个竞争力支柱对于所有的国家来讲都非常重要，但是每一个支柱的相对重要性还是取决于某个国家所处的特定发展阶段。考虑到这一点，上述12个支柱被分别归入基本需求、效率提升、创新与成熟程度三个部分中，正是为了对不同国家的发展阶段作出准确判断和科学分析。处于创新驱动阶段的国家与处于效率驱动阶段的国家在竞争力体系中必然存在着巨大的差异，而且，同样的指标在不同阶段的国家竞争力中所占的比重也是不相同的。如果忽略了这一点，那么任何对创新和竞争力的评价与分析都是不准确的。比如说，处于效率驱动阶段的墨西哥，在基本需求这一部分的指标比重就占到了整个竞争力指数中的40%，而处于创新驱动阶段的日本，与基本需求有关的指标则只能占其竞争力指数权重的20%[①]。2009—2010全球竞争力报告还有了两个微小的变化：首先，将法律体系的效率分为了两个不同的变量，即法律体系在处理争议方面的效率程度和法律体系在具有挑战性的章程上的效率；第二个变化则是将非工资劳动成本排除在竞争力指标体系之外[②]。

(二) 2009－2010年全球竞争力指数的排名状况

全球竞争力指数所选取的经济体对象主要来自于欧洲地区、拉丁美洲和加勒比海地区、亚洲-太平洋地区、中东和北非地区以及撒哈拉以南的非洲地区。从表5.8中可以看出，与2008—2009年相比，全球竞争力报告中排名前

① World Economic Forum. The Global Competitiveness Report 2009－2010. http://www.weforum.org/en/initiatives/gcp/Global%20Competitiveness%20Report/index.htm.

② 同上。

十位的国家并没有发生变化，只不过在排名和得分上有所变化。与前一年度相比，排名前十位国家的平均得分有所下降：从2008—2009年的平均分5.51分(总分为7分)下降为2009—2010年的5.45分[①]。这说明在经济衰退的背景下，全球竞争力绩效表现最好的国家总体来看状态有所下降。从排名上看的话，前十位的国家次序与前一年相比有了些许变化。美国、丹麦、荷兰的排名有所下降，瑞典、芬兰、德国保持了原有的位置，瑞士、新加坡、日本、加拿大四国较上一年度来讲在排名上有所提升[②]。在这两个年度的比较中，中国的表现也应该得到重视。在席卷全球的经济危机中，中国的经济一枝独秀、领跑全球，并通过高达4万亿人民币的经济刺激计划防止经济衰退的出现。因此，在全球竞争力报告两个年度的比较中，中国也提升了一个位次，即从2008—2009年度的第30名上升到了2009—2010年的第29名。

表5.8 《2009—2010全球竞争力报告》前10位国家的得分与位次

国家/经济体	2009—2010全球竞争力指数		2008—2009全球竞争力指数
	排 名	得 分	排 名
瑞 士	1	5.60	2
美 国	2	5.59	1
新加坡	3	5.55	5
瑞 典	4	5.51	4
丹 麦	5	5.46	3
芬 兰	6	5.43	6
德 国	7	5.37	7
日 本	8	5.37	9
加拿大	9	5.33	10
荷 兰	10	5.32	8

资料来源：World Economic Forum. The Global Competitiveness Report 2009-2010. http://www.weforum.org/en/initiatives/gcp/Global%20Competitiveness%20Report/index.htm。

根据这两次报告的比较，我们引述一份反映G8和G20国家全球竞争力位次的变化表(见表5.9)。

① World Economic Forum. The Global Competitiveness Report 2009-2010. http://www.weforum.org/en/initiatives/gcp/Global%20Competitiveness%20Report/index.htm.

② 同上。

表 5.9　G8 和 G20 的 19 国在 2009—2010 年度《全球竞争力报告》中的位次及其变化

国家经济体	全球竞争力指数(GCI) 2009—2010		全球竞争力指数 2008—2009	两次报告的位次比较
	位次/133	得分	位次/134	
美　国	2	5.59	1	↘1
德　国	7	5.37	7	==
日　本	8	5.37	9	↗1
加拿大	9	5.33	10	↗1
英　国	13	5.19	12	↘1
澳大利亚	15	5.15	18	↗3
法　国	16	5.13	16	==
韩　国	19	5.00	13	↘6
沙特阿拉伯	28	4.75	27	↘1
中　国	29	4.74	30	↗1
南　非	45	4.34	45	==
意大利	48	4.31	49	↗1
印　度	49	4.30	50	↗1
印度尼西亚	54	4.26	55	↗1
巴　西	56	4.23	64	↗8
墨西哥	60	4.19	60	==
土耳其	61	4.16	63	↗2
俄罗斯	63	4.15	51	↘12
阿根廷	85	3.91	88	↗3

说明：表中以原色表示 G8 的 8 国；以灰色表示形成 G20 后增加的 11 国(另一个为欧盟)

资料来源：World Ecoonomic Forum. The Global Competitiveness Report 2009－2010. http://www. weforum. org/en/initiatives/gcp/Global% 20Competitiveness% 20Report/index. htm.

表 5.9 除了显示出 G8 和 G20 中 19 国的竞争力指数和位次外，也可以明显地看出这 19 国在全球的年度变化，位次上升的有日本、加拿大、澳大利亚、中国、意大利、印度、印度尼西亚、巴西、土耳其、阿根廷(共 10 国)；保住原有地位的有德国、法国、南非、墨西哥(共 4 国)；位次下降的是美国、英国、韩国、沙特、俄罗斯(共 5 国)。上升位次最多的是巴西，其次是澳大利亚和阿根廷；下降最多的是俄罗斯和韩国，而俄罗斯竟下降了 12 个位次。

（三）中国在全球竞争力报告中的排名

作为对世界上主要经济体以及新兴地区的竞争力要素和发展动态进行全面定量分析的指标体系，全球竞争力指数除了关注那些发达经济体的竞争力变化之外，也十分注重对新兴经济体进行研究。作为最大的发展中国家和“金砖国家”的成员，近年来中国经济的持续走强引起了全球的广泛关注，而全球竞争力指数自然少不了对中国竞争力变化的持续分析。特别是2008年蔓延全球的经济危机之后，中国的经济仍旧保持着高速增长且已经开始出现了结构转型的趋势，我们认为将四年来中国在《全球竞争力报告》中的排名和得分的变化情况进行分析是有意义的。

表5.10　四年来中国在《全球竞争力报告》中的得分与排名

年　　度	全 球 排 名	得分（分值区间1—7）
2009—2010	29/133	4.7
2008—2009	30/134	4.7
2007—2008	34/131	4.6
2006—2007	34/122	4.6

资料来源：World Economic Forum. The Global Competitiveness Report 2009 - 2010. http://www.weforum.org/en/initiatives/gcp/Global%20Competitiveness%20Report/index.htm.

从表5.10中可以看出，在从2006年到2009年四年的报告中，中国的总分与排名呈非常缓慢的上升状态，国家的总体竞争力排名除了2008—2009年上升了四位之外，变化并不明显。造成这一现象的原因可能是虽然受到经济危机的影响，但是全球的经济发展还是呈上升的总趋势。因此，国家、地区之间基于发展的竞争也显得十分激烈。与新加坡、韩国等规模较小的经济体相比，中国这样地域辽阔、地区发展不平衡的大国要在短期内实现在全球竞争力排名上的迅速提升是非常困难的。中国的全球竞争力提升只能取决于自身经济和社会发展阶段的转型。从2009年的报告中可以看出，中国的发展阶段已经开始出现巨大的转变即中国从“1—2阶段过渡型”的发展中国家开始步入了“第2阶段，即效率驱动阶段”。

2009—2010竞争力报告中有关中国竞争力结构中12项支柱的具体情况可见图5.3的雷达图。

从图5.3中可以看出，中国在12项支柱的得分中，分值最高的是第十支柱市场规模（Market size），其次是第三支柱宏观经济稳定性（Macroeconomic

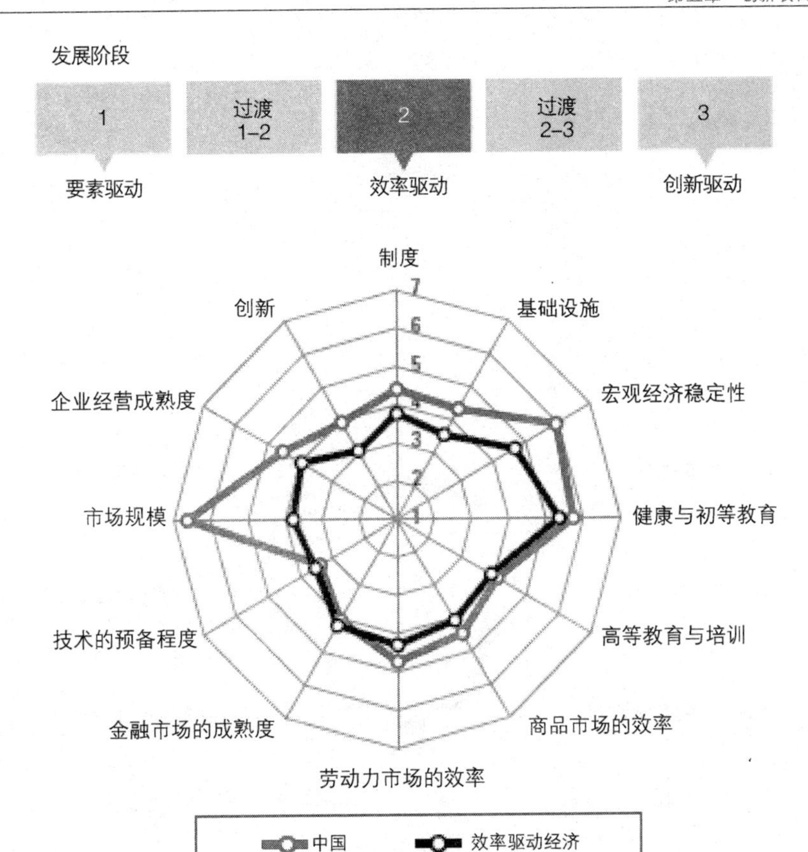

图 5.3 2009—2010 报告中中国的竞争力结构

资料来源：World Economic Forum. The Global Competitiveness Report 2009 - 2010. http://www.weforum.org/en/initiatives/gcp/Global%20Competitiveness%20Report/index.htm.

stability)和第四支柱健康与初等教育(Health and primary education)。图中的黑线是“效率驱动”的国家和地区的标准线；浅色线和上部 2 的效率驱动方块指的是中国。在图 5.3 中，除了可以明显看出中国处于高位的比较优势之外，还可以明显看到中国超越标准线相对于第二阶段国家或经济体所具有的一定的比较优势，如企业经营成熟度、创新、制度、基础设施、宏观经济稳定性。而 2008—2009 竞争力报告中有关中国的雷达图却不是这样的。在 2008—2009 竞争力报告的雷达图中，虽然中国市场规模的优势、宏观经济稳定性的优势、健康与初等教育的优势都已经有了鲜明的显现，但是中国却仍然处于从第 1 阶段向第 2 阶段的过渡时期(即从“要素驱动”阶段向“效率驱动”阶段过渡的时期）。如图 5.4和表 5.11 所示：

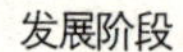

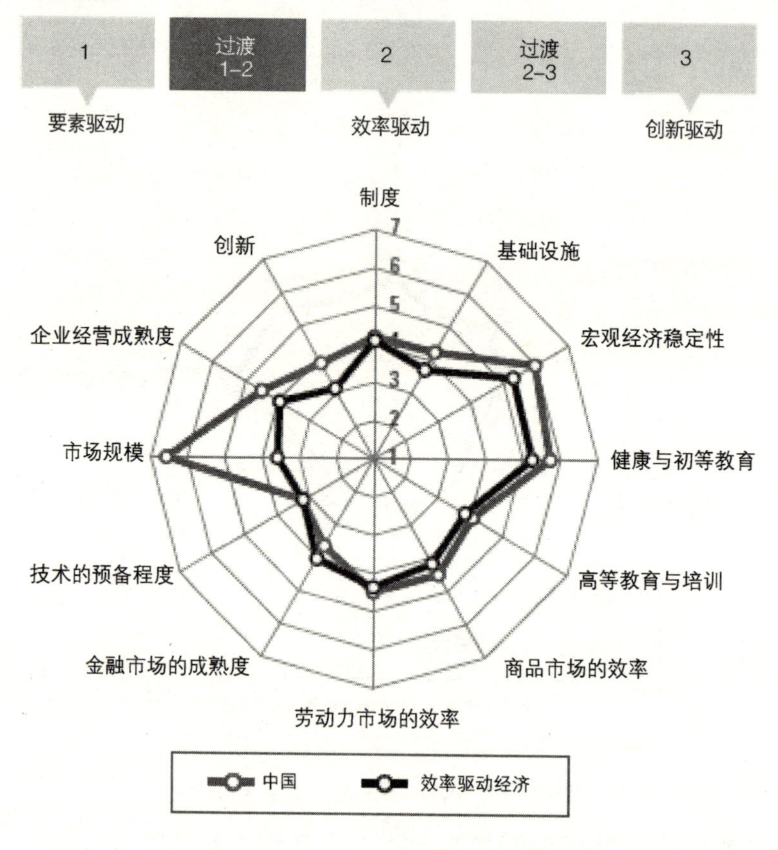

图 5.4　2008—2009 年报告中的中国各项排名

资料来源：World Economic Forum. The Global Competitiveness Report 2009 - 2010. http：//www.weforum.org/en/initiatives/gcp/Global%20Competitiveness%20Report/index.htm

表 5.11　2008—2010 年中国在《全球竞争力报告》中各项得分及排名的变化

指 标 层 次	2009—2010 年度		2008—2009 年度		位次升降
	位次/133	得分/7	位次/134	得分/7	
全球竞争力指数	29	4.7	30	4.7	升 1
基本需求	36	5.1	42	5.0	升 6
1. 制度	48	4.4	56	4.2	升 8
2. 基础设施	46	4.3	47	4.2	升 1

续　表

指 标 层 次	2009—2010 年度		2008—2009 年度		位次升降
	位次/133	得分/7	位次/134	得分/7	
3. 宏观经济稳定性	8	5.9	11	5.9	升 3
4. 健康与初等教育	45	5.7	50	5.7	升 5
效率提升	32	4.6	40	4.4	升 8
5. 高等教育与培训	61	4.1	64	4.1	升 3
6. 商品市场的效率	42	4.6	51	4.5	升 9
7. 劳动力市场的效率	32	4.7	51	4.5	升 19
8. 金融市场成熟度	81	4.1	109	3.6	升 28
9. 技术的预备程度	79	3.4	77	3.2	降 2
10. 市场规模	2	6.6	2	6.6	不变
创新与成熟程度	29	4.2	32	4.2	升 3
11. 企业经营成熟度	38	4.5	43	4.5	升 5
12. 创新	26	4.9	28	3.9	升 2

数据来源：World Economic Forum. The Global Competitiveness Report 2009 - 2010. http://www.weforum.org/en/initiatives/gcp/Global%20Competitiveness%20Report/index.htm.

根据表 5.11 中的得分及排名，我们可以看出，中国在 15 项指标中，除 6 项与上一年度持平之外，其余 9 项都出现了增长的态势。在名次上，除“市场规模”这一项与上一年度持平之外，绝大多数指标都实现了明显的提升，而其中最为明显的则是位次的提升：“基本需求”这一部分提升了 7 个位次；“效率”部分则提升了 8 个位次；“创新与成熟程度”提升了 3 个位次。而在 12 大支柱中，“金融市场成熟度”提升了 28 位；“劳动力市场的效率”提升了 19 位；“商品市场的效率”提升了 9 位；制度提升了 8 位；“健康与初等教育”提升了 5 位；……尤其应该关注的是“商业活动成熟度”提升了 5 位、“创新”提升了 2 位，而“企业经营成熟度”和“创新”却是“创新驱动型”经济发展的关键因素，这也可以看出近年中国经济发展的多因素驱动力。

关于 2009—2010 竞争力报告中与中国位次相近的国家或经济体，通过选取排名在中国前后各五位的国家或经济体，可以使我们比较地分析中国在与其他发展水平相近的国家中所处的位置(见表 5 - 12)。

表 5.12 2009—2010 全球竞争力排名 24 位—35 位国家(经济体)及其与 2008—2009 的比较

国家/经济体	2009—2010 全球竞争力指数		2008—2009 全球竞争力指数
	排 名	得 分	排 名
马来西亚	24	4.87	21
爱尔兰	25	4.84	22
冰 岛	26	4.80	20
以色列	27	4.80	23
沙特阿拉伯	28	4.75	27
中 国	29	4.74	30
智 利	30	4.70	28
捷 克	31	4.67	33
文 莱	32	4.64	39
西班牙	33	4.59	29
塞浦路斯	34	4.57	40

资料来源：World Economic Forum. The Global Competitiveness Report 2009－2010. http：//www.weforum.org/en/initiatives/gcp/Global%20Competitiveness%20Report/index.htm.

总体来看，世界经济论坛的“全球竞争力指数”除了可以作为判定一个国家或经济体的经济发展阶段之外，还揭示出了推动一个国家或经济体实现经济结构转型的深层动力机制。因此，通过对处于不同发展阶段的国家进行分析，不仅可以起到“它山之石，可以攻玉”的作用，更重要的是有利于我们全面理解我国在世界经济发展过程中所处的位置、所具备的优势和依旧存在的不足。

第六章　瑞典英国国家创新政策研究

第一节　瑞典国家创新政策

瑞典位于北欧斯堪的纳维亚半岛东北部，是一个面积为45万平方公里、人口不到920万的“小国”。但就是这样一个欧洲“小国”，其科技研发与创新能力却誉满全球。在历史上出现了诸如发明家阿尔佛雷德·诺贝尔、植物分类学家林奈等世界知名的科学家，诞生了伽马刀技术、电脑鼠标、防滑机车、网络电话软件、心电图记录仪、汽车安全带等具有深远影响的创新产品，培育了如爱立信、沃尔沃、ABB、伊莱克斯、萨博等享誉全球的国际化企业。悠久深厚的创新文化，融合了现代意识的瑞典，创新一直走在世界的前列。根据欧洲创新记分牌(European Innovation Scoreboard，简称EIS)在基于结构框架、研发投入、创新型企业的数量、创新产品与服务创新等综合因素后所作出的创新排名显示，瑞典创新绩效得分在最近十年里普遍高于美国、加拿大、日本及欧盟的其他国家。在国际顶尖商学院英思雅德(INSEAD)和印度工业联合会(CII)于2010年3月联合发布的2010年全球创新指数(GII)报告中，冰岛、瑞典和中国香港位列指数榜前三[①]。

作为一个以拥有高新技术和先进信息技术而闻名于世的国家，近年来瑞典在创新方面的优异表现也迅速提升了其国家竞争力。瑞典不仅在日趋激烈的国际竞争中求得了生存与发展，并且一跃成为在科技领域处于世界先进地位的强国。可以说，瑞典在经济和社会发展方面奇迹般的崛起很大程度上来自于它对创新的重视。自20世纪90年代以来，瑞典政府和企业就大幅度增加了对科技创新方面的投入。1997年，瑞典用于研发(R&D)的投入占到了国内生产总值的3.9%，在欧洲国家中处于前列。其中，企业投入占68%，政府投入占32%，投资领域主要分布在交通、通讯、制药等高技术产业[②]。到了20世纪末，瑞典对于知识密集型服务产业的研发投入也开始得到加强。根据瑞典统计局的数据，2005年瑞典用于研发的投入达到了1 040亿瑞典克朗，约占国民生产总值的3.9%。从世界各主要发达国家的研发投入占国民生产总值的

① INSEAD and Confederation of Indian Industry, *Global innovation index 2010* [EB/OL] http://www.globalinnovationindex.org/gii/main/reports/2009-10/FullReport_09-10.pdf.

② Country profile. [EB/OL] http://ec.europa.eu/invest-in-research/pdf/download_en/psi_countryprofile_sweden.pdf.

比重来看，只有以色列的研发投入高于瑞典(4.5%)[①]。

如今，瑞典已经成为世界上研究与开发最先进的国家之一。在神经学和免疫学领域，瑞典发表的论文占世界论文发表的相当比例。人均发表科技论文数仅次于瑞士，位于世界第二。根据瑞典国家科学指标统计，瑞典在医学、生物技术、生态环境等许多领域的论文被引用次数高于世界平均水平，这反映了瑞典在上述领域的研究中处于世界领先水平。同时，瑞典强大的创新能力也有力地促进了瑞典经济的发展。高技术企业不断涌现，高技术和高附加值的出口持续增加，特别是在电讯设备和制药产业，已经占到了GDP的三分之一[②]。

对于这样一个以创新著称的国度而言，瑞典始终将制定和发展创新战略、改进创新政策体系、完善利于创新的社会环境、规范法律法规等制度体系作为保持持续创新能力、实现创新循环发展的基础。同时，瑞典支持跨学科研究，以保持在解决复杂性和系统性问题上的优势地位，同时推动高等教育机构与产业部门之间的互动，以及跨部门、跨学科、跨国的人才交流。

一、 瑞典创新政策的形成与发展

早在20世纪40年代，瑞典就已经开始出现了以提升企业的生产效率、投资于技术进步等为代表的技术政策。其中具有代表性的则是1943年成立的瑞典技术研究委员会(Swedish Technical Research Council， TFR)。该委员会也成为瑞典历史上第一个对全社会的研发活动进行资金支持的政府机构。除此之外，TFR还承担了推动技术研究的发展、制定并实施新的研发计划、推广新的研究成果等任务。正如尼伯姆(Torsten Nybom)所指出的，“作为一种正式的研究与技术政策，与政府直接投资于某个具体研究机构的方式不同，政府将技术研究委员会的成立及运行作为研究政策的一种渠道，就意味着它会将主要的资源给那些受雇于大学的研究人员”[③]。在20世纪上半叶，瑞典政府也实施了许多支持研究的计划，虽然这些计划在支持力度上不如TFR，但是也通过政府与许多研究机构之间签订协议的方式来建立大量分支研究机构。

① Presentation at conference “Accomplishing the goals of the renewed Lisbon strategy-problems and solutions”. Research and Innovation Policy in Sweden：lessons to be learned?[EB/OL]. http：//vedomostnaspolocnost. vlada. gov. sk/data/files/3839. pdf.

② 同上。

③ A. Vasiljeva， N. Toivonen. *National Innovation System in Sweden*[EB/OL].

通过这些遍布全国各个产业部门的研究机构，国家与产业部门在许多领域上的合作不断得到了加强。

第二个重要的政策变革阶段则是在20世纪60年代末期至70年代所产生的产业政策。所谓产业政策，体现了瑞典社会民主党政府的执政理念，但在很大程度上也受到当时甚为流行的强调“有形的手与无形的手相结合、国家适度干预经济”的凯恩斯主义的影响。在这样的背景下，瑞典的产业政策十分注重政府对技术进步、研究发展和创新进行干预的重要性，主要表现在加强政府对经济领域的控制，以国家投资的名义建立各种金融和研究机构，如成立了新的产业部、设立国家所有制的瑞典发展公司（Swedish Development Company）、成立瑞典投资银行（Swedish Investment Bank），以及建立瑞典技术发展国家委员会（the Swedish National Board for Technical Development）等。这些机构一方面体现了瑞典政府试图以推动国家经济发展和提升国家竞争力的名义来规划、资助和影响研究与创新的目的，但在另一方面也加强了政府部门之间的联系与合作，尤其是为推动隶属于政府部门之间的各个科研机构的合作研究奠定了基础。在整个20世纪70年代和20世纪80年代旨在推动研究与发展的计划中，绝大多数都得到了政府相关法案的支持。同时，瑞典也出现了相当数量的研发密集型的企业。即使在今天，企业或私人部门在瑞典研发投资中的比重仍旧占据了大部分比例，最高一度达到了75%。在20世纪80年代初，瑞典开始进一步调整产业政策并出台了新的与研究政策有关的发展规划，如设立支持创新发展的产业基金等。在整个20世纪80年代和90年代，瑞典的产业政策和技术政策发生了巨大的转型，在新自由主义理论和新公共管理运动的影响下，瑞典政府适时调整政策，更加强调以市场为主的自由主义、减少对信用市场的管制等政策行为。1993—1994年间，瑞典政府成立了许多旨在资助研发活动、加强大学与产业部门联系的基金会。在技术政策方面，较为重要的是成立了瑞典战略研究基金会以及知识与卓越基金会等[①]。

可以看出，在整个20世纪90年代之前，瑞典并没有关于“创新政策”的概念。尽管瑞典在历史上很早就意识到创新的重要性，并对新知识的产生和

---

① Bo Persson. The development of new Swedish innovation policy：a historical institutional approach[EB/OL]. The development of new Swedish innovation policy：a historical institutional approach.

社会、经济可持续发展之间的相关性有着广泛的认可，但实际上，瑞典的政策议程主要沿着两个方向前进：第一是旨在促进经济增长和产业发展的产业政策；第二则是旨在提升科技创新能力的研究政策。因此，在很长一段时间里，瑞典国内并没有统一的创新政策。然而，在最近一些年里，特别是进入 21 世纪后，受到创新理论研究的影响，创新系统的概念，特别是国家创新系统理念迅速地进入到产业、研发和经济政策的视野中，瑞典也开始运用宏观的创新战略及一系列政策发展机制来加强不同政策领域之间更为有效的合作。自 2000 年 9 月公布《研究政策法案》开始，瑞典先后发布了一系列致力于创新的政策报告，逐渐完善了创新战略及其政策实施机制。

● 《研究政策法案》

该法案在 2000 年 9 月由瑞典议会审议通过，成为了随后几年里瑞典实施创新计划的主要政策依据。该法案首先分析了瑞典在研发和产业政策方面所具备的优势，但同时也指出，对极少数大企业创新活动的严重依赖将削弱瑞典的整体国家创新能力，不利于其他中小型企业的发展。此外，研究政策法案针对高等教育机构中所存在的创新能力不足、研究人员匮乏的现状，提出加强大学，尤其是研究型大学中的基础研究活动，改进研究生教育的质量，改变大学专业设置和学科分类过细的状况，提出鼓励开展跨专业、多学科的联合研究，特别是针对已有的研究优势开展进一步的探索，如生物、信息技术、新型材料、新能源等重点领域。在该法案的支持下，瑞典成立了专门负责创新政策实施的国家创新局，进一步完善了国家创新政策的运行体系①。

● 《创新体系中的研究开发与合作》

与《研究政策法案》同时通过瑞典议会审议的还有《创新体系中的研究开发与合作》政策文件。如果说前者提出要建立专门的机构实施创新政策及其相关计划，那么该政策文件的重点则是进一步明确国家创新局的性质、功能和职责范围。按照规定，国家创新局作为政府部门内部最主要的一个科研资助机构，将接受来自科研机构、大学、企业、私立研究机构、非营利性研究机构所提交的项目申请，在通过审核之后给予一定的经费资助②。

---

① Bengt-Åke Lundvall . Working Paper Series Department of Business Studies A note on characteristics of and recent trends in National Innovation Policy Strategies in Denmark， Finland and Sweden[EB/OL]. http：//www. tekna. no/ikbViewer/Content/746507/081112 _ Lundvall _ Note% 20on% 20Nordic% 20Innovation% 20Policy%20Strategies. pdf.

② 张明龙. 瑞典高校的创新政策运行机制揭秘[J]. 科技管理研究，2010(6)：6 - 8.

- 《创新瑞典》

2004年5月，瑞典工业与贸易部和教育与科学部共同制定了重要的政策文件《创新瑞典》，该文件也是瑞典历史上第一份直接与创新有关的政府白皮书，其目标是将瑞典建设成为欧洲最具竞争力、最有活力、以知识为基础的经济体。具体内容主要包括：（1）创新知识基础。力争使瑞典的教育和研究保持世界先进水平，集中所有资源用于那些具有优势的研究领域，充分把握由全球化所带来的各种机遇，充分利用全球市场提升瑞典产品的竞争力。（2）创新贸易与产业。提升现有的中小型企业的研发能力，加快创新成果与新理念的商业化水平。（3）创新公共投资。促进公共事业的重组并提高其效率，使公共部门成为瑞典未来可持续经济和社会增长的发动机，同时为促进技术更新和可持续的增长而改进现有的基础设施。（4）创新人民。在全社会大力培育创新精神，推动创新型企业的涌现，充分发掘和利用每个人的潜能并使其全面地利用知识和技能①。

此外，瑞典在2005年还通过了以《研究——为了更美好的生活》(*Research for a better life*)为主题的创新政策。该政策文件更加详细地列出了瑞典政府创新政策的综合目标，即成为一个领先的创新型国家，并通过以下手段使瑞典在创新方面继续保持全球领先优势：

（1）自2005年起，瑞典政府将提供更多的资金用于支持医药、信息技术、环境与可持续发展三大领域的研发活动。所提供的资金支持，其周期最长可达10年，并重点用于那些目前在国际竞争中保持卓越地位的研究领域和机构。

（2）推动研究人员的国际化发展，吸引世界上最为优秀的研究人员到瑞典从事创新活动，同时也会支持更多的研究人员与其他发达国家的研究人员进行合作，不断提升研究人员的研究水准。

（3）加强传统学术机构与产业部门之间的知识转移，主要措施包括了提升大学所办企业的运行效率、加强国家—产业部门的研发合作、对公立研究机构进行长期的资助、促进中小型企业与研究机构，包括大学之间的连接。

通过《创新瑞典》和《研究——为了更美好的生活》两个重要的政策文

① The Ministry of Industry, Employment and Communications. *Innovative Sweden*. [EB/OL]. http://www.sweden.gov.se/sb/d/2026/a/32551.

件，我们可以看出，瑞典在2006—2008年期间，其创新政策的发展趋势主要表现为：依据《创新瑞典》以及《研究——为了更美好的生活》两个主要文件的内容，增加各年度的研发与创新预算，推动全社会整体的科技进步，提升中小型企业的创新能力，培养更多、更为优秀的研发人才，加强研发的国际合作，加强大学与产业部门之间的技术转移与创新产品的商业应用。其重点是：加强支柱产业的科技创新活动，制定地区创新发展战略，推出摆脱石油依赖的能源新对策。2008年，瑞典政府又通过了首个"研究与创新条例法案"，这是第一次将创新明确列入到法案之中，足见政府对创新的激励。瑞典政府也在法案中大幅提升了研发和创新上的投入并直接催生了2009—2012年科研与创新预算法案中投资于创新资金的大幅增长。

- 2009—2012年科研与创新预算法案

为了增强瑞典的竞争优势，在瑞典教育与科学部的提议之下，瑞典议会审议批准了关于下一个四年的瑞典国家科技创新发展的总体政策与规划文件，其中就包括了政府科研创新投入预算、指导原则以及重点资助领域等内容。2009—2012年科研与创新预算法案于2008年10月颁布，重点内容如下：

1. 大幅度增加科研经费。

"法案"指出，在全球化背景下，瑞典国家竞争力的提高要建立在增加产品的科技含量和加强外贸出口的基础上，科研与创新是国家整体经济增长的关键，同时科研也是解决温室气体效应、能源危机、大规模传染病等一系列社会问题的最有效的途径。基于以上战略原则，瑞典政府计划在2009—2012年期间增加科研经费约150亿瑞典克朗。瑞典政府已经为2009至2012年的研究和创新拨款5亿克朗(616百万美元)，该金额是之前预算的两倍[①]。

2. 加强高等教育机构的科研力量。

瑞典政府认为大学等高等教育部门不仅是瑞典人才的培养机构，同时也是瑞典公共科研的最主要力量，进一步发展大学基础科研将对促进产业界保持高水平的研发投入和创新活动具有重要意义。"法案"提出，大学的研究拨款增长的份额最大，将在4年内增长44亿瑞典克朗[②]。

---

① Formas's Research Strategy for 2009 - 2012. [EB/OL]. http://www.formas.se/upload/EPiStorePDF/Formas_Research_Strategy_for%202009_2012/Engelsk.pdf.

② 同上。

3. 医药、工程技术、气候变化作为优先领域。

瑞典政府设定战略发展的优先领域主要基于以下方面的考虑：集中力量突破目前的重大社会问题如气候变化、能源结构调整、影响人类健康的重大疾病如帕金森综合症和癌症等，重点加强目前已处于国际领先水平的科研领域或具有国际高水平科研队伍的领域，以及目前产业界研发投入活跃的战略发展领域，如无线宽带技术等。"法案"对上述涉及医药、技术、气候变化等优先领域的投入将在4年期间增加46亿瑞典克朗[①]。

4. 增加战略性科研与基础研究基金。

"法案"提出，将通过国家创新局和国家研究理事会增加对战略性研究和基础研究的投入，未来4年中增加总额达到13亿克朗。2007年瑞典研发投入经费总额超过1100亿克朗，占GDP的3.58%，比2005年增长120亿克朗。其中企业研发投入占总量的74%，约为814亿克朗；高等教育机构的研发投入占21%，约为235亿克朗；政府机构如各事业署、各省市研发资助机构的研发投入占5%，约为53亿克朗；私有非盈利机构的研发投入占0.16%，约为1.77亿克朗[②]。

面对全球市场中竞争的不断加剧，创新能力日益成为一个国家和地区推动经济发展和社会进步的关键。进入21世纪后，在整合了原有的产业政策和研究政策的基础上，瑞典的创新政策更加重视政府、企业、大学、研究机构之间的紧密联系与合作，同时也使更多的投资进入到了以新知识、新技术、新产品为代表的领域。此外，瑞典政府对于研发与创新的投入逐年增加，其创新政策不仅重视提升中小型企业的创新能力，而且注重科学研究的国际化，通过促进跨学科的创新活动来进一步完善其国家创新系统。在2006年，瑞典政府就提供了1亿克朗用于支持中小企业的研发活动，拨款2 000万克朗支持发展地区的工业研发中心。2007年，瑞典政府对中小企业的研发活动减税额度达到了2亿克朗。为了使科技成果快速商业化，瑞典政府在2005—2008年间增加了1.2亿克朗用于汽车、航空航天、环境技术等领域的产学研合作项目。持续增加对教育的投入，激发每个人的潜力从而创造一个以创新为基础的知识社会。为此，瑞典政府将为培养研究生增拨5.21亿克朗的资金，为培养年轻

---

① Formas's Research Strategy for 2009 - 2012. [EB/OL]. http://www.formas.se/upload/EPiStorePDF/Formas_Research_Strategy_for%202009_2012/Engelsk.pdf.

② 同上。

研究人员(博士后)增加1.5亿克朗，并且优先考虑那些研究实力强、研发环境优越的大学。

二、瑞典创新政策体系的构成及其运行机制

(一) 瑞典创新政策体系的构成

瑞典的创新政策体系由高等教育机构、政府部门的科研资助机构、负责基础研究的研究理事会、提供专项资助的研究基金会、企业联合会等组成。瑞典政府在制定创新战略及具体的创新政策之后，一般都是由研究能力强的大学及其他公立研究机构通过具体的实施计划来体现这些创新政策。高等教育机构根据国家创新战略及政策的指引，根据自身的研究优势，对自然科学、工程科学、医学、人文和社会科学等领域进行创新项目规划，并通过政府向议会提出执行国家创新政策的可行性方案。同时，政府部门下属的科研资助机构以及各种类型的研究理事会、基金会、企业联合会也都通过制定各自的创新发展规划和具体项目实施国家的创新政策。这一政策体系的特征是公共部门与私人组织之间合作研发的结构得到了高度发展，并推动了国际化的创新合作项目以及大量的区域创新合作计划。任何一个具有极大潜力和技术前沿性质的创新项目，都能够迅速且有效地得到各类研发资助机构的扶持；另一个特征则是在创新政策之下诞生的大量独立运行的研究理事会和研究基金会，极大地推动了瑞典国家创新系统和区域创新系统的完善。

1. 高等教育机构

从历史上来看，高等教育机构在瑞典研发体系中始终占据着重要地位，成为推行国家创新政策的中坚力量。作为研发活动的主要执行机构，瑞典政府也将研发经费的80%以上投入到大学以开展基础研究和加强研究生教育。可以说，瑞典公立研究体系的核心就是由13所综合性大学、23所学院以及少量的工业研究所组成。这些大学承担了大量的基础研究或与外部机构合作的应用研究，其中就包括诸如皇家工学院、斯德哥尔摩大学、乌普萨拉大学、哥德堡大学等在内的知名大学。1997年，瑞典政府做出决定，除了继续保持对部分领先的研究型大学投入一定的研究资金之外，还开始对其他的地区高等教育机构划拨固定的研究经费，以作为推动瑞典地区经济和社会发展、提升区域科技创新能力的战略性举措。

2. 政府部门及其下属的科研资助机构

由于瑞典议会中并没有针对研发与创新政策议题的专门委员会，因此，瑞典的政府部门在很大程度上就承担了制定各自研发与创新政策规划、对研发与创新政策项目进行审核与资助、成立专门的科研资助机构等职责。其中，发挥着重要作用的是两个部门：教育与科学部(The Ministry of Education and Science)以及1999年成立的产业、就业与通信部(the Ministry of Industry, Employment and Communication)。瑞典教育与科学部负责创新政策及创新项目的总体协调并通过下设的瑞典研究委员会(the Swedish Research Council)进行总额为140亿瑞典克朗的年度研究资助。它是负责创新政策的主管部门，分配着大约50%的公共研发预算，同时负责高等教育机构的发展[①]。此外，教育与科学部还承担了国家科学与创新系统外部框架的设计职责，通过对大学教育的重视及基础教育的广泛投入稳固国家创新系统的核心结构；而产业、就业与通信部的出现则是为了改进创新政策的协调机制。在整合原有的三个部门的基础上，新的产业、就业与通信部将负责创新政策协调机制的建立和发展，通过每年31亿瑞典克朗的研发资助预算，着力形成一个更有效率、充分发挥功能的劳动力市场以及一个效果更为明显的通信系统。除了这两个部门之外，其他政府部门也通过研发预算来促进各自领域的创新活动，司法部、贸易部、国防部以及国家空间局、交通运输局等部门，也都会设立一个专门的科研资助机构，负责促进本部门相关领域的科学研究与创新活动，如国家空间委员会(SNSB)负责大规模的、国际合作的研发与创新活动；瑞典能源署对研发资金进行引导，使之流向与能源研究与开发、产业升级、贸易增长等相关的领域，同时也包括对创新群落等主题的研究；国家环保署(Naturvardsverket)、瑞典企业发展署(The Swedish for Business Development)通过遍布全瑞典的21个地区办公室，为企业发展提供咨询服务；以及瑞典空间署(the Space Agency)等。2001年，根据瑞典政府的《研究政策法案》，国家创新局(VINNOVA)正式成立，将原先分散在各政府部门中的某些职能集中起来，资助对瑞典具有战略意义的重点领域，识别重要的研发需求，传播创新成果，加强研究人员之间的合作。

---

① Bo Persson. *The development of new Swedish innovation policy: a historical institutional approach*[EB/OL]. *The development of new Swedish innovation policy: a historical institutional approach*.

3. 研究理事会

瑞典的研究理事会，作为国家创新系统中的一个组成部分，发挥着相对独立的作用。研究理事会并不进行具体的创新活动，而是在资金上支持研发与创新政策的实施，在创新政策体系中承担着评审和资助各类创新项目，且对基础研究和创新成果的商业化开发以及创新计划进行资助等职责。研究理事会的成员主要由学术界代表和社会公众代表两部分组成，按照规定程序经选举产生。对于重大的基础研究项目，为了确保评审过程的客观公正，同时又能达到国际先进水平，理事会通常还会邀请国外同行专家参与评审。2000年，瑞典议会批准了政府提交的公立研究资助机构改革方案，其中一条改革措施就是对研究理事会进行改革。为了加强基础研究和多学科的交叉研究、提升领先领域的研究能力、促进不同研究领域之间的合作、改进研发与创新成果的信息传播能力，瑞典政府成立了如下三个新的研究理事会[①]。

国家科学理事会(The National Science Council)：

该理事会是在合并原有从属于教育与科学部的自然科学、工程、医学、人文和社会科学、研究规划与协调等五个理事会而形成的。它的职责是对各类重大的自然科学、工程、医学、人文与社会科学项目进行评审，为那些具有最高研究水平和极大创新潜力的基础研究提供资助。可以说，它也是所有新成立的公立研究资助机构中最为重要的一个。2001年成立时的预算就达到了18.11亿瑞典克朗。

工作生涯与社会科学研究理事会(The Swedish Research Council for Working Life and Social Sciences, FAS)：

该理事会在原有的社会研究理事会、劳动生活理事会的基础上成立，重点资助领域包括了探索职业生涯与社会经济发展、劳动力市场、包括老人与儿童、残疾人在内的社会弱势群体的生存状况、移民与伦理道德关系等。2001年预算为2.62亿瑞典克朗。

环境、农业科学与地域规划研究理事会(The Swedish Council for Environment, Agriculture Sciences and Spatial Planning, FORMAS)：

该理事会是将原来的建筑研究理事会、农林研究理事会、国家环保局研

---

① European Commission Enterprise Directorate-General European trendchart on innovation country report: Sweden[EB/OL]. http://www.proinno-europe.eu/trendchart/annual-country-reports.

究资助机构，通过合并以后而建立的一个新组织。主要负责资助环境保护、农业资源开发与利用、生态可持续发展、社区发展与规划等领域的研究项目。2001 年预算为 4.5 亿瑞典克朗。

4. 研究基金会

瑞典科学与创新系统的一个独特要素就是由公共资金成立的研究基金会。作为完善创新政策机制的一项重要举措，瑞典拥有许多对专门领域的研发与创新进行资助的研究基金会。这些研究基金会的资金主要来自社会的公共积累，是政府支持战略研发与创新的有效补充。目前，瑞典约有 6 个"半官方"性质的研究基金会，负责总额达到 15 亿瑞典克朗(2005 年)的研究基金管理。其中较为主要的基金会有瑞典战略研究基金会(SSF)和知识基金会(KK-stiftelsen)等，而 SSF 和 KKS 两家基金会就占去了瑞典总基金的 70%。这些基金会的成员中有相当一部分来自于私营部门，并且十分注重支持大学与企业之间的合作研究、咨询服务、技术转让等活动。

瑞典战略研究基金会作为一个独立的机构，主要负责为自然科学、工程技术、医学、生物技术等领域的科技创新活动提供经费资助。从 2000 年开始，SSF 就实施了四年为一阶段的"未来领先研究人员"(the Leading Researchers for Future)的个人基金计划，对那些具有很大研究潜力的青年学者提供资助，为瑞典的可持续研发能力提供源源不断的优秀人才。知识基金会则致力于推动信息技术的社会应用与普及，提升大学的科研能力，旨在通过为发明创造提供条件，加强学术界与产业部门之间的联系[①]。除了上述两个主要的基金会之外，还包括瑞典创新体系基金会、瑞典战略环境研究基金会、瑞典研究与高等教育国际合作基金会、瑞典环境、农业科学与空间规划研究基金会、瑞典卫生保健科学与过敏研究基金会等。

5. 大型企业、企业联合会等私营部门

企业，尤其是少数大型的跨国企业，在瑞典创新系统与创新政策体系中都扮演着重要的角色。2001 年，瑞典企业部门的研发投入占到了 GDP 的 3.32%，相当于 750 亿瑞典克朗，根据其占 GDP 的比重来看，瑞典企业部门

---

① Bo Persson. The development of new Swedish innovation policy: a historical institutional approach[EB/OL]. The development of new Swedish innovation policy: a historical institutional approach.

的研发投入在经济合作与发展组织国家中是最高的[①]。企业的研发投入约占全社会研发总投入的75%，而其中大部分的研发投入都集中在交通运输装备制造、信息与通讯技术、制药、生物科技等产业部门。以Ericsson公司和AstraZeneca公司为代表的十余个大型跨国企业集团是瑞典创新体系的主要力量，其研发投入占瑞典企业研发总投入的70%以上[②]。瑞典企业研发投入主要的资助领域集中在技术开发与进步、自然科学与医学的应用性研究等，只有不到五分之一的投入在基础研究方面。这也可以看出企业研发投入的一大特点。正是由于企业在瑞典创新体系中所发挥的重要作用，瑞典政府非常强调对企业的资助，政府和企业之间通过产业研究机构进行合作，建立技术园区，进行联合投资。瑞典的企业也可以参与到政府支持的公立研究资助机构的各项活动中，参与到项目资助申请和评价过程。

瑞典企业联合会(The Confederation of Swedish Enterprise)代表了瑞典私营部门在政府部门制定创新政策各个阶段中的观点和声音。企业联合会会根据外部经济环境的变迁以及各个行业部门自身发展的趋势，出台相关的报告，而这些报告也会在各个政府部门、学术机构、其他组织之间得到分享。通过对信息的公开和便捷传递，使得与创新政策具有切身利益的不同行动者之间在观点和意见上达到了充分交流，这也进一步促进了创新政策的完善，推动了许多具体计划的成功实施。2005年，瑞典企业联合会就发布了针对“里斯本战略”实施五年来陈述瑞典企业界观点的报告《里斯本战略——在全球化世界中依旧富有活力吗？》(*The Lisbon Strategy — stay alive in a global world*？)。该报告站在瑞典企业界的立场上，对瑞典在实施“里斯本战略”之后所处的位置、所制定的政策及其实践作出了回顾，并对瑞典是否达到了“里斯本战略”目标进行了广泛的讨论[③]。此外，瑞典企业联合会还非常重视对前沿技术的研究与开发资助。2003年，瑞典企业联合会就以基金会的形式为瑞典的大学、研究机构和其他学术机构提供了1.1亿欧元的资助与奖励[④]。

除了上述部门与机构在瑞典创新政策中发挥着重要作用之外，其他形式

① VINNOVA. Research and Innovation in Sweden: an international comparison. [EB/OL]. http://www.iva.se/upload/In%20English/Intern.%20Folbench_eng.pdf.

② VINNOVA. In search of Swedish innovation systems. [EB/OL]. http://www.vinnova.se/en/Publications/Products/In-search-of-Innovation-Systems/.

③ VINNOVA. Research and Innovation in Sweden: an international comparison. [EB/OL]. http://www.iva.se/upload/In%20English/Intern.%20Folbench_eng.pdf.

④ 同上。

的组织也促进了瑞典创新政策的实施。如隶属于科学与教育部的研究政策委员会(the Research Policy Council)就为政府各部门提供研发与创新政策的咨询和建议活动。产业、就业与通信部下设的创新政策委员会(the Innovation Policy Council)的成员由各部部长任命并吸收了学术研究机构和私营部门的代表。最初由产业、就业与通信部和教育与科学部发起的研究论坛(the Research Forum)，其目的则是为了在研发项目的界定过程中为相关利益者提供一个交流对话的平台，其主要形式包括活动小组、研讨会、各种会议等。该论坛是开放式的面向所有的学术界和产业界的人员。在这个论坛中，研究人员、研究资助机构、产业研究机构、企业代表等都可以畅所欲言，提出对研究项目的各种意见。

(二) 瑞典创新资助机构的代表——国家创新局

随着产业、就业与通信部的成立，瑞典公共科研资助机构的管理体系在2000年之后出现了巨大的变革。2001年，瑞典政府根据《研究与政策法案》的要求，在将过去分散在各个政府部门的职能重新综合之后，成立了国家创新局(VINNOVA)，以资助对瑞典具有重要战略意义的领域进行应用开发。国家创新局隶属于国家企业能源与通信部，其主要使命就是将瑞典发展成为世界领先的创新型国家，而平时工作的重点则是针对创新政策体系进行完善，是社会领先的创新机构。虽然瑞典国家创新局的局长由政府指定，但是国家创新局却保持着相当大的独立性。国家创新局会定期与政府部门保持沟通，确立研发项目。但是经费的使用方面，政府只负责其中大约20%的部分，而余下的80%则具有很大的自主性，由国家创新局在听取各领域代表意见的基础上，独立支配。由此可见，国家创新局这样隶属于瑞典政府部门的机构具有很大的相对独立性，不太容易受到政府决策的影响。同时，在瑞典的政府体系中，由于各个政府机构的规模较小，因此对于下属机构的依赖性是很强的，许多创新政策的具体执行都是通过如国家创新局这样的机构来执行。

国家创新局的使命是对所有的私营和公共部门在研发与创新活动的需求方面提供资助，其他的活动则包括了在大学、产业研究机构和企业之间加强合作，提升信息的共享与知识成果的扩散传播，特别是加强对中小企业创新活动的资助，通过项目评价和前沿技术的评估等手段对创新政策的发展进行协调。国家创新局在成立之后就颁布了战略创新规划，提出将创新作为瑞典经济持续增长的基础。通过构建高效率的创新系统，开展以问题为中心的研究，注重产业、科技、政策三者之间的互动，提高国家研发投入的回报。在资助的项目领域方面，国家创新局将如下领域作为重点资助对象：第一是高端制造业和材料研究，这已占据产业主要部分；第二是交通，包括对新型交通方式的研究以及对交通系统的政策研究；第三是信息技术；第四是生物技术；第五是职业生活，包括管理体制的创新、工作环境的创新，从而实现某个机构或企业的创新[①]。

由于瑞典大部分的基础研究都发生在大学、学院和研究所等高等教育机构中。因此，高等教育机构成为企业和社会在基础研究和研发领域中的主要研究资源，在与研发与创新有关的联合项目中通常都会有合作。为了加强这种高等教育机构与企业界之间的合作机制，瑞典开始重视通过一些国家资助的计划来进一步刺激高等教育机构中研究成果的商业化以及大学中创新型企业的衍生。其中一个重要计划，就是在2006年开始启动的“创新卓越中心”(Innovation Excellence Center)。该计划由创新局拨款，第一期计划拨款为2.8亿瑞典克朗，拨款周期从2006年持续至2015年；第二期计划拨款10.5亿瑞典克朗，从2007年持续至2016年[②]。所谓“创新卓越中心”，是为加强大学、产业界、政府三者之间在创新和研发领域中的长期合作而在各个研究型大学中成立的机构。该计划首先拟通过创新卓越中心建立一种有效的论坛机制，促进社会各部门之间的广泛讨论，推动新知识和新技术形成新的产品和服务。随后则是在瑞典各主要大学中，计划建成25个优秀的创新卓越中心，重点资助生物制药、信息通讯、交通等重点发展的产业领域，同时面向其他基础研究，确保在前沿知识和技术的推动下产生新的产品、服务和流程。国家创新局已经创立了19个这样的创新卓越中心。创新卓越中心由国家创新局、大学、企业共同建立，一般以一所大学为其所在地，周边其他大学广泛参与进来。每个中心的建设期为10年，投资预算总额大约为2 300万欧元，其中700万欧元由国家创新局提供，其他部分则由企业、大学出资。创新卓越中心拥有自己的管理委员会，主要由企业代表组成。每一个创新卓越中心还有一位“负

---

① VINNOVA. VINNOVA's strategic plan 2003 - 2007: Effective innovation systems and problem-oriented researchfor sustainable growth[EB/OL]. http://www.vinnova.se/upload/EPiStorePDF/vp-02-04.pdf.

② VINNOVA. Research, Development, and Innovation: Strategy Proposal for Sustainable Growth[EB/OL]. http://www.vinnova.se/upload/dokument/Om_VINNOVA/Strategy%20Proposal%202009-04-17.pdf.

责人”，对项目的运行和管理起主导作用。伴随着创新卓越中心网络的形成，大学的知识转移过程也将变得更为容易。值得注意的是，在此计划中，国家创新局并不是合作方，而只是为各方参与者提供一个基础性的合作框架以及在计划初期帮助大学与企业处理一些知识产权问题。

除了发展“创新卓越中心”这种长期的计划，国家创新局还出台了专门针对中小企业研发活动的项目，如利用转型技术建立新企业的起始资金、中小企业产品的升级所需费用等，可向国家创新局申请资助。资金由企业自筹50%，国家创新局配套另外的50%。为此而向中小企业支付的资金每年约为1亿瑞典克朗，企业每年则有四次机会向国家创新局提出申请。

目前，国家创新局正致力于通过各研发项目来增强瑞典的创新能力，推动卓越中心的发展，促进研发与创新成果的商业化水平，推动研发与创新领域的国际化合作。在目前的研发创新中，国家创新局管理着大约50—60个创新项目，重点是支持应用研究领域。

三、瑞典创新政策的挑战及其发展趋势

（一）“一枝独秀”的瑞典经济现状

2010年9月，瑞典中央银行宣布将基准利率提高0.25%，从而使其达到0.75%的水平。这是瑞典自2010年6月以来连续第二次加息。在欧洲其他国家经济持续低迷、复苏之路缓慢的情况之下，瑞典经济已经连续两个季度实现强劲增长，增长速度在欧盟国家中数一数二。自2008年金融危机全面爆发之后，瑞典政府就在稳定的金融政策和良好的财政状况基础上，通过增加公共开支、实施减税政策和刺激出口等措施，使瑞典经济迅速地走出低谷，从而成为欧盟各国中复苏最快的经济体之一。2010年上半年，瑞典出口额达到5 530亿瑞典克朗(1美元约合7.22克朗)，比2009年同期增长10%；进口额达到5 200亿克朗，同比增长17%①。

瑞典经济之所以能够在众多欧洲国家中“一枝独秀”，在很大程度上是由于其吸取了20世纪90年代国内爆发的金融危机的教训。20世纪80年代末，瑞典政府为刺激经济发展，放松了对银行贷款的控制，但没有建立有效的监管制度。短短几年间，房市、股市迅速上涨，形成资产泡沫，大部分商业银行

① 瑞典经济为何“一枝独秀”。http：//world.people.com.cn/GB/14549/12674049.html.

不良资产率激增。1992年，资产泡沫的不断膨胀最终导致大批金融机构破产，并迅速演化成金融危机，使其经济持续三年负增长。在瑞典政府一系列强有力的措施干预下，那场金融危机很快过去，瑞典金融业也重新振作起来。危机的教训促使瑞典政府和银行业确立了一个完整、全面而规范的防范金融风险框架。

更重要的是，那场金融危机迫使瑞典政府深刻反思并修正了“瑞典模式”。政府削减了社会保障费用的支出，增加了福利项目中个人承担的额度。通过对社会福利体系的改革，瑞典的财政赤字逐渐减少，各项经济指标明显好转，失业率不断下降，经济增长率连续几年超过了欧盟平均水平。这说明高福利和经济增长并非势不两立。“瑞典模式”整合了全社会资源，重新焕发出生机和活力。

（二）瑞典创新体系所面临的挑战

“欧洲创新记分牌”项目是欧盟自2000年以来最大规模的跨国性质的欧盟和成员国创新绩效评价项目。EIS作为一种外部评价项目，通过设计一定的指标体系对欧盟和成员国的创新系统进行持续追踪并将其结果作为各国政策学习交流、政策设计、实施和改进的基础。根据该报告过去对欧洲范围内各国创新绩效的划分，瑞典继续保持了创新领先者(innovation leading group)的地位。与其他国家的平均绩效相比，瑞典在人力资源、财政政策及其支持机制、企业研发投入等指标中占有优势，但是在创新人群和创新过程这两项中存在着较为明显的问题，其主要原因就是瑞典固有的创新体系中不能够适应创新形态的变化并随之做出相应的调整。从2009年欧洲创新记分牌的报告看出，瑞典创新体系在目前的经济态势不稳定以及外部市场疲软的影响下，出现了一些新的挑战：

1. 在经济增长和研发创新方面对少量大型国际企业的严重依赖。

正如之前的内容所提到的，瑞典产业部门中对研发的投入主要集中在20个左右的大型跨国企业之中。虽然瑞典中小型企业的研发投入与欧洲其他的工业化国家相比较仍处于同一水平，但是这些中小型企业在研发投入占国家研发投入的总量方面，比重仍然偏小。此外，瑞典经济严重依赖出口，特别是在很大程度上集中在制药、汽车制造等产业，就更加容易受到外部经济环境波动的影响。在全球经济持续低迷的背景下，外部需求的减少对于瑞典经济的影响要强于欧盟的平均水平。如果不对瑞典的产业结构进行重组，那么瑞典企业自身的国际竞争力就会下降。同时，我们还应该看到全球化对瑞典企业部门的巨大影响。在全球化的时代，随着国际分工的日益明显，企业的运行早已超越了国家的界限。仅从研发和创新来看，瑞典每年企业研发和创新活动投资中，有40%是由总部设在瑞典之外的企业实现的。此外，对于其他的瑞典企业来讲，本土市场也呈现出了逐步被边缘化的特点，即企业的运营管理、产品的设计、营销网络、产品制造和分销都已经转移到了其他国家。

2. 汽车产业和制造业危机的影响。

瑞典作为一个只有900万人口的国家，却是世界上重型卡车和建筑设备制造的大国。汽车制造产业占据了私营部门研发投入的四分之一，同时也占到了整个制造业研发投入的20%①。在2008年开始的全球经济危机的影响下，瑞典的传统支柱产业受到了极大的影响，主要表现在：以沃尔沃为代表的两大汽车生产商受到外部市场需求下降的影响，无法维系整个经济持续稳定的增长。虽然上述产业依旧具有全球范围内的竞争优势和强有力的市场位置，但是外部经济的不景气将意味着对其产品需求的减少。另外，知识密集型服务企业的发展还有待于加强，政府对服务业的支持还远远不够。

3. 瑞典传统的创新体系所具有的一个特点，就是非常重视国家对大学和公立研究资助机构的重视。

长期以来，瑞典都通过对大学研究的投入来构建一个强有力的大学研发体系。虽然近年来瑞典已经开始重视加强大学与产业部门之间的联系。但是，许多做法仍旧带有强烈的“以大学研究成果为主”的观念，并没有将企业的实际需求和大学之间进行有效的沟通，实现以需求为导向的研发创新体系。是通过这样的观点“得出研究的结果”，而并不是将企业的需求与学术界之间进行沟通。此外，创新活动的投入不仅要体现在大企业，还来自于那些知识密集型的中小企业，尤其是新兴的服务业部门。

（三）瑞典创新政策的主要趋势

为了使瑞典成为一个可持续的、灵活的经济增长体，近年来的一系列政

---

① European Commission Enterprise Directorate-General European trendchart on innovation country report: Sweden[EB/OL]. http://www.proinno-europe.eu/trendchart/annual-country-reports.

策走向都在于深度调整瑞典的产业结构，并为那些能够带来高附加值的企业创新活动提供一个有吸引力的环境。从长远的目标来看，瑞典将会改变其对少数大型企业在创新领域的过度依赖，大力扶持中小型企业，加强对中小型企业研发与创新的投资，重视非技术创新在整个创新活动中愈加明显的作用，进一步加强大学等科研基础设施对中小企业的孵化和知识基地的作用。正如2008年通过的《研究与创新政策法案》中所提到的，“在我们的年代，知识正处于成为最重要的竞争因素的进程之中，一个在知识和创新领域落后的国家将会面对大量的困难。这就是为什么我们要做出历史上最大规模的瑞典研究投资计划的原因之一”[①]。从近年来瑞典推出的与研发和创新有关的政策中可以看出，政府将不断增加基础研究成果商业化的计划，强调政府对于研发和创新的投资要更多地与企业等其他部门产生合力。为了实现上述目标，一些政策领域将成为未来瑞典创新政策发展的主要方向：

1. 加强科学与技术的基础设施——大学与产业部门之间的联系。由于大学的研究功能偏向于基础研究，因此在创新绩效方面并没有得到很好体现。随着瑞典对中小型企业创新能力的关注，大学与这些企业之间基于合作的创新需求将会明显增加。如何增强瑞典大学的应用研究能力，加强与企业部门之间的合作，是一个很大的挑战。

2. 在研究与创新环境上进行战略投资。虽然瑞典已经开始在主要的大学建立“创新卓越中心”，但是与国际上其他发达国家相比，瑞典的这些机构规模都还太小，并不能够吸引大量的私营部门进行投资。因此，未来对这些创新中心进行更大规模资助，在扩大其规模的基础上提升质量，将是必然的选择。

3. 引入更多的风险资本。随着金融市场的发展，研发与创新活动需要大量的种子资本进入，从而催生出富有创新性的项目和企业。在这样的前景下，风险投资的增加将对创新产生更好的刺激。同时，基金会等其他的研发资助机构也将更加偏向中小型企业。伴随着这些企业在创新体系中发挥的作用越来越大，瑞典的产业结构不仅能够得到更好的完善，同时也使得那些在产业重组过程中出现的大量有技能的劳动者进入到不断涌现的创新型企业中。

---

① VINNOVA. Research, Development, and Innovation: Strategy Proposal for Sustainable Growth[EB/OL]. http://www.vinnova.se/upload/dokument/Om_VINNOVA/Strategy%20Proposal%202009-04-17.pdf.

4. 调整政策以适应创新发展趋势的需要。随着创新理论和实践的发展，瑞典传统的研究政策和产业政策需要在更广阔的空间中加以考虑。随着创新2.0时代的到来，创新过程的非线性特征日益明显。创新不再是在一个封闭的环境中沿着一条直线路径发展，而是在开放、互动式的环境中进行各种复杂的创造性活动。那种单纯依赖在实验室中进行的创新，已经不能适应时代的发展。因此，瑞典需要更加全面的开放式的创新政策。

5. 增加战略规划能力。对于瑞典这样的国家来讲，要对所有的领域投入资源是不恰当的。创新政策涉及到了许多不同的政策领域，因此必须提高政策制定和执行的效率，对财政政策、研发政策、产业政策、知识产权政策、教育政策等诸多政策之间必须建立统筹协调的机制，在私营和公共部门之间建立一种战略对话的论坛。

第二节　英国国家创新政策

在过去的30年中，英国的科学技术总体实力和水平一直处于世界前列，其研究与开发一直保持着相当高的水准。获得诺贝尔自然科学奖的人数达到75名，位居世界第二；产出的科学论文占世界科学论文总量的8%；科学论文的被引用次数占世界科学论文被引用总量的9%；研发经费支出占世界研发经费支出总量的4.5%；专利申请数占世界专利申请总数的3.4%；高技术出口额占世界高技术出口总额的8%[①]。这一切都归功于英国政府对科技与创新战略的重视，并将创新视为确保英国科技优势，提升国家竞争力，解决英国所面临的各种社会和经济问题的关键因素。

自20世纪90年代以来，英国政府先后出台了一系列加强创新能力的战略规划。1993年，英国政府首次公布了题为《实现我们的潜力：科学、工程与技术战略》的创新白皮书，它是英国政府继1972年发表著名的罗斯切尔德《客户——合同制原则》以来一份最重要的英国政府有关科技发展和创新政策的纲领性文件，并制定了战略实施的科学技术展望制度和以技术预测计划为代表的一系列重大科技计划(如技术预测成果应用计划、LINK计划、公共认

① Excellence and opportunity：a science and innovation policy for the 21 century，http：//www.dius.gov.uk/~/media/publications/F/file12002.

知计划、信息社会化计划等)。此后，1998 年的《我们的竞争——建设知识型经济》、2000 年的《卓越与机遇——21 世纪科学与创新政策》和 2001 年的《变革世界中的机遇——创业、技能和创新》三份政府白皮书，均以创新为主题。英国政府在 2002 年提出了“投资创新”的发展战略，2003 年发表《在全球经济下竞争：创新挑战》报告，2004 年 7 月发布《2004—2014 年英国科学与创新投资框架》，2004 年 11 月发布《从知识中创造价值》的五年计划。2008 年 3 月，英国创新、大学与技能部[①]又公布了《创新的国度——开启全民的才智》白皮书，再次强调了注重基础研究和国际合作研究，加强政府在创新政策实施中的作用，继续完善有利于创新活动的法律法规体系。

上述提及的政府政策对提高英国的综合竞争力，保持英国科学技术的可持续创新能力，以及不断完善国家创新系统，发挥了积极的作用。近年来，英国国家创新系统已经从先前单纯强调知识的创造，转向了既注重知识的生产和传播，又重视技术创新，即知识的生产、贮存、转移和扩散；以中小型企业为主体的技术创新固然是创新的主体，但大学尤其是研究型大学，在整个创新系统中的作用将会增强。通过对英国国家创新系统及其创新政策进行分析，可以为我们所关注的产学研结合、大学在建设创新型社会中的地位与作用等问题提供有益的借鉴。

一、 英国的国家创新系统

(一) 国家创新系统的构成要素

1996 年，经合组织在一份报告中认为，国家创新系统可以被定义为公共和私营部门中的组织结构网络，这些部门的活动和相互作用决定着一个国家扩散知识和技术的能力，并影响着国家的创新绩效[②]。英国贸易与工业部(Department of Trade and Industry，DTI，以下简称贸工部)在 1997 年的研究报告《英国的国家创新系统》中就采用了这样的定义：国家创新系统是一组独特的机构，它们分别或联合地推进新技术的发展与扩散、提供政府形成和执行关于创新的政策框架[③]。由此可以看出，国家创新系统的构成要素几乎涵

---

① 创新、大学与技能部(DIUS)和儿童、学校与家庭部(DCSF)系 2007 年 6 月布朗就任首相后由原教育与技能部(DfES)一拆而分为两部，而教育与技能部是在 2001 年由教育与就业部(DfEE)易名而来。

② OECD，DSTI/STP/TIP(96)，http：//www. OECD. org/dsti/sti.

③ UK，DTI (1997) A Empirical Study of UK Innovation System.

盖了社会、经济部门中的所有组织，政府、企业、大学、研究院所以及其他社会机构之间不仅在知识、信息、技术等方面进行合理流动，也通过联合、合并、改组等方式创立新的部门和组织，从而最大限度地发挥知识创新、知识传播和知识应用的功能。

以英国的国家创新系统为例，其构成要素主要包括：政府——负责有关创新政策的制定、实施及资金的投入；科学与工程研究基地——主要由高等教育部门组成，但也包括科学研究委员会、政府所属的实验室等其他科研机构，目前这些机构和部门承担了英国绝大多数的基础性与战略性研究项目；作为创新主体的企业——在英国每年的研发经费投入总额中，企业的投入比例是比较高的。以2003年为例，英国企业的研发投入为91.3亿英镑，占当年英国研发总投入的37.6%[①]。

此外，国家创新系统还包括了许多独立的非营利性的研究机构，这些机构起到了智库的作用，通过搜集大量信息和进行独立研究，为政府有关创新政策的决策提供战略咨询。

（二）创新管理系统

西方发达国家的创新系统构成要素中的一个显著特点，就是重视政府创新政策这一要素对国家创新系统的推动和激励作用。虽然英国近年来已将有关科学和创新等方面的政策和管理下放到地方管理机构，但是权力的下移并不表明英国中央政府将会放弃在保持国家的科学领先地位、抓住创新机遇等方面的领导地位。2000年的《卓越与机遇：21世纪科学与创新政策》白皮书再次强调了政府需要充当创新的有效促进者、投资者和管理者，在创新国家的建设中发挥关键性作用[②]。由此可见，政府部门主导的创新管理系统在整个国家创新系统中起着干预创新活动和协调创新主体之间的关系，以及创设有利的环境和进行资源配置的作用。

英国贸工部是目前英国创新管理系统中起主导作用的政府部门，其使命是持续地增强国家竞争力和保持科学卓越，以使英国在知识经济时代达到更高层次的可持续发展水平。进而言之，贸工部通过政策、法规、文件、计划等

① Flow of funs for UK R&D, OST website: http://164.36.164.104/setstatas/6/f6_4.htm.

② Excellence and opportunity: a science and innovation policy for the 21 century, http://www.dius.gov.uk/~/media/publications/F/file12002.

多种方式，影响、引导并干预创新活动的作用与效率，并通过与其他政府部门、研究机构建立合作机制，加强不同创新主体之间的联系，如为了提升政府研究项目的商业利用程度，加强大学与产业界之间的联系。贸工部和原教育与技能部共同承担了高等教育创新基金的责任，贸工部此外还与其他部门合作，鼓励更多企业与学校协同努力来提高教育水平，尤其注重与就业有关的创业技能方面的教学。2006 年 4 月，贸工部还成立了新的科学与创新办公室(Office of Science and Innovation，简称 OSI)，该办公室系由原科学与技术办公室(Office of Science and Technology)与贸工部创新小组(包括技术战略委员会)合并而成。科学与创新办公室的成立是为了在政府的决策过程中，能够使科学与创新二者之间的结合更为有效。

虽然贸工部作为英国创新管理系统中的核心部门，在整个国家创新系统中发挥着关键作用，但是许多其他的政府部门也承担着与创新有关的活动。从长远来看，英国政府也试图建立一个“协同政府”(joined-up government)，即有关创新政策的制定与实施，将通过所有的政府部门和机构之间的相互协作而实现。原教育与技能部在 2007 年的一分为二，以及新的大学、创新与技能部的成立，就体现了上述构想并承担着教育创新政策的制定、实施、评估和改进。从改革后的大学、创新与技能部的名称就可看出，新的教育行政主管部门不仅继续负责高等教育、终身学习、技能培训，更以创新作为其政策制定的出发点，并通过建立高等教育创新基金，增加对研究生尤其是博士生的资助，与皇家学会等其他科研机构合作，鼓励大学加强与企业间的联系等手段，来培养全民的创新意识及提升大学的创新能力。

(三) 创新管理系统总体评估

自 20 世纪 90 年代以来，欧盟及其成员国一直在推动着各项创新战略与政策。欧洲“创新趋势图表”项目是欧盟委员会于 2000 年初在创新政策领域推出的一项重要举措。作为一种分析欧洲创新政策的工具，“创新趋势图表”收集与创新政策相关的统计和指标信息，从而从定量和定性两方面评价欧洲的创新绩效。“创新趋势图表”每两年发布一次有关欧盟成员国的创新政策趋势与评估报告。2006 年的报告对英国创新管理系统进行了 SWOT 分析，其结论如下[①]：

① European Trend Chart on Innovation，http：//www.cordis.lu/trendchart.org.

优势：

- 政策制定过程中利益相关者的强有力参与；
- 政策制定与执行的紧密联系；
- 经常性的政策绩效评估；
- 采用国际基准作为创新政策期望的目标；
- 各级政府机构、科研院所中强有力的评估文化。

劣势：

- 在评估结果的传播方面较为欠缺，不能有效说明已有的评估结果在新的政策制定中所起的作用；
- 缺乏与其他国家在创新政策方面的协作（但在欧盟项目水平上合作较好）
- 对于产业界和许多地区来讲，大学与企业之间的联系并不紧密，英国大学的知识创造力与企业的技术创新能力之间没有进行有效的互补。

机遇：

- 采用多种联系可以学习到更多关于创新项目的评估方法；
- 提升不同机构之间的协调能力，从而帮助创新政策的执行；
- 继续推进“协同政府”的建设，通过跨部长工作小组等方式的有效使用、引导政府部门间的创新议程工作；
- 技术战略委员会在改进政府创新战略方面可以扮演更为重要的角色。

威胁：

- 政治环境的不确定性迫使部分组织和机构减少或中止了与政府部门的合作；
- 英国及欧盟现有的一些法律法规是进行创新的障碍，尤其是对中小企业而言。

二、英国创新政策的发展与绩效评估

（一）英国创新政策的演进

如上所述，英国国家创新系统构成要素中的一个显著特点，就是重视政府的创新政策。政府在塑造创新环境方面具有非常重要的作用，而稳定理性的创新政策是政府干预创新活动和协调创新主体关系的主要手段之一。在过去的十多年中，英国政府已经发布了许多有关创新政策的文件。

2000年的《卓越与机遇——21世纪科学与创新政策》全面阐述了英国面向21世纪的科学与创新政策，可以说它为以后的一系列创新政策确定了基调，其具有如下特点[①]：（1）将创新作为英国抓住机遇，确保现有科技优势，提升国家竞争力的主要手段；（2）强调中央政府在创新国家系统中的核心地位；（3）强调应大力加强英国国家创新系统中的薄弱环节，尤其是进行教育创新，变革大学与产业界之间的联系，为知识经济的发展提供强大动力；（4）强调公众的支持和消费者的参与是创新得以成功的重要因素；（5）重点发展一批优势领域，关键在于增加对教育和科技的投入；（6）加强大学、科研院所等机构对基础性研究的投入。

2003年12月，贸工部发布了《在全球经济下竞争：创新挑战》报告，这是一份颇具代表性的政府创新战略文件。该报告对英国的创新系统和创新绩效做出了大量的评论，并明确指出了当前英国所面临的主要挑战，即如何在新的经济发展进程中成功转型，亦即由过去以降低成本为基础的竞争向以创新为基础的竞争转型。这份战略报告还论及了如下与教育有关的内容：重视研究与开发，大力发展科技和教育，加强对科技人才的培养，使大学处于创新活动的关键位置，并促使大学将研究成果与企业的技术创新优势结合起来，使之成为经济增长的发动机。

此外，2004年的《2004—2014年英国科学与创新投资框架》则是一份重量级的政府战略计划，反映了英国旨在成为全球知识经济枢纽及同时成为将知识转换成新产品和服务的全球领先者的雄心壮志。根据该框架中对研发投入的计划，英国政府对研发的总投入将从2004—2005财年的42.0亿英镑增加到2007—2008财年的53.6亿英镑，年均增幅5.7%；研发投入的总目标从2004年占GDP的1.9%增加到2014年的2.5%。具体目标为：将英国的科研机构建设成世界最优秀的研发中心，继续增强研究机构对经济需求和公共服务的反馈能力，增加企业对研发的投入，提高少数族裔和妇女接受高等教育的比例，提升大学知识成果在商业领域的转化率[②]。

大学、创新与技能部在2008年发布的《创新的国度——开启全民的才

---

① Excellence and opportunity: a science and innovation policy for the 21 century, http://www.dius.gov.uk/~/media/publications/F/file12002.

② HM Treasury, Department for Trade and Industry, Department for Education and Skills and Department for Health, Science& Innovation investment framework 2004 - 2014, http://www.hm-treasury.gov.uk/media/1E1/5E/bud06_science_332.pdf.

智》白皮书，反映了英国中央教育行政部门的创新政策及实施路径。该报告主要包括以下八个方面的内容：政府的作用、以需求推动创新、支持企业创新、强有力的创新研究基地、国际化的创新、创新的人民、公共部门创新以及创新地域。

从1993年第一份关于创新政策的白皮书《实现我们的潜力：科学、工程与技术战略》，到2008年的《创新的国度——开启全民的才智》白皮书，这些持续颁发的政府文件向我们展示了10多年来英国以创新为核心的国家发展战略。更值得引起关注的是，几乎每一份政府文件中都提到了要加强对教育和科技的投入，并通过各种手段来变革大学与企业及社会之间的联系，如"大学挑战"计划(University Challenge)、"科学创业挑战"计划(Science Enterprise Challenge)、"高等教育研究延伸到企业和社区基金"计划(Higher Education Research Out to Business and the Community Funds)。这些措施和手段所共同关注的，是如何在知识经济时代创新大学为社会服务的功能，促进大学知识成果与商业中的创意和想象力相结合，从而为英国国家创新系统的建设提供源源不断的动力。

(二) 英国创新政策的绩效评估

2005年，英国财政部(HM Treasury)与贸工部联合发布的报告《生产力与竞争力指标》指出，在过去的一个经济周期内，英国政府通过创新政策的实施提升了国家竞争力，并缩短了与一些主要工业国家在劳动生产率方面的差距。该报告提出了创新政策的绩效指标，并对近年来英国创新政策所取得的成就进行了评估，其指标构成与评估结果如下所示[①]：

- 成果：包含宏观经济的稳定性、人均产出、劳动生产率、就业率、生活质量和专业化等六个方面。该报告的数据显示，近年来，通过提高就业率和劳动生产率，英国已经在经济与社会繁荣方面取得了长足的进步。自1995年开始的新经济周期中，英国企业劳动生产率的提高已经逐渐拉近了与法国、德国、美国的差距。
- 投资：包含与数字市场的连接、电子商务以及政府与企业投资等三个

① H. M. Treasury/DTI (2005), The 2005 Productivity & Competitiveness Indicators. http://www.DTI.gov.uk/files/file21917.pdf.

方面。该报告指出，尽管英国拥有良好的宏观经济环境，但是政府投资、企业投资与提升核心竞争力的联系程度太低。

- 创新：包含出版物及引用次数、专利的绩效水平、大学知识转移、创新信息的来源、政府及企业在创新方面的支出等五个方面。英国依然拥有世界一流的研发基地，但是它提升创新绩效的潜力尚未得到充分认识；同时，英国政府目前的研发支出、专利数量与美国和日本相比仍显较低。

- 技能：包含信息技能、高层次技能、终身学习、成人识字率与计算能力、中等水平技能及管理技能等六个方面。英国在高层次技能方面表现相当出色，在中等水平技能方面也赶上了它的竞争者。但是，英国还是有相当比例的人群只是掌握了基础技能，与其主要竞争者相比，英国企业进行有效管理的技能十分欠缺。

- 企业：包含产权投资市场、企业家精神、风险资本和对承担风险的态度等四个方面。

- 竞争环境：贸易和国外投资的开放程度、能源市场竞争、失业率、产业间的联系、就业机会的多样性、劳动力市场法规以及政治环境。在竞争这一指标中，英国与它的竞争对手相比表现优异，主要体现在对国际贸易和国外投资的开放，对产品市场较少的限制，以及非常健全的法律法规体系。

经合组织的出版物《为了增长而前行》，也提出了许多在国家层面上对创新政策进行评估的措施，强调了这些措施的优势与弱势。根据该报告的内容，英国在服务部门中具有一流的研发基地和强有力的创新能力，但企业研发投入这一项在经合组织国家中只处于中间水平。为此，该报告对英国提出了如下一系列建议：确保对公共部门的研发有足够的投入，以提升公共部门研发系统的能力；通过足够的资金投入对研究基础设施进行维护和升级；应适当考虑平衡中小企业在研发方面的直接投入；提高义务教育阶段后的入学率，提高全体劳动力的技能水平，特别是要提高中等教育阶段职业课程的质量；促进大学创新能力的培养，增加对大学的投入，尤其是那些与企业有着良好合作传统的大学。

三、教育创新：回应创新挑战的政策与措施

英国的创新战略迄今已实施了十多年时间。虽然在政策实施过程中存在着不足之处，但是对创新的呼唤毕竟为其经济的发展注入了新的活力。2009

年 7 月 13 日，英国科学与创新部长德雷森在位于伦敦的科学博物馆宣布英国设立英国创新奖(iawards)，以表彰英国最优秀的创新活动，在十三个奖项中也包括了对提供公共服务的教育系统做出的种种变革进行表彰。这一奖项的设立表明了英国坚持创新的决心和意志：在知识经济时代的背景之下，要想在未来的国家竞争中取得成功，不仅需要全体国民的智慧和勇气，更需要对教育系统进行持续、深刻的变革。

虽然英国政府在近 10 年中连续出台了多份有关创新政策的文件，并大力推进国家创新系统的完善，但依然面临着巨大的挑战。2003 年《在全球经济下竞争：创新挑战》报告就认为，在当前的创新活动中如下三个方面亟待改进：(1) 需要大力提高企业，尤其是中小型企业中相对较少的知识创新活动；(2) 加强研发基地(如大学、科研机构)与企业之间的联系；(3) 明确未来创新国家所需要的各种技能并培养高素质的劳动力[①]。我们可以看到，高等教育在未来对于促进英国国家创新系统的完善具有至关重要的作用，其功能将不仅仅是为国家提供优质的劳动力，更在于通过发挥其作为整个社会“知识生产器”的作用，引领国家创新系统。

《2004—2014 年英国科学与创新投资框架》中关于加强学校课程中科学、工程、技术(Science, Engineering and Technology，简称 SET)以及数学科目[②]对学生的吸引力并提高学生在上述科目中的学业成就、支持卓越的大学研究、创新并增强企业与大学间的联系以及改革学校组织等方面的内容，体现了英国政府力图通过教育创新来应对上述挑战及提升国家竞争力的战略规划。

(一) 教育-产业-科技：基于国家创新系统的部门整合

英国建立中央教育行政机构始于 1839 年枢密院教育委员会的设立，但为了加强了国家对教育事业的管理，告别过去中央对教育只负督导之责的传统，英国于 1945 年正式在中央一级设立教育部。从中央设立教育部至 2002 年教育和技能部的成立，英国中央教育行政机构又经过了几次更名：1964 年改

---

① Competing in the global economy：the innovation challenge, DTI Innovation Report, 2003. http：//www.DTI. gov. uk/innovationreport/innovation-report-full. pdf.

② 这与美国近年来大力倡导的科学、技术、工程与数学(Science, Technology, Engineering and Mathematics，简称 STEM)教育这一集成教育战略的基本思路是一致的。

称教育科学部，1995年又改称教育与就业部。1964年的更名是受到了人力资本理论的影响，表明英国政府谋求改变长期以来英国科技教育相对滞后进而影响经济发展的状况，体现了英国将教育和科学这两项关系到经济发展基础的工作糅合在一起、实现教育发展和科技创新有效结合的愿望。就宏观管理而言，1964年教育科学部的权限是制定政策，颁布相关法令、制定规划等，并对地方实施进行监督。

20世纪90年代以来，英国对本国经济100多年衰退的原因有了这样一种认识，即教育重人文轻实用的传统，因此社会各界对教育中长期以来存在的轻视职业教育及学术资格与职业资格不平等的现象进行了猛烈抨击。在此背景下，英国教育部再做调整，将原来的教育部和就业部合二为一，在国家层面，此次调整是将人才培养与人才需求相结合；在个人层面，是将接受教育与谋求职业相结合，即教育为职业做准备。两部合并的效果比较显著，英国教育目标和就业目标在20世纪90年代都取得了新的进展和提高。

但两部合并也带来了新的问题，教育行政官员对于处理复杂的就业问题如失业救济、就业市场管理等力不从心。因此英国工党政府在2002年又将教育与就业部改为教育与技能部，其"技能"不仅包括学生在校习得的各种技能，而且"涵括了学生在未来学习、工作、生活方方面面的种种技能"。[①]可以看出，英国教育与就业部在2002年的更名将着眼点放在了终身学习体系的构建上，教育不仅要为未来生活做准备，而且要掌握不同环境、不同场合所需的各种技能。2007年6月27日，戈登·布朗正式接替布莱尔成为英国政府新一任首相。上任伊始，布朗就针对各方面情况的变化将原有的教育与技能部重新拆分为两个部门，即儿童、学校与家庭部和创新、大学与技能部。但在仅仅成立一年之后，创新、大学与技能部就于2009年6月5日并入了英国政府新成立的商务、创新与技能部(Department for Business, Innovation and Skills, BIS)。该部门除了负责商业、科技、创新等领域之外，还将保留原创新、大学与技能部对英国高等教育、继续教育、14—19年龄段教育培训等进行规划、领导和协调的职责。

如果说英国教育部的每一次更名和组织变革都反映了在不同的时代，国家经济社会发展趋势对教育的"型塑"作用，那么这一次商务、创新与技能部

---

① 冯大鸣.从英国教育部的最新更名看英国教育视焦的调整[J].全球教育展望，2002(1)：60-61.

的成立也概莫能外。自 20 世纪 90 年代以来，为了增强英国的国际竞争力、实现国家整体经济结构的转型，英国政府先后出台了一系列加强创新能力的战略规划，无论是早在 1993 年就已公布的《实现我们的潜力：科学、工程与技术战略》创新白皮书，还是在 2004 年发布的《2004—2014 年英国科学与创新投资框架》，英国政府都将教育视为确保英国产业优势，提升国家竞争力，解决英国所面临的各种社会和经济问题的关键因素。而英国的教育行政机构也以积极的姿态来回应这一国家战略。为此，刚刚成立仅半年的大学、技能与创新部就于 2008 年 3 月公布了《创新的国度——开启全民的才智》白皮书。通过对这份白皮书的解读我们可以发现，英国教育部所关注的事务已经不仅仅局限于教育事务本身，更将目光放在了影响教育发展的法律、制度、文化等其他要素上，并着重强调了加强基础研究和国际合作研究，提升政府在创新政策实施中的作用，继续完善有利于大学科研成果转化的法律、法规体系等内容。

(二) 加强学校课程中的科学、工程与技术教育

2002 年出版的一份报告显示，工商管理仍是最受欢迎的专业，12.5%的学生选择学习这一专业的课程，而学生选择科学、工程、数学等专业的比例却逐年下降：1999—2000 学年与 2000—2001 学年相比，选择物理学作为本科专业的学生比例同比下降了 8 个百分点[①]。为了改变这种状况，《2004—2014 年英国科学与创新投资框架》从学校课程、继续教育、高等教育和教师专业发展等方面提出了加强科学、工程与技术(SET)教育的具体措施，如在为包括科学和技术在内的短缺学科提供教师培训和招聘资金方面，从 2005 年 9 月起，将科学专业毕业生的教师培训补助金从 6 000 英镑增加到 7 000 英镑。对于那些新任的科学教师，如果取得了研究生教育证书或修读过同等课程，其高额应聘金(Golden Hello)将从 4 000 英镑增加到 5 000 英镑；增强科学学习中心(Science Learning Centre)对教师的支持作用，扩大科学教师接受专业发展的机会以提高科学课程的教学质量；在高等教育方面，政府将继续增加对高等教育机构研发的投入，通过高等教育基金管理委员会为科学基础设施提供资

① HMT, DTI & DFES, Investing in innovation — A Strategy for science, technology and engineering. http://www.DTI.gov.uk/innovationreport/innovation-report-full.pdf.

助以改善现有的学术高速网络，并为英国的200所高等院校和600所继续教育机构提供更为迅速便捷的国际网络链接服务；增加对科学、技术、工程等专业研究生的资助额度，尤其是大幅增加博士研究生的科研津贴，以吸引大学生选择科学、工程、技术等专业。此外，在改进科学课程，提高教学质量，严把科学教师任职资格，促进教师专业发展和吸引海外优秀人才从事科学、工程与技术研究等方面，该框架也制定了相应的政策措施。

（三）对学校进行改革

政府希望通过实施创新措施对现行的学校组织进行改革，来加强学校在创新政策实践中所起的作用。

- 通过自我评估、合作及有效的持续改进规划等手段，将学校建设成为学习型组织；
- 依靠严格但外部干涉度较低的知识问责框架(intelligent accountability framework)，向所有学校和家长提供他们所需要的各类信息。
- 以年度规划、业务展开、评估和改进作为学校工作的一个循环周期，使学校经历一个更为简单的流线型自我发展过程；
- 在学校与更广范围内的教育系统之间建立以同一标准为基础的对话机制，使产生于学校变革过程中有良好效果的实践得以传播，以此改进整个教育系统。

为进一步推进教育改革提升中等教育水准，英国积极推进将综合中学转型为专门学校(specialist schools)。政府鼓励每所综合中学自行规划所要发展的特色，并向政府提出转型为专门学校的申请。目前经过认定的专门学校包括科学类学校224所、工程类学校35所和技术类学校535所[①]。这些学校中专业化、个性化的课程设置使学生在充满创造性的环境中自由发展，而政府更允许这些学校在教与学的过程中不断进行创新实践，以便为学生提供更有延伸性和扩展性的课程资源。

英国政府除了进行学校转型改革外，还充分认识到良好的学校环境在学生发展中所能发挥的重要作用。为此，政府还十分关注学校建筑的改造，以期

---

① HM Treasury, Department for Trade and Industry, Department for Education and Skills and Department for Health, Science& Innovation investment framework 2004 - 2014, http://www.hm-treasury.gov.uk/media/1E1/5E/bud06_science_332.pdf.

营造一种能够激发学生对科学和技术产生兴趣的学习环境，从而来加强英国学校中的 SET 课程。英国原教育与技能部在 2003 年正式提出并开始实施“为未来建设学校计划”(Building Schools for the Future，BSF)，期望通过为期 15 年及约 450 亿英镑的投资，来实现新建、改建或重建英格兰地区全部 3 500 余所中等学校的目标，使其能充分体现创新、科技与教育相结合的学校建筑理念；[①]为中等学校提供投资基金，对学校实验室和实验设备进行改造升级，使其在 2005—2006 年达到令人满意的标准，到 2010 年达到良好或优秀的标准；采用“未来教室”计划，为科学课程的教学提供新的形式和体现创新、科技、人文等特点的教学环境。

(四) 促进集群企业和大学合作的发展，刺激更高水平的创新和知识转移

在知识经济时代，大学与社会经济发展的联系更加紧密，已经成为经济科技发展的发动机。大学的根本使命就是促进社会的进步和可持续发展。大学与企业分别作为知识生产和传播的主体及作为技术创新的主体，二者之间在资源上的相互吸收和利用是生成新的生产力并获取竞争优势的关键。大学与企业之间的良性互动、谋求共同发展已经成为知识经济时代大学-企业关系发展的必然。

虽然英国大学与企业之间的关系近年来已经得到了加强，但是二者之间的合作还远远不够，特别是促进企业家与大学研究人员在知识转移过程中的理解、沟通与合作。此外，在大学知识产权的商业利用、大学与中小型企业的合作、大学-企业信息共享、成立专门机构引导企业与大学研发合作等方面亟待加强。为此，英国政府通过建立地区发展机构，设立高等教育创新基金(Higher Education Innovation Funds，HEIE)，发展合同研究、合作研究、咨询服务等大学-企业合作形式等措施来不断创新大学-企业关系。

- 在地方一级建立地区发展机构(Regional Development Agencies，以下简称 RDA)。该机构的成立有助于发挥政府以引导者和协调者的身份促进大学-企业关系的发展，尤其是对于各地的中小型企业，更加需要来自大学强有力的智力支持，而 RDA 的建立对于促进中小型企业的发展，提升其技术创新能力并建立与大学的合作机制起着关键作用。所有的 RDA 都建立了科技与产

① 邵兴江、赵中建. 为未来建设学校：英国近年来中等学校建筑改革政策分析[J]. 全球教育展望，2008(11).

业委员会，作为知识转移的平台为地区层面的大学-企业合作提供新的机遇。此外，RDA还要发挥连接国家创新政策与地方创新项目实施之间的“桥梁”作用，在地方投资中应确保优先考虑国家创新战略中所划定的领域。

● 2002年，为推动大学的知识转移并将与之有关的一系列投资方案合并，英国政府设立了有关大学-企业知识转移的高等教育创新基金。第一轮创新基金达到了1.87亿英镑，2004年开始的第二轮创新基金更是超过了3亿英镑。该基金要求所有提出经费资助的大学必须有与地方企业进行良好合作的经历，且有长期的合作规划。目前得到该基金支持的大学已有116所，其中绝大多数都与企业保持着持续性的合作关系，并在具有研发潜力的领域进行合作。同时，创新基金还通过成立专门机构如作为非营利性公司的伦敦技术网络来促进大学的知识转移。

● 合同研究、合作研究、咨询服务是大学-企业合作中的三种主要形式。在合同研究中，企业资助大学的研究机构或个人进行与企业技术创新有关的研发活动。根据高等教育-企业互动调查的结果，2000—2001年，英国企业已经与大学签署了10 951项研究合同，其中4 000项合同是与中小企业签订的[①]。这些合作形式不仅提升了中小企业的创新能力，也拓展了大学为社会经济发展服务的功能。

英国的创新战略迄今已实施了十多年时间。虽然在政策实施过程中存在着不足之处，但是对创新的呼唤毕竟为其经济的发展注入了新的活力。2009年7月13日，英国设立创新奖(iawards)，以表彰英国最优秀的创新活动。这一奖项的设立表明了英国坚持创新的决心和意志：在知识经济时代的背景之下，要想在未来的国家竞争中取得成功，不仅需要全体国民的智慧和勇气，更需要对创新的呼唤。

---

① HM Treasury, Department for Trade and Industry, Department for Education and Skills and Department for Health, Science& Innovation investment framework 2004 - 2014, http://www.hm-treasury.gov.uk/media/1E1/5E/bud06_science_332.pdf.

图书在版编目（CIP）数据

欧洲国家创新政策热点问题研究/赵中建，王志强著.—上海：华东师范大学出版社，2012.9

ISBN 978-7-5617-6748-1

Ⅰ.①欧… Ⅱ.①赵… ②王… Ⅲ.①欧洲国家联盟—国家创新系统—研究 Ⅳ.①G325.00

中国版本图书馆 CIP 数据核字(2012)第 236581 号

欧洲国家创新政策热点问题研究

著　　者　赵中建　王志强
责任编辑　金　勇
审读编辑　井米兰
责任校对　胡　静
装帧设计　高　山

出版发行　华东师范大学出版社
社　　址　上海市中山北路 3663 号　邮编 200062
网　　址　www.ecnupress.com.cn
电　　话　021-60821666　行政传真 021-62572105
客服电话　021-62865537　门市(邮购)电话　021-62869887
地　　址　上海市中山北路 3663 号华东师范大学校内先锋路口
网　　店　http://hdsdcbs.tmall.com/

印 刷 者　上海商务联西印刷有限公司
开　　本　787×1092　16 开
印　　张　16
字　　数　266 千字
版　　次　2013 年 3 月第一版
印　　次　2013 年 3 月第一次
印　　数　1—2 100
书　　号　ISBN 978-7-5617-6748-1/G·5929
定　　价　32.00 元

出 版 人　朱杰人

（如发现本版图书有印订质量问题，请寄回本社客服中心调换或电话 021-62865537 联系）